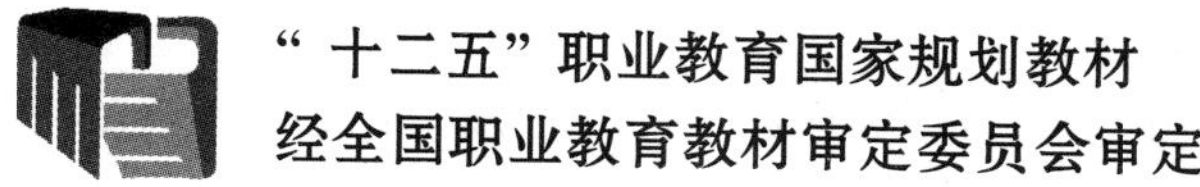

中外饮食文化

（第二版）

何　宏　编著

内容简介

本教材的第1章、第2章是总论部分，分别对饮食文化的概念，饮食文化研究的对象、内容和方法对饮食文化的发展阶段和饮食文化产生和发展的原因进行了分析；第3至7章是分论部分，从国内和国外两个视角分别论述了饮食文化的区域性、饮食民俗、饮食礼仪、茶文化、酒文化等；第8章对饮食文化的交流分中国各民族间的交流、中外交流、世界范围内的交流三个层次进行了探讨；附录部分详细介绍了饮食文化研究状况。

本教材吸收众家之长，尤其是吸收了国外的社会科学理念，尽量做到简明实用，突出实用性。

本教材适合高等职业院校旅游、烹饪、食品等专业教学使用，也可作为饮食文化研究者和饮食文化爱好者的参考书籍。

图书在版编目(CIP)数据

中外饮食文化/何宏编著. —2版. —北京：北京大学出版社，2016.9

ISBN 978-7-301-23850-9

Ⅰ.①中… Ⅱ.①何… Ⅲ.①饮食—文化—世界 Ⅳ.①TS971

中国版本图书馆CIP数据核字（2014）第019489号

书　　名　中外饮食文化（第二版）
ZHONGWAI YINSHI WENHUA (DI-ER BAN)

著作责任者　何　宏　编著

策划编辑　桂　春

责任编辑　桂　春

标准书号　ISBN 978-7-301-23850-9

出版发行　北京大学出版社

地　　址　北京市海淀区成府路205号　100871

网　　址　http://www.pup.cn　　新浪微博：@北京大学出版社

编辑部邮箱　zyjy@pup.cn

总编室邮箱　zpup@pup.cn

电　　话　邮购部010-62752015　发行部010-62750672　编辑部010-62756923

印 刷 者　三河市北燕印装有限公司

经 销 者　新华书店

787毫米×1092毫米　16开本　15.25印张　329千字

2005年9月第1版　2016年9月第2版

2023年8月重排　2024年1月第16次印刷（总第31次印刷）

定　　价　49.00元

前　言

著名饮食文化专家、已故哈佛大学人类学系主任张光直教授曾说过："到达一个文化的核心的最好方法之一，就是通过它的肠胃。"文化是人类区别于动物的重要标志之一，因此有人提出了"人类是有文化的动物"的重要命题。饮食是人类生存的本能，是生活的第一需要。在这一点上，人和动物没有区别。如果仅仅如此，就没有饮食文化了。人类在饮食上表现出和动物有着本质区别的地方：同一种食物吃还是不吃、同一种食物吃的方法、食物的口味等，都存在着族群、地域的差别，这一差别就是饮食文化的内容。

约30年前，我负责筹建蚌埠高等专科学校的烹饪专业，开始接触饮食文化。我几乎买全了国内出版的饮食文化方面的著作，囫囵吞枣地读了起来。我对饮食文化的研究还处于初级阶段，和国内一些名家相比差距还很大。我认为高等职业教育和中等职业教育相比，除了提高学生实践操作的水平外，本质上的区别就在于要使大学生在人文素质上有所提高和深化，其中当然包括和本专业相关的人文知识。在浙江旅游职业学院厨艺学院从事饮食文化研究与教学的过程中，我对这一观点又有了更深的体会。旅游的六要素包括吃、住、行、游、购、娱，吃在旅游过程中是重要的一环。旅游的一个重要目的是体验异文化，在旅游中接受他乡的饮食何尝不是体验异文化？学习一点饮食文化的知识，对于旅游类专业（包括烹饪专业）的大学生提高人文素养应该会起到一定作用。

那么，如何让学生正确理解饮食文化在人类社会及人类生活中的重要意义呢？首先，要坚守中华文化立场，提炼展示中华文明的精神标识和文化精髓，加快构建中国话语和中国叙事体系，讲好中国故事、传播好中国声音，展现可信、可爱、可敬的中国形象。加强国际传播能力建设，全面提升国际传播效能，形成同我国综合国力和国际地位相匹配的国际话语权。深化文明交流互鉴，推动中华文化更好走向世界。其次，必须坚持胸怀天下。中国共产党是为中国人民谋幸福、为中华民族谋复兴的党，也是为人类谋进步、为世界谋大同的党。我们要以海纳百川的宽阔胸襟借鉴吸收人类一切优秀文明成果，包括饮食文明成果，推动建设更加美好的世界。

在以往的教学中，一直都是以中国饮食文化为主体，学习饮食文化的主要内容也是中国饮食文化。当初北京大学出版社约写书稿《中外饮食文化》，确实给我出了个难题。

外国饮食文化如何表述？中外饮食文化的差异在哪里？可供借鉴的资料相对较少。我们仅对其做了初步探讨。好在这一艰巨的任务已经完成，并且本书在出版后的近20年里得到了各院校的广泛使用。本书第二版主要把第一版的第一章分为两章，对其他章节内容进行了数据更新和内容扩充。目前，第三版教材即将完成，本着“促进人与自然和谐共生，推动构建人类命运共同体，创造人类文明新形态”的原则，对上述问题有了进一步的认识和阐释。希望不久的将来新版教材能继续得到大家的认可和肯定。

因作者水平有限，书中不足在所难免，恳请专家和读者予以指正。

何　宏

2023年8月于杭州钱江蓝湾

目　录

第1章 绪论

1.1 饮食文化的概念

物质资料的生产，是人类社会存在和发展的基础和前提。饮食活动，是人类生存和改造身体素质的首要物质基础，也是社会发展的前提。

1.1.1 饮食

1. 饮食的基本含义

在《现代汉语词典》里，饮食的义项有两个：一是名词性的，指“吃的和喝的东西”，强调的是名称；一个是动词性的，指“吃东西和喝东西”，强调的是动作。

在英文中，饮食的概念可以有以下表达方法：“food and drink” 意即“吃的和喝的东西”；“diet” 意即“通常所吃的食物”，也可以指“日常的膳食”；“bite and sup” 则是指“吃东西和喝东西”。

从这些有关“饮食”的解释中，我们可以看出，“饮食”一词的基本语言学含义比较简单，无非就是吃喝的东西或吃喝的动作。但我们深究起来，“饮食”就变得复杂了。饮食如果仅仅是吃饱喝足，为什么在吃饱喝足的同时，有这么多繁文缛节？为什么一种食物对一个地方的人来说是天赐美味，而对另一个地方的人来说则敬而远之，甚至有的地方更是避之不及呢？有人为吃什么而苦恼，而有人却为吃不饱而发愁。饮食本身是一种本能，而吃什么、如何吃、在哪里吃，则体现出不同族群的不同特点，体现出文化性。

2. 饮食的功用

按一日三餐来计算，一个人每年要吃1095顿饭，所涉及的食物原料、烹饪方法、进餐方式又各式各样。这些“饮食”在填饱了人们肚皮的同时，往往也会给人们带来种种的乐趣和“饮食”之外的功用。

（1）满足生理需要。

美国著名心理学家亚伯拉罕·马斯洛（1908—1970）提出了著名的“需要层次论”。马斯洛将人的需要依次分为生理需要、安全需要、归属和爱的需要、尊重需要和自我实现的需要。其中，生理需要是人类为维持和发展生命不可缺少的需要。如维持生存需要空气、阳光、食物、水等；生理过程需要睡眠、御寒、新陈代谢等；为了种

族保护和延续，需要建立并促进性爱关系。在人的一切需要中，生理需要是最基本的、最优先的需要。换句话说，当一个人生活上的一切东西都缺乏或不满足时，其最重要、最先满足的可能是生理上的需要。例如，对于长期处在饥饿状态的人来说，他的向往可能是丰富的食物，其他的需要就退于次要地位。

人的生存与发展是建立在基本生理需要被满足的基础之上的。“食”使人得以维持个体生命的存活；“性”使人类得以繁衍生命和后代。而“食”又始终处于首要的地位，因为饮食带来了人体活动、发育、成长，以及恢复体力、产生能量所必需的各种营养物质，离开了这些营养物质生命将无法存活。人们只有在满足了对饮食的需要之后，才谈得上追求其他的种种需要。

综观人类文明发展史，人类自诞生到目前的大多数时间里都在为基本的“温饱”而奋斗。即使历史发展到现在，世界上仍有数以亿计的人们在为“温饱”发愁。因此，饮食的首要功用，也是基本功用，乃是满足人类的生理需要。

（2）满足心理需要。

饮食除了满足人类的基本生理需要之外，还对人类的心理活动和状态有重要的影响，而某些饮食现象有时也会成为某种心理状况的一种特定标示物。

当一个人处于吃了上顿没下顿的境况时，其内心的忧虑是可想而知的，因此，充足的食物供给或保障可以使人得到心理上的安慰。在现实生活中，有些人由于经济或社会的原因，常常感受不到这种“安慰”，而整日忧心忡忡；有些人则由于富足的生活，而淡漠了这种感觉。

饮食的具体产品在很多情况下是一种商品，在特定的消费层面上，还是一种具有很高“文化含量”的“艺术品”。在饮食消费市场中，一定的饮食类型或品种往往成为某种身份、地位、价值、品位或文化的象征。有些食物具有公众化的特点，而有些食物则是为专门的消费群体所准备的。食客在饮食消费中，常常会感受到一种特有的成就感或价值感的满足——食常人所难食。例如，鲍鱼在中国的饮食文化中是身份、地位的象征，因此其身价倍增。

饮食时还可使人感到“美味”带来的快乐。饮食带来的快乐，可以在人们的心里留下美好的回忆。

（3）满足社交需要。

在现实生活中，人情往来是极其自然的事情，一个没有朋友或者是不被社会、环境所接受的人，其内心是非常之痛苦的。人情往来不仅是个人之间的事情，在公务、商务交往中，“感情”的联络和沟通也非常重要。尽管人类已发明了种种情感交流手段来满足人们的需要，但毫无疑问的是，在这种种手段之中，利用“饮食”进行情感交流和沟通仍然具有无可替代的重要作用和地位，美酒佳肴总能营造出一种良好的增进交流和感情的氛围。一个特定的宴饮行为所涉及的场地、气氛、档次、服务、食物、特色，以及出场的人员，既能表达出“主人”的某种“意图”，也会让“客人”体会到自己的“价值”“地位”及受尊敬的程度。无论是国宴的豪华、气派、庄重，还是街头咖啡座的浪漫、轻松、自由，无一不表现出饮食所特有的“情感交流”作用。

3. 人对饮食的选择

人每天都要与饮食打交道，但不同的人或人群对饮食的选择是不一样的，你喜欢的也许正是别人讨厌的；而别人喜欢的，也可能是你所看不上的。那么，是哪些原因使人们在饮食选择上表现出不同的喜好或个性呢？我们可以从3个方面来进行分析。

（1）家庭因素。

饮食行为最终总是要落实到每个具体的人身上。在大多数情况下，一个人的饮食爱好与选择首先取决于其所生活、成长的家庭的影响，尤其是童年时代的生活影响。多数人关于饮食的最初知识是从家人那里获得的，从家人的教育、影响，以及自己的“经验”中知道了哪些东西可以吃，哪些东西好吃，哪些东西不好吃，哪些东西“珍贵”，哪些东西一般……童年时代获得的这些关于饮食的知识与经验会对人一生的饮食选择产生直接的和潜在的影响。正是由于这一原因，人们常常认为自己家里的饮食要比别人家的好吃。

（2）个人因素。

当一个孩子长大成人之后，其在孩童时代所形成的饮食习惯或偏好会有不同程度的变化，这种变化使得他的饮食习惯在家庭传统的基础上更具有个性色彩。

个人的饮食观念与其所受教育的程度有一定的内在联系，因为教育程度的高低对个人判断是非、理解事物的能力，以及对待新事物的态度有直接的影响。现实生活中，不同的人对饮食的价值及其对人生的意义的看法是不同的。在苗条身材与口腹之欲，身体健康与饮食嗜好，吃饱喝足还是享受美味，烹饪是技术还是艺术，是花1000美元享受一顿美餐抑或去买一款流行服饰，是花两小时去体味酒吧的浪漫还是去欣赏高雅艺术等问题上，不同的人会有不同的回答或解决方案。而影响人们做出抉择的重要因素之一，就是那看不见、摸不着的价值观。

经济条件也会对人的食物选择产生一定程度的影响。从整体上看，由于收入和社会地位上的差异，人们对食物的要求和偏好存在明显的差异，因为他们在价值观、生活方式、生活要求等方面有所不同。

人们进餐时的心情也会对选择产生影响，有时是重要的影响。一个心情不佳的人可能厌食，也可能暴饮暴食，而当“人逢喜事精神爽”的时候，就有可能无所顾忌地大快朵颐一番。

（3）环境因素。

在日常生活中，个人的行为选择并非任何时候都由自己做主，所谓“身不由己”就是说有些情况下个人会被动地服从某种环境压力，而做出有违自己初衷的行为选择。

不管愿意与否，人在现实生活中总是会自觉或不自觉地被划入某一类人的行列——团体归属。作为特定团体的一分子，个人的行为举止通常要表现出一定程度上的与团体中其他成员之间的和谐与统一。例如，一个周旋于西方上流社会的人士如果对葡萄酒一窍不通，结果是非常难以想象的。

人员流动是促进不同地域文化和民族文化交流直接而有效的方式之一，当今社会人员流动范围的不断扩大和流动速度的不断加快，使得国家或地区、民族间的文化交

流日渐频繁和深入。作为区域、民族文化重要载体的“饮食”也成了颇为独特的文化交流使者。

现代传媒业的发展和商业促销手段的进步，使得买卖双方越来越依赖于广告信息。当人们决定买某种食物、食品，或者是决定到某家餐馆或咖啡店轻松一下时，往往不是自己的主意，而是受广告或某种促销行为影响做出的决定。广告和种种商业促销行为不但影响消费者个人的行为，而且在很大程度上决定着“流行趋势”的形成、扩散和持续。在现代社会，离开了广告或商业促销的作用，新的消费潮流是难以为继的。

1.1.2 文化

1. 中国古代对“文化”的诠释

什么是文化？这一概念一直有争议。“文化”一词，在我国古已有之。中国人论述“文化”，比西方人要早得多。《周易》的贲卦有所谓：“观乎天文，以察时变；观乎人文，以化成天下。”这大概是中国人论述“文化”之始，但其中“文化”一词尚未联结在一起。这里的“文”是由“文”的纹理之义演化而来。“人文”借指社会生活中的各种人际关系，如君臣、父子、夫妇、兄弟、朋友等交织构成的复杂网络，具有纹理的表象，故“人文”指人伦序列；而“人文化成天下”，意即通过人伦教化，使人们自觉地行动。在中国人此时的观念中文化的含义是，通过了解人类社会的各种现象，用教育感化的方法治理天下。

到汉朝，“文化”一词正式出现，其含义也与现在人们通常理解的不一样。刘向《说苑·指武》篇中说：“凡武之兴，为不服也，文化不改，然后加诛。”《文选》中的晋人束皙《补亡诗·由仪》也讲“文化内辑，武功外悠”，这些都指的是与国家军事手段相对的一个概念，即国家的文教治理手段。《说文解字》解：“文，错画也”“化，教行也”。可见，古人把“文化”提到治理国家和教化人民的高度来认识，“文化”一词带有显著的国家政治色彩。

到唐代、大学问家孔颖达则别有洞见地解释《周易》中的“文化”一词，认为“圣人观察人文，则诗书礼乐之谓”，这实际上是说“文化”主要是指文学礼仪风俗等属于上层建筑的东西。古人对文化的这种规定性从汉唐时起一直影响到清代，因此明末清初的大学问家顾炎武在《日知录》中说：“自身而至于家国天下，制之为度数，发之为音容，莫非文也。”即人自身的行为表现和国家的各种制度，都属于“文化”的范畴。

2. 西方关于“文化”的论述

西方人论述“文化”要比中国人晚，但比中国古文献中的论述要广泛、要科学。西方语言中的culture，在1690年安托万·菲雷蒂埃的《通用词典》中，其定义为“人类为使土地肥沃，种植树木和栽培植物所采取的耕耘和改良措施”，并有注释称“耕种土地是人类所从事的一切活动中最诚实、最纯洁的活动”。看来，此时西方人观念中的“文化”只是被用来隐喻人类的某种才干和能力，是表示人类某种活动形式的词汇。

西方所谓的“文化”，由拉丁文cultura转化而来，在英文和法文中均为culture，在

德文中为 kulture。拉丁文 cultura 原形为动词，本意为耕种，十六七世纪逐渐由耕种引申为对树木禾苗的培育，进而被指为对人类知识、情操、风尚、心灵的化育。在今日的英文中，culture 的用途十分广泛，如 agriculture（农业）、silk culture（蚕丝业）、physical culture（体育）、culture pearls（人工培养的珍珠）。可见，culture 既有物质生产，又有精神创造的含义。

3. “文化”概念的形成

“文化”一词成为一个完整体系的表示方式，即术语，大约到 19 世纪中叶才形成，这以后，文化和文明常被看作是同一事物的两个方面。学者们从人类学和社会学的角度探讨文化现象及其历史发展，给“什么是文化”做了许多解释，其中较有影响的观点有 3 种。第一种是方式论，即认为文化是一定民族的生活方式，是一种并非由遗传而得来的生活方式。这里包括了人们的兴趣、爱好、风俗、习惯，强调了文化的继承性。譬如，美国著名文化人类学者鲁斯·本尼迪克特的“文化”定义是“文化是通过某个民族的活动而表现出来的一种思维和行动方式，一种使这个民族不同于其他任何民族的方式”。第二种是过程论，即认为是人类学习和制造工具，特别是制造定型工具的过程，这里包含了人类智力和创造能力的不断进化，强调了文化的演进性。第三种是复合论，即认为文化是作为社会的一个成员所获得的包括知识、信仰、艺术、音乐、风俗、法律以及其他种种能力的复合体，这强调了文化的熔铸性。譬如伟大的人类学家爱德华·泰勒在其《原始文化》一书中说：“文化”是人类在自身的历史经验中创造的“包罗万象的复合体”。

除以上各种解释外，尚有符号说、限定说等各种说法。

1952 年，美国文化学家克罗伯和克拉克洪发表《文化：概念和定义的批评考察》，对西方自 1871 年至 1951 年期间关于文化的 160 多种定义做了清理与评析，并在此基础上给文化下了一个综合定义：“文化由外显的和内隐的行为模式构成；这种行为模式通过象征符号而获致和传递；文化代表了人类群体的显著成就，包括他们在人造器物中的体现；文化的核心部分是传统的（即历史的获得和选择的）观念，尤其是他们所带来的价值；文化体系一方面可以看作是活动的产物，另一方面则是进一步活动的决定因素。”这一文化的综合定义基本为现代东西方的学术界所认可，有着广泛的影响。

马克思主义的理论家对文化作了一种新的解释，把文化分为广义和狭义两种。在罗森塔尔·尤金所编的《哲学小辞典》中认为文化“是人类在社会历史实践过程中创造的物质财富和精神财富的总和”，这就是所谓“广义的文化”；而与之相别的“狭义”则是专指精神文化而言，即社会意识形态以及与之相适应的典章制度、政治和社会组织、风俗习惯、学术思想、宗教信仰、文学艺术等。

综上所述，什么是文化至今仍是一个相对模糊，争议较多的概念。但其中有一点是大家都明确的，即文化的核心问题是人，有人才能有文化，不同种族、不同民族的人有不同的文化。

4. 文化的3个层次

一般来讲，人们把“文化”分为3个层次：即观念文化、制度文化和器物文化。

所谓观念文化，主要是指一个民族的心理结构、思维方式和价值体系，它既不同于哲学，也不同于意识形态，是介于两者之间而未上升为哲学理论的东西，是一种深层次的文化。

所谓制度文化，是指在哲学理论和意识形态的影响下，在历史发展过程中形成的各种制度。它们或历代相沿，或不断变化，或兴或废，或长或短，既没有具体的存在物，又不是抽象看不见的，是一种中层次的文化。

所谓器物文化，是指体现一定生活方式的那些具体存在，如住宅、服饰等，它们是人的创造，也为人服务，看得见、摸得着，是一种表层次的文化。

1.1.3 饮食文化

1. 饮食文化的概念

饮食文化是指特定社会群体食物原料开发利用、食品制作和饮食消费过程中的技术、科学、艺术，以及以饮食为基础的习俗、传统、思想和哲学，即由人们食生产和食生活的方式、过程、功能等结构组合而成的全部食事的总和。

在一个特定的社会群体（大至国家、民族，小如部落、村寨乃至家庭）中，人们的饮食行为在特定的自然、社会环境因素的影响下而形成了种种属于本群体的特色，反过来这些特色也成了特定群体的文化标志——与其他群体的不同之处。当以一个特定的社会群体作为人类文化研究对象时，其饮食行为自然也就成为文化研究基本内容之一。正是在这个意义上，人们常常将与人类饮食活动相关的诸事项称为“饮食文化”。但是，“文化”定义的复杂性使得要寻找一个能令大家都接受的，关于“饮食文化”的定义显得颇为困难。

应该注意的是，饮食文化的研究分析一般是以特定的群体为对象而展开的，空泛地讨论“人类饮食文化”通常是没有什么实际价值的。

2. 饮食文化的内容

当我们以一个特定的社会群体的饮食生活为文化分析对象时，首先感受到的是纷繁复杂的饮食现象，各式各样的原料、名目繁多的食物、稀奇古怪的习惯……对这些现象加以必要的分类处理将有助于我们更好地了解和认识这些现象所表达出的与众不同之处，否则，我们就可能被一些表面的现象所迷惑而不得要领。对饮食文化内在结构的分析有不同的视角和方法。就本书所涉及的内容而言，我们认为可以从下述几个层面对饮食文化的内在结构进行理解，即人类的食事活动包括以下内容。

（1）食生产。

食生产是指食物原料开发（发掘、研制、培育），生产（种植、养殖），食品加工制作（家庭饮食、饭馆餐饮、工厂生产），食料与食品保鲜、安全贮藏，饮食器具制作，社会食生产管理与组织。

食物原料的开发，通常为群体所在的自然和人类社会环境所决定。例如，游牧之民以肉、乳为食，农耕之族则以稻、麦为粮，靠山临水的自然是以渔猎为生。按照人类自古至今发展出的5种谋食方式，食物的生产取得，依次有狩猎和采集、畜牧业、粗放农业、精耕农业、工业化等方式。食品加工制作也依据社会生产发展水平不同而呈现出较大的差异。食料与食品保鲜、安全贮藏，饮食器具制作，社会食生产管理与组织，在不同的群体间均有明显差别。

（2）食生活。

食生活是指食料、食品获取（如购买食料、食品），食料、食品流通，食品制作（如家庭饮食烹调），食物消费（进食），饮食社会活动与食事礼仪，社会食生活管理与组织。

人类自古至今发展出的5种谋食方式的不同处主要体现在食料、食品获取的方法上。人群的流动、迁徙，伴随着包括饮食在内的文化交流，其中食料、食品的流通最为明显。在食品制作方面，中式烹饪以蒸、煮、炸为主，而西式烹饪则擅长于烘、烤，等等。不同地区或群体的饮食方式存在着巨大的差异，表现在饮食器具的样式和使用方法不同，分食与合食的不同，具体食物的食用方式不同；集中体现饮食社会活动与食事礼仪的宴会在程式、菜点组合、酒水配置、服务方式等方面也不同。

（3）食事象。

食事象是指人类食事或与之相关的各种行为、现象。

在人类漫长的发展过程中，人们对食物的追求几乎是生活中最重要的事情。在对待食物或进食的态度上，出现了许多相应的行为、现象。在欧洲许多国家，盐是招待贵客、祝福新人的最好礼物，这与古代盐难以取得有关，即使到现在盐已是最普通不过的消费品，这种古老的习俗还是顽强地保留了下来。虽然全世界人们对婚姻的看法不一，甚至存在着相互对立的信仰，但所有的民族，都以宴席、礼仪、舞蹈和公众节日来庆祝婚礼。类似这些与饮食有关的行为、现象都是饮食文化的重要内容。

（4）食思想。

食思想包括人们的食认识、知识、观念、理论。

食思想是指特定群体对待饮食的态度或看法，具体地说就是对饮食在日常生活中的地位与作用、饮食的宜忌、何为美味、饮食与健康、合理饮食等一系列问题的理解和认识。在这些观念和意识中，有的很直接地在饮食行为中得到表现，并时而表现出某种强制的色彩。例如，一些与宗教信仰相关的饮食禁忌对相关群体饮食选择的限制就显得非常直接、明确；有的则表现得不那么直接和强烈。例如，吸烟、酗酒的危害人人皆知，但是，仍然有许多人乐此不疲。

尽管这些观念与意识的表现形式、力度不同，但可以肯定的是：一个群体特有的食物制作技术、饮食方式、饮食习俗与制度等都是与其特定的饮食观念相互关联的。换句话说，就是一定的自然、社会环境使得一定的社会群体具有了属于自己的对于饮食的看法和认识，这些看法和认识又通过具体的饮食行为表现出来。

（5）食惯制。

食惯制是指饮食习俗、风俗、传统等。

在民俗学中，“风俗”是指历代传承的、传播于社会和集体的、在一定环境条件下经常重复出现的行为方式，均指习尚。再进一步分析，则“风”是因自然条件的不同而形成的习尚；“俗”是因社会条件不同而形成的习尚。风俗除具有传承性、社会性的特点之外，它还是自发的，意即民众的自发的重复性行为。因此，由制度、规定所出现的行为，即使在社会上普遍流行，也不能称之为“风俗”。风俗之具体表现被称为“民俗事象”，即民俗事物的外在形态或民俗活动的表现形式，或民俗的外观。饮食文化中的风俗，除与前述“食生产”“食生活”中的诸事项相关外，还包括饮食行为中的礼仪、规范、节令和民事活动等内容。例如，西方人喝咖啡时，咖啡匙只能用作搅拌的工具，不可作品饮之用。故不谙西方习俗的人经常在此露出“马脚”，那么，这种对咖啡匙用法的“约定俗成”就成了西方咖啡文化中的一种“风俗习惯”。再如，在西式宴会的座次安排中，由于桌型的不同其主宾的位置会有相应改变，这也就成了西式宴会文化中的特有“风俗习惯”。在传统节令、重要民事活动中，“饮食”活动通常是不可或缺的内容，并表现出特有的“记号性”特征——专门为这些活动而制备。例如，西方感恩节、圣诞节期间的“火鸡”。“风俗”是识别不同地区或群体饮食文化特点的重要“事象”，因为它不会轻易地被改变，并经常通过一些“习惯性”行为加以表达，而这种习惯性表达有时是无意识的。

1.2 饮食文化研究的对象、内容和方法

1.2.1 饮食文化研究的对象

饮食文化的研究内容极其丰富，人们可以从多个角度对饮食文化现象进行分析和研究。而由于角度的不同，研究者所选择的具体研究对象也会有所差异。饮食文化研究的切入视角一般可以从两个方面进行选择：一是对特定群体饮食文化现象的整体分析与研究；二是对饮食文化现象中某个专门领域问题的分析与研究。

1. 整体对象

整体对象的分析与研究是指对某一群体的整体饮食行为状况的分析与研究，由于研究目的的不同，群体范围的界定也有所差异。就目前研究的实际情形看，饮食文化研究对整体对象的区分主要是：区域、民族、宗教和观念。

（1）区域。

当以人类的饮食行为或状况为研究对象时，可以以地理或区划特征为切入点，如以洲际、国家，以及一国之内的行政区划或自然形成的自然经济区域等为具体研究单位。饮食文化研究者一般以国家，或者一国之内的不同地域或行政区划为分析研究对象，以洲际为单位的分析研究相对较少。

当然，由于国土面积、民族组成、文化传统，乃至地理环境因素的影响，有些相邻国家间饮食文化的差异并不是十分明显。另外的一种情况，则是在一个国家中，不同地区之间的饮食文化差异比较明显，具有明显的地方特色。

以意大利饮食文化为例：意大利的饮食文化源远流长，饮食发源可追溯到古希腊时代的克诺萨斯王宫。约在公元前1100年，伊特鲁里亚人由小亚细亚迁移至意大利半岛，最初的菜式均以简单朴素为主，食物材料多采用豆类、腌渍橄榄及干无花果。

公元前753年，拉丁人建立罗马城，并推行共和政体，饮食款式渐趋丰富，平常多以燕麦、蜂蜜、干果、干酪和面包为主，偶遇喜庆节日，更会享用野味及肉类。其后，古罗马帝国日益强大，饮食烹调日益多姿多彩及渐具规范。在意大利的历史文献记录中，帝国盛宴已细分有头盘、肉盘（包括野味、山羊、犊牛及猪）及以蜂蜜和果子制成的甜品。美酒更是宴会不可缺少的饮料。在众多奢华盛宴庆典中，以鲁克拉斯将军举办的为当中之佼佼者。

公元395年，古罗马帝国分裂成东、西罗马，东罗马帝国以君士坦丁堡为首都，西罗马帝国以米兰为首都；随后，西罗马帝国亦因四周蛮族入侵而灭亡，各城各邑割据而立。自此，奢华精致的烹调重返至简单朴实的形式。其后，因为宗教政治影响，令众多隐修院林立，饮食文化亦崇尚以健康、易吸收消化为主流，基本食材以五谷、牛奶、干酪及新鲜菜蔬为主。

约在13世纪，由于贸易盛行及意大利位处于地中海要塞，聪明的威尼斯商人将由印度等国运抵的香料，转销至欧洲各地。意大利人便利用这些香料来腌渍保存肉类及鱼类。此时，玉米辗转流传至意大利北部，成为特色食品——玉米糕，其他如土豆（薯仔）、番茄和稻米亦被广泛使用；随后从东方引进的蔗糖和土耳其的咖啡更被意大利人采纳成为基本烹调材料。

在中世纪末，拜占庭帝国遭土耳其人侵扰，学者及艺术家纷纷逃到意大利，开始了著名的文艺复兴运动，遍及全欧。此时，意大利饮食模式和烹调方法趋向精致及多元化，菜式繁多，包括烤肉、糕点、沙律、蜜饯及以杏仁类为主的甜品，而蔗糖亦渐渐取代了蜂蜜。

公元1533年，意大利卡特琳·德梅迪西公主嫁给未来的法王亨利二世，随行带了私人厨师和烹调厨具，并将意大利烹调方法和菜谱引入法国，融合一起。这令意大利饮食礼仪、菜单、菜式及每道菜的编排得到规范及改善。与此同时，餐具应用在餐桌上，亦开始有了初步规范。

公元1660年后，意大利的西西里人 Francisco Procopio 将意大利著名的 gelateo 雪糕及制法引入法国巴黎。从此以后，法国菜的烹饪技巧——清汤、汁酱、甜品等制作方法、烹调陈设，以及饮食艺术更与意大利菜互相结合，彼此影响，使意大利菜烹调方法及选料更精益求精。此外，咖啡饮品更广受意大利人欢迎，四处可见的咖啡店即为例证。

1871年，伊曼纽艾尔二世将众多的城邑、公国及教皇直辖领土正式统一。不过意大利各省市及地区仍按照当地特有材料，造就出自成一派的地方菜肴及饮食文化。

（2）民族。

民族的概念，在现代汉语里使用范围很广。西方语言用不同词语表达的几个概念，在中文里都用民族一词来表达。因而，中文的民族一词具有多种含义，大体上来说有以下 4 种：①广义的民族，相当于“族类共同体”，用于指从原始社会一直到当代的所有族体，相当于英语的 people；②与国家概念密切相连的民族，可以用“国族”一词来确切地表达这个层次上的民族含义，如中华民族、美利坚民族、法兰西民族等，英文词用的是 nation；③作为与国家相连的民族（即国族）组成部分的各个狭义的民族，这是一般在狭义上使用的民族，如中国有 56 个民族，越南有 54 个民族等，英语的词汇是 nationality；④小民族或不够发达的民族，这种族体还不太具备第三种意义上的狭义民族的许多特征，但又类似于狭义民族，中文习惯称为“部族”，比如南部非洲国家的那些族体，中文都相沿成习地称作“部族”，现在有的也倾向称之为民族。

现在我们一般所使用的民族概念是依照斯大林的提法所确定的一个综合的民族概念：民族是人们在历史上形成的一个有共同语言、共同地域、共同经济生活以及表现在共同文化上的共同心理素质的稳定的共同体。这一概念认为民族包含了六大特征：一是在历史上形成的，二是共同的语言，三是共同的地域，四是共同的经济生活，五是共同的心理素质（表现为共同的文化），六是具有一定的稳定性。其最根本的特征是：曾经具有或者一直具有共同的历史、共同的文化、族属的稳定性。具备了这 3 点就应该是一个民族，而是否具备其他 3 点，只能作为是民族原生状态或次生、再生状态的标准。

以民族为对象的饮食文化研究，首先在于了解不同时期人类饮食文化的基本状况。例如，在人类的早期社会，人们是如何获取食物的？获取食物的技术发展过程又是怎样的？历史学家和人类学家为我们提供了答案。19 世纪的美国著名学者路易斯·亨利·摩尔根在其《古代社会》一书中，对人类社会早期获取食物的状况，以及获取食物与人类社会发展关系等问题有过精彩的论述。以民族为对象的研究的第二个主要目的是比较不同民族饮食文化的特色与差异。

（3）宗教。

宗教对信仰者生活行为的影响是有目共睹的，当然，有些宗教对信徒的饮食行为约束较松，而有些则对信徒的饮食行为有严格的要求。应该注意的是，有些人并非某一宗教的信徒，但却可能受到某些宗教思想的影响，而在饮食行为上倾向于宗教的要求。

宗教研究者一般认为：一些宗教对信徒饮食行为的约束，是宗教团体对外区分、对内认同的一种社会性标志，也是培养集体意识和教胞情谊，增强内部团结的重要手段。

（4）观念。

在人类社会中，本不相干的人们往往会因某种观念走到一起，并成为一个有别于其他人的特殊群体。其中，现代社会中的“素食主义”就是极好的例证。

素食，即食物中不包含动物性原料。但禽蛋和哺乳动物的乳汁是否属于素食，尚

有争论。据此，素食又可分为纯素食、蛋素食、奶素食和蛋奶素食。素食者有4种：一为生理素食者，由于其自身生理原因不能食用动物性食品；一为经济原因造成的素食者，由于植物性食物几乎无剩余也没有动物性食物的来源而造成；一为宗教原因的素食者，如汉传佛教的僧人等；另有一类即为观念素食者。

西方的素食起源于地中海地区。古希腊的许多智者都提倡素食，其中的毕达哥拉斯可能是最早的素食者，所以，在1847年英文vegetarian一词出现以前，不吃肉的人通常被称为毕达哥拉斯信徒或追随者。几个世纪以前，西方的一些宗教派别和修行团体也开始倡导素食，而真正具有里程碑意义的事件，是1847年诞生于英国曼彻斯特的第一个素食协会。此后，素食主义运动也在其他西方国家流行开来，绝大多数西方国家都相继成立了自己的素食协会。1908年，国际素食者联合会（IVU）诞生，IVU每隔几年就要举办一次世界素食者大会，为素食主义在世界各国的推广起到了重要的作用。

一直以来，西方社会对健康、伦理、环境等问题的关注，对素食主义的发展起到了很重要的推动作用。20世纪后期，出现了一些具有深远影响的著作，探讨了素食对于整个人类的利益，包括促进健康、节约资源、保护环境、改善动物福利、减少贫穷等，使得素食之风在西方盛行。值得一提的是，一些著作披露了现实社会里动物受到的种种悲惨待遇，激发人们从伦理学的角度对动物的权利以及动物与人类关系的思考，很多人受此影响而选择了素食。

调查显示，目前英国的素食者已经达到了四百多万，占总人口的7%，美国有一千二百余万素食者，占总人口数的5%左右。其中不乏一些职业运动员。荷兰、德国、意大利、西班牙等国，也有较高的素食者比例。

2. 专门对象

专门对象的分析与研究首先是指对某一群体饮食文化中的某一组成要素的专门研究。例如，我们可以从食物原料供给、烹饪技术、饮食器具、消费方式、饮食习俗与礼仪和饮食文化发展史等多角度，对一个特定群体的饮食文化现象进行多角度的专门性分析和研究。而现实中的饮食文化研究，正是建立在这种具体的专门研究工作之上的。因为没有这些专门的分析与研究，就无从在整体上全面把握某一群体饮食文化的整体性特征。没有局部，也就无所谓整体的存在。例如，在美国饮食文化研究中，快餐的生产与服务就是一个吸引诸多研究者注意的专门领域。因为，以“麦当劳”“肯德基”等为代表的美式快餐，不仅在世界快餐市场占有巨大的份额，而且其生产、服务、营销也不同于传统方式。如果在美国饮食文化的研究中，缺少了“快餐文化”的内容，那将难以令人理解。

其次，是在个别群体专门性研究的基础上，对不同群体间的相同问题进行综合性的比较研究。

1.2.2 饮食文化研究的类型

1. 横向研究

饮食文化的横向研究是指对某一整体或专门对象在某一特定时期的状况进行的全

面分析与研究，其意图主要在于对研究对象的“现状”以及相关影响因素进行分析。

应该注意的是，横向研究的结果为纵向研究提供了必要的“素材”准备，也可以说没有切实的横向研究，就不会有令人信服的纵向研究成果，但我们不可因此而以横向研究来代替纵向研究。

2. 纵向研究

饮食文化的纵向研究是指对某一整体或专门对象的过去、现在及未来状况的探索、分析，其意图主要在于对研究对象的发展轨迹做出判断，说明其发展过程的阶段性区分，不同阶段的标志性事件（人物）、不同阶段在整体发展过程中的地位和作用。当然，对相关内容未来发展趋势的分析与研究也是必不可少的内容，在某种意义上说，对未来趋势的分析与判断是饮食文化研究的重点问题之一。

3. 饮食文化研究应注意的问题

（1）文化差异。

二十多年前，有些人在比较中西饮食差异时，喜欢以中国烹饪的“烹法”多变为例，来印证中国烹饪在技术上比西式烹饪“高明”。因为常见的中式烹饪方法有三十多种，而某些专家的研究结果则多达几百种，但西式烹饪的常用方法只有十来种，高低之别似乎不言自明，此类说法至今仍有余响。但我们应该清醒地认识到，文化学研究意义上的“差异”，并不是水平“高低”的简单别称，“差异”主要表示的是相互间的不同之处。更何况，复杂的并不一定就是好的，简单的也许更有价值。在我们对文化的“适应性”特点有了基本的认识之后，对这一问题应该不难理解。

（2）传统与现实。

美国是一个历史“短暂”的国家，其饮食文化是一个名副其实的“大杂烩”，但美式快餐很长时间以来却一直是西方饮食文化中一个引人注目的“焦点”。在正统美食家眼中，“肯德基”“麦当劳”几乎毫无价值可言，但另一方面，作为“美式文化”的代表，这些快餐食物在世界各地又颇受消费者的欢迎。时至今日，反对之声虽不绝于耳，但经营者的市场依然存在。在对一个具体的饮食文化现象进行分析评价时，应用历史和发展的眼光来评价其地位、作用与价值。过去的“辉煌”不能证明其现在的必然“卓越”，现在的“知名”也不能说明将来会同样“美好”。客观事物是处于不断发展状态之中的，人们的饮食行为也不例外。时代变了，人们的观念、行为也应该有相应的调整和变化。尊重传统与保守僵化在形式上的区分有时并不十分明显，但其实质却不同。

（3）实事求是地分析评价。

在饮食文化研究中，对某一事件或人物的分析、评价是必不可少的。在对这些人或事的分析、评价中，研究者应本着实事求是的态度，对相关的人和事做出切合实际的分析与评价。例如，“素食主义”在当今世界的影响力是有目共睹的，它将生态和环境保护观念相结合，更使其具有了某种“巨大价值”。但是，对其影响力、作用和价值的分析和评价，如果被其“巨大价值”所主导，而忽视了人类饮食自身的功用、特

点，乃至生活的目的，就有可能出现导向上的偏差。如果大家都成了“严格的素食者”，世界将会是何种模样？饮食文化作为特定群体的社会文化的组成部分，往往带有强烈的感情色彩，因为群体的“文化认同”是群体得以存在或维系的重要“精神因素”。

1.2.3 饮食文化研究的方法

1. 文献研究法

文献是指记录已有知识的一切载体，是把人类知识用文字、图形、符号、声频和视频等手段记录下来的所有资料。文献研究法是饮食文化研究中运用得最基本的方法之一，是专门对人类历史长河中所收集的文献进行分析研究的方法，因其不直接参与和接触具体活动，故称非接触性研究方法。

文献研究法不等同于历史研究法。在历史研究中，必须运用文献研究法来研究历史文献。但是，文献研究法绝不限于历史研究领域，它既可作为一种单独的研究方法运用于其他学科，同时也可作为其他研究方法的基础。它通过对文献资料进行理论阐释和比较分析，帮助研究者发现事物的内在联系，找寻饮食文化现象产生的规律性。

2. 调查研究法

(1) 谋食方式调查。

一个社会要能生存，必须满足其成员的一系列需要——控制和规范人的行为，保障社会安全，男女婚配，抚养和教育后代等，更重要的是必须发展出一套能从生存环境中谋取食物的方法。人没有食物，就要死亡，社会也就不再存在。

不同环境中一定会有不同的谋食方式，但环境仅是限制因素而不是决定性因素，否则无从解释同一环境中何以有不同的谋食方式。例如，北京周口店地区几十万年前的“北京人”以狩猎和采集为生计，而今天那里的居民却经营农业或矿业；在同一环境中经营农业，古代不能生产出像今天一样多的食物。这些都是技术进步的结果。技术是利用环境提供的资源以满足自己谋食方式及其他生活需要的文化因素。人类所以比其他生物体更能适应环境，就因为他们有可以谋食的技术，而且技术能随环境变化不断发展。但技术仍受环境制约，同样的刀耕火种技术在森林再生能力不同的地区会有不同的产出；同样的灌溉技术在水资源多少不同的地区会有完全不同的效果。总之，谋食方式是环境和技术相互作用的产物。

故在调查谋食方式时，除了环境因素外，主要便是考察各种谋食方式的技术问题，这包括生产工具、生产技术和经验，等等。

然而，由于文化诸方面的相互依存，我们在调查生计时，不能忽视有关的社会问题，例如，居住模式、男女分工、劳动协作，乃至宗教仪式等。特别是从事有关生计的定向调查，若只注意其技术方面，许多现象将无法解释。

人类自古至今共发展出5种谋食方式，依次是狩猎和采集、畜牧业、粗放农业、精耕农业、工业化谋食方式。前者是向自然界攫取和收集食物，后四者是生产食物。

多数社会并非只实行一种谋食方式，经常是几种混合使用。如刀耕火种多兼营狩猎和采集，牧人仍要从事采集以补充植物性食物。这些在中国少数民族之中可找到许多例证。但一个社会中占主要地位的只有一种谋食方式，它决定这个社会的发展水平。例如，我们说狩猎-采集社会，即指以狩猎和采集为主要生计的社会。

（2）饮食调查。

在调查一个社会的谋食方式之后，还应了解人们饮食的总体情况。并非掌握较先进谋生手段的社会，其成员就一定享有较好的饮食。例如，有些狩猎-采集者，食物是丰富的，而从事精耕农业的农民却常常难以果腹。饮食水平除取决于当地的资源、人口及社会分配外，还有一个备制方法问题。为此，下面这些问题是应该注意的。

① 当地有哪些食物，它们是如何备制的。例如，作为食物的野生或栽培植物是如何去壳或磨粉，用什么工具或设备；对某些有毒或味劣的野生植物，如何去毒或使其成为可口食物；植物性食物如何做熟，是蒸煮还是烤成饼饵之类，会不会发酵之法；如何保存，有无防虫、防鼠的措施和设备；动物性食物又是如何做熟，是烤、炙还是放在炊器上煮熟，是否与植物性食品同煮，其保存之法如何，是烟熏、盐腌、晒干、烤干，抑或他法；除动物的肉外，是否知道利用其血、骨或奶。不是所有牧养家畜的民族都喜饮奶的。例如，中国西南民族之中有发达畜牧业的凉山彝族不利用畜乳；而白族不仅饮乳，还能制作出乳饼、乳扇等可口的乳制品。对于利用畜乳的民族，要特别注意这种习惯的由来，取奶方法及奶制品的制作方法，等等。

② 有什么调味品，特别是盐的问题要给予充分注意。盐是当地制作（这只能限于有条件的地区）或由什么地方供给，如缺盐用何物代替，诸如此类。

③ 当地人共享有哪些饮料，水是否经过净化，是否饮用果汁。饮料可分为天然饮料（水、果汁）、人工饮料（茶、咖啡等）及发酵饮料（酒）。在中国，茶是最普遍的人工饮料，注意茶的来源、加工方法及饮用习惯。茶或其他饮料中是否喜欢加糖、蜜或其他调味品。特别要注意饮酒问题，如当地有自己的酿酒法，要询问其原料来源，如何发酵，酒曲是自制还是购买，能制造几种酒，是否已有蒸馏法，酒内的酒精含量，社会上饮酒是否成风，酗酒是否已对社会造成危害，等等。除酒外，是否还有其他的刺激品和麻醉品。

④ 当地特有的食物和饮料及其备制方法和烹调技术怎样。在灾荒或非常时期，如何解决饮食匮乏问题，有什么代用品（像“观音土”、榆树叶之类）等。

⑤ 在全面调查的基础上，对该社会所有食物和饮料开列清单。要注意当地人饮食观念中是否有“主食”“副食”之分，这种区分是否与主要谋食方式有关（例如，像中国这样的农业社会便以谷物为“主食”）。

⑥ 如有条件，最好对每天人均通过饮食所摄入热量做科学的计算。当地人是否已有足够的营养，饮食成分是否合理，特别注意是否包括足够的动物蛋白，这也是衡量人类生活水平的标准之一。摄入动物蛋白不足，将影响人的体质。新几内亚采姆巴加人不惜付出巨大代价养猪，实质便是为了取得动物蛋白。

⑦ 在调查中既要了解社会上平均饮食情况和营养水平，还要注意不同性别、年龄

及社会地位的人，在饮食方面的差别。特别是在分层社会中，富者"朱门酒肉臭"，而穷者沦为"饿殍"，是常见现象。此外，饮食的季节性变化，如青黄不接时期的饮食匮乏及丰收季节的大吃大喝之类，也要注意记录。

⑧ 与饮食相关的礼节及习俗，均应调查。例如，全家成员是共同进餐还是男女分吃，或孩子与老人分吃，家庭或社会是否有某些人可享用特殊的饮食，每日进餐的次数和时间，餐桌礼貌，招待客人的规则，相互宴请的习俗，饮食的禁忌（如对月经期间的妇女，祭祀前的宗教人员，出征或出猎前的男子）等，均是值得询问的问题。并非文明社会才有餐桌礼仪，在这方面各民族都有自己的规则。入乡随俗是必要的，而不必判断孰优孰劣，不能认为只有中国汉族筵席上或西餐桌上的吃法才算文明。

3. 比较研究法

比较研究法是许多学科普遍使用的科学研究方法。饮食文化也不可避免地发生异文化之间的交流，对比关照和比较便自然而然发生了。饮食文化的比较研究，就是将不同地域、不同人群或民族、不同的历史、不同的风俗习惯，总之一切不同的文化因素进行比较，从而发现彼此间纵向的和横向的联系，进而认识或揭示某一饮食文化产生、发展和演变的规律。所谓纵向的联系，就是通过比较研究法，去发现某一文化事象的历史关系及其在不同历史时期的形态与原因；而横向的联系，则是将历史表象上看来似乎没有任何关联的事象作横向排列的比较，以期发现各种事象间的同异及其原因与相互影响。纵向的比较方法，亦可称为历史比较法；横向比较法，又可叫类型比较法。类型比较是对众多的饮食文化事象进行分类比较，如对筷子、勺子、刀叉、手抓等进食方式进行各自及相互间的比较研究，可以发现人类在进食方式上的演进在不同历史时期的风格与内容变化。这种变化，留下了不同区域、不同民族在不同时期的痕迹。除了历史比较和类型比较法之外，还有区域比较、交叉比较等比较方法。区域比较的方法，是将比较的视野限定在一定的区位环境中，然后对该区域内的饮食文化进行比较，区别类型，再与饮食文化的总的框架体系、脉络规律进行比较。如中国南方各少数民族的食粽习俗的比较研究，便是着眼于区域内的研究方法。交叉比较，是放眼更大范围的比较研究，如异域民族，或不同国度的饮食文化比较；某些跨国民族文化的比较；饮食文化的不同民族、不同宗教信仰、不同国度、不同区域的比较，等等。比较方法，首先要详细占有资料，只有对参与比较对象的资料做到了比较详备的搜罗和认识，才可能进行稳妥的分类排列，找出异同及其原委，否则比较就会失于主观片面，成为为比较而比较，不会达到科学研究的目的。

4. 数量研究法

把饮食活动作为经济现象和企业经营来认识，经济学、管理学、统计学等学科的方法都是需要借助的，其中最主要的自然是数学的方法，数学方法也是饮食文化研究不可少的研究方法。如在对饮食文化的分析研究过程中，我们除了运用历史的、比较的等非定量研究的方法外，还常常需要运用一些定量的研究方法，也就是数学方法。在一定的物质条件下，为了达到一定的目的，我们运用数学的方法进行数量分析，统

筹兼顾各方面的关系，为选择出最优方案提供数量依据，以排除传统的、经验式的分析方法带来的不确定性因素。用数学方法建立饮食方式的数学模型，用统计法调查特定人群的饮食结构，或者用量化法分析某一区域烹饪饮食的品种类型、加工技术、烹调方法、滋味类型、色彩、质感等的特点得出较为可信的总体特征，都是在饮食文化研究中应用数量法的极好例子。

除了以上诸种方法，还应当有适合饮食文化学科和研究者知识结构、经验等因人而异的一些方法。布雷斯福德·罗伯逊说过："在世界的进步中，起作用的不是我们的才能，而是我们如何运用才能。"方法论和研究效果，往往是因人而异的。对于饮食文化的研究者，甚至对于具有探索意识的实务工作者来说，除了知识结构以外，个人的工作精神与精力、性格与想象力同样是非常重要的。法国生理学家贝尔纳（1813—1878）认为："良好的方法能使我们更好地发挥运用天赋的才能，而拙劣的方法则可能阻拦才能的发挥。"然而，不要忘记一个基本事实，那就是：任何方法都是属于具体个人的，方法不能替代具体的工作，成功的机遇只属于那些有准备的头脑，这准备就是通过自己踏踏实实工作获得的知识、经验和感受。

思　考　题

1. 饮食有何功用？
2. 什么是饮食文化？
3. 饮食文化主要研究哪些内容？
4. 用调查法调查你所在的村落或社区饮食的状况。

第2章 饮食文化的理论探讨

2.1　饮食方式

人类与其生存的环境是一种互相制约的生态系统。生态环境包括自然环境和社会环境两大类。自然环境包括气候、土壤、生长的动植物和维持生命所必需的水、维生素和蛋白质。在考虑各自然环境区如何维持人类生命时，必须从质和量两方面对自然资源进行全面研究。绝大多数自然环境区都有自己独特的饮食方式，只是有些方式比较简单粗俗，文化适应力比较差而已。在考虑任何环境区的生产力水平时，都必须参照开发生产力的技术水平。

2.1.1　环境与文化多元性

环境对包括基本生存模式——饮食在内的文化产生巨大影响。但是我们可以说，环境对文化只是起到限制和开发的作用，而并不起任何决定作用。每一环境区内都可能存在不止一个类型的文化，甚至在一类文化内部也出现文化的多元性。

在开发利用具体的环境中，技术水平是决定性因素。例如，在美国中西部，正因为有了工业时代的复杂型技术，才发展了密集型的机械化农业，更好地适应了环境要求。今天这个地区可为数以百万的人口提供食物。在美国土著社会，低下的技术水平只能维持人口数量很少的采猎者的生活。同样道理，沙漠地区若没有必要的水利设施，不会有多少人能生活下去，如果一旦得到技术密集型机械化农业的装备，自然会繁荣昌盛，养活众多人口。解释一个社会的具体生存模式时，必须要考虑到多方因素，如环境区域的广袤性、区域内部的复杂性、季节变化、社会群体、技术水平、文化传播史、文化形态以及价值观念等。

1. 环境区域和饮食系统

按照气候、土壤和动植物的特点，地球可划分为六大环境区域。地球表面的第一大区域是草原覆盖区，如美洲、非洲、西伯利亚等广阔平坦的无森林地带。草原区的居民主要是狩猎者、采集者及游牧者，占世界总人口的 10%。这类区域只要建立起复杂型的机械技术，就非常有利于农业的发展。地球的第二大区域是沙漠地区亦称干旱区域，总面积占地球陆地的 18%，而人口只是世界总人口的 6%。在这里，沙漠区域的概念并不绝对地指一般意义上的干旱沙漠，许多沙漠区有灌木丛林的点缀，间或有

绿洲或肥沃土地，可以发展小规模农业。一般情况下，这类区域的技术水平比较落后，只能维持狩猎、采集之类劳动者的生活；部分地区装备有一定程度的水利灌溉设施，农业发展比较集中，人口亦相对密集。第三大环境区域是北极和亚北极区，占地球总面积的16%。不言而喻，这里人口非常稀少，还不到世界人口总数的0.5%，人们主要从事狩猎、放牧、设陷之类的劳作活动。

将近四分之三的世界人口生活在第四大环境区域和第五大环境区域。第四大环境区域是热带森林区，雨量充裕，植被率高，占地球陆地面积的10%，人口为世界人口总数的28%。粗放性农业是这类区域典型的生产方式。第五大环境区域是最适合人类生存因而人口密度最大的环境区域——温带森林区，43%的世界人口居住在这里。由此我们可进一步看到人口分布状况与技术发展水平之间的重要关系。只有使用铁制工具，才能伐木垦荒，发展农业，如若没有铁制工具的发明使用，仅温带森林区的树木一项，就足可以成为人类进步不可逾越的障碍。六大环境区域的最后一个是高山区。高山区域中各地区海拔高度不等，气候及其他自然特点随之亦相差殊异，占去全部陆地面积的12%，居民为世界总人口的7%，主要从事畜牧业和粗放农业活动。

有时候，几个不同的社会以某种相同的方式适应于某一生态区域，通过文化的不断传播继而演化出相同的文化模式，这种地区叫作文化区。文化区的概念有助于解释文化社会的演化发展问题，但是这并不等于文化区内部就不存在文化多样性。例如，在美国平原印第安人中，各部族在价值观念和文化形貌方面存在突出的差别，尽管基本的生存模式是一致的。再如，尽管从总体上讲，因纽特人在比较狭窄的自然环境中适应方式是相同的，但他们同样存在文化多样性问题。

2. 季节差异和文化反应

在各区域的具体环境中，由于季节变化不同，食物的来源和数量在一年的不同时期也相应不同。季节差异可表现在食物生产系统的很多方面。菲律宾群岛的汉努努人（Hanunoo）一年里种多种作物，每一种作物都是在最合适的季节里播种，轮流收割，各收获季节之间不冲突。水稻是主要农作物，六月插秧，十月收割，这期间则抢时机种一些生长季节较短的玉米。十月至五月期间种植大豆、甘蔗、土豆等耐旱作物。狩猎者和采集者对季节变化也很关心，因为动物的出没和植物的枯荣与季节交替有直接关系。季节变了，动物即流向不同地区，狩猎队伍的大小和组织程度也相应调节，以便有效行动。

3. 环境的长期性变异

社会文化系统对于干旱、水涝、疾病等自然现象也要做出一定的反应，这类自然变异从长远意义看属于自然环境的有机部分。对长远的环境不确定性做出最直接反应的是基本生存模式，例如，饮食好恶和风俗的形成都是因为有多种形式的食物资源可供自由选择，而绝不是只局限于少数不能保证的渠道。澳大利亚土著人技术水平非常低下，但他们能有效地开发利用自己环境中种类繁多的动植物作为食物享用，如袋鼠、负鼠、老鼠、野狗、鲸鱼、青蛙、火鸡、鸟类、蜥蜴、蛇、鸟蛋、蜥蜴蛋、鱼类、植

物根茎、果实、核桃、板栗、籽种、花木等。即使出现任何自然灾害，人们也不会因为全部食路断绝而生命受到威胁。

任何人类群体的饮食结构都可能是丰富多样的，但在众多食物资源中至少要有一个是保证可靠的，即源源不断地提供充足的食用原料。例如，卡拉哈里沙漠（Kalahari）的布须曼人（Bushmen）对自己周围恶劣的环境中生存的动物植物有非常深刻的认识，而且利用这种知识把自然资源开发为比较丰富的饮食资源。但是尽管如此，他们还是常常采集当地一种树上蛋白质含量高的果实，因为这种果实到处可见，存放方便，不受环境变异的影响。

不仅种种不同的生存方式使社会群体能适应一定的自然环境并得到较好的发展，而且各社会人口政策也是影响环境适应的一个不可忽视的重要因素。有的文化区，由于技术水平落后，开发环境的能力十分有限，或者因缺少安全可靠的人工避孕方法，堕胎和杀婴成了控制人口增长的主要办法。也有一些地区采取延迟断奶、禁止产后性交，以此调节因盲目生育而造成的人口暴涨。但在食物极为短缺的条件下相应的人口政策又是必要的，例如，在爱斯基摩人社会里，当食物供应发生危机而使人的生命受到严重威胁之时，老年人就被带到冰上等待冻死，有时老人甚至自己要求受用这种“极刑”。他们的自杀行为，既非轻生，也不是不爱惜自身生命，而是为群体能继续活下去所表现出的献身精神。

社会不仅以各种方式主动地去适应环境的无穷变化，而且还与其他群体建立贸易关系，借以扩大自己的物资来源。例如，从事畜牧业的社会群体，他们虽不经营农业生产，却需要以外贸的方式获取农产品。社会文化系统采用的一些适应方式具有浓厚的文化意识，这些适应方式在人口控制和环境的理性开发利用方面起的作用，只有通过饮食文化的分析才能认识。

社会文化系统的极端多样性证明，虽然发展技术事业是人类提高环境控制能力的主要手段，但在技术水平落后、缺乏现代科学武器的社会条件下，人们也能获得令人满意的适应能力。生活在文盲社会的人群，有可能不会用现代科学的专用术语主动地表达自己对环境的适应方式，但对生长于其中的自然环境却极为熟悉。

例如，人类学家康克林（Harold Conklin）经过研究菲律宾群岛汉努努人的文化习俗后发现，汉努努人的语言用于表示土质和矿物的概念多达 40 个，他们对发生水土流失问题的原因一清二楚，并为水土保持工作投入了一定的技术。更令人吃惊的是，他们能区分出 1500 多种植物品类，其中已开园栽植的多达 400 余种，并不断试验开发新品种。从这个意义上讲，他们关于植物的知识比现代植物学的内容要丰富，对植物的种类划分比植物学分类要细得多。除此之外，汉努努人对自然环境中的动物也有深刻认识，划分出 450 多个种类。他们清楚地认识到人类饮食活动直接影响到环境的变化，在此认识的基础上大力开辟各种食物资源。文盲民族的狩猎和农业技术与欧美工业社会的机械技术相比较，近乎原始社会的水平，然而这些民族在保证满足自己基本需求方面创造出非常出色而有实效的办法，例如，他们耐心观察各类动物的生活习性，接近它们、熟悉它们，从而缩短双方之间的距离，采用这种灵巧手段弥补科学技术的不足。

4. 社会环境和饮食方式

包括饮食方式在内的文化模式，在同一环境区域内因社会群体的不同而不同。像马来西亚塞迈人（Semai）这类民族，本来居住在非常宽阔的区域，近来却被其他群体排挤到边沿地区，并不得不改变自己的生存模式。扎伊尔北部伊图里森林地带的俾格米人（Pygmies），过着狩猎采集的生活方式，对热带森林的环境非常习惯，但是，几乎所有俾格米部落都与邻近的非俾格米民族保持着密切的关系。这些邻族从事农业生产，茂密纵深的森林给他们造成神秘的恐惧感，不敢涉足其中。因而，俾格米人可以独自开发林海，同时与文化发达的农业邻居保持贸易关系，甚至一年中总有一段时间移居在一起，利用他人以改善自己。人类群体和有些动物群体一样，倾向于从事专门性活动以获得对环境更为良好的适应。专门性适应方式经过一定历史时期融合于主体的文化系统，成为该群体的主要文化特征。特定群体对本土环境所做出的专门性适应方式叫作生态位置。巴思（Frederick Barth）对巴基斯坦存在的一种社会互动关系的模式作过描述，这一模式由科希斯坦（Kohistanis）、帕坦（Pathans）和古加尔（Gujars）三个民族群体构成，他们一起居住在山地里，然而各自占有不同的生态位置，开发不同的环境层次，互无干涉冲突，和睦相处。帕坦人利用平坦谷地种植小麦、玉米、水稻等作物，从事着农业活动；科希斯坦人住在山上，气候寒冷，农牧并进，既养绵羊、山羊、黄牛、水牛，又种米粟、苞谷。古加尔人则是完全的放牧者，生活在科希斯坦人不屑涉足的偏僻山洼。古加尔人给帕坦农民提供奶制品和肉食品，忙时也帮助他们务农。本土环境中各文化社会群体之间保持专门性的与人无争的互动关系，这种关系模式在世界许多地区都存在，畜牧业民族尤其如此。

5. 文化对环境的影响

环境和文化的关系不是单向型关系，不仅环境影响着文化，文化对环境也产生不可低估的影响。人们的饮食居住方式对大自然都有影响。一方面，技术和知识可能把荒漠改造成良田，另一方面，正像我们都知道的，各人类群体的出现给整个自然界带来了沧海桑田的变迁。在工业社会，工厂和汽车造成空气污染，任何种类的生活方式，无论是狩猎、种植、畜牧，都影响到动物和植物的生态、自然资源的耗量、地表土层和土质结构。显然，自然资源的管理和利用已成为当今世界的迫切议题。获取食物的方法种类繁多，正好表现出生态平衡的意义，起初看来似乎能高效率开发环境资源的行为，最终造成的恶果可能不亚于所解决的问题，这是以生态学为指导方向提出来的精辟见解。

2.1.2 饮食文化的发展阶段

人类在利用环境维持生存中有五大基本模式，也可说是饮食文化发展的五个阶段：狩猎和采集、畜牧业、粗放农业、精耕农业和工业化。前者是向自然界攫取和收集食物，后四者是生产食物。五大模式的每一个类型内部又有细致具体的分类。在某些社会，某一种饮食模式一般情况下会成为利用环境的主导性途径，然而大多数社会并不是这样单一，而是把数种饮食方式综合为一体，配套使用，以满足需求。

1. 狩猎和采集

狩猎和采集的饮食方式亦称搜寻食物，是指对自然环境中现存食物的依赖，包括对大小型动物的捕猎、打鱼，各种食用植物的采获等。狩猎采集不是生产食物，既不是直接种植，也不是间接地繁殖畜禽或畜养牲灵以获取蛋肉。

这是最古老的谋食方式，延续时间最长。假如人类已有 400 万年的历史，99%以上时间是靠从事狩猎和采集为生。自古以来地球上共生活过约 800 亿人，90%以上的人是狩猎—采集者。

到了 20 世纪初，世界上只剩下 163 个狩猎—采集社会；而到了 20 世纪中叶，全球仅有南非布须曼人、澳大利亚人、北极地区因纽特人、中非及东南亚少数居民是狩猎—采集者。中国境内早已不存在狩猎—采集社会。鄂伦春人最迟在 1915 年已“弃猎归农”，云南独龙族至迟到 1909 年清朝官员夏瑚到达时已经营刀耕农业。但狩猎和采集作为一种谋食方法，在许多初级农业社会中仍占很大比重，如云南景颇族的有些家庭在 20 世纪 50 年代初时，其采集收入仍占全年收入 26%，采集植物达 94 种。云南傈僳族善于狩猎，猎物有时成为肉食主要来源。中国少数民族地区的狩猎和采集生计及有关习俗正是从古代传留下来的。

狩猎和采集属于一种生计模式，两者不能分开。

习惯上狩猎列在前面，实际上采集更为重要。以昆人为例，男人每隔数天外出狩猎一次，成功率仅为 2%，平均每小时可获 800“卡”；女人每天外出采集，每日有获，平均每小时可获 2000“卡”左右。狩猎和采集生计中还要包括捕鱼在内。有些地区（如北美西北岸的印第安人）主要靠捕鱼（包括海兽）取得丰富的食物，维持较高的生活水平。

采猎适应模式是早期人类发展史上非常重要的生活方式，男女分工（男狩猎，女采集）、群体内食物平分等现象都是这种生活方式的重要内容。当代的狩猎采集民族固然可以向我们提供有关认识原始人生活方式的重要材料，但无论如何已无法重现原始采猎者的风貌。因为当代采猎者的生活方式可以说是从原始采猎者中演变出来的一种崭新的生活方式，历史尘埃已把固有的先民生活风貌掩盖得面目全非了。尽管同是采猎社会，生产力发展水平也很不平衡。古代的采猎者在低下的生产技术条件下随时都有陷入饥饿的危险，当代采猎社会的最低限度生活水平从总体上讲，则正通过与异文化接触交流逐步改善，有些民族凭自己聪明灵巧的技能和对生态环境的深刻认识，已可以心安自得地生活。研究布须曼人的人类学家多萝西·李（Dorothy Lee）曾经指出，布须曼人的生活水平实际上比其从事农业和牧牛业的邻族赫里罗人（Herero）稳定。赫里罗人养牛离不开水和牧场，一遇上干旱季节，生活就无法保证。平原印第安人也过着比较和谐稳定的狩猎生活，尤其自 16 世纪西班牙人从欧洲引进马以后，一些平原印第安人群体甚至放弃了原先的农业生活方式，转而从事更为实惠的打野牛的狩猎生活。但是总体上看，狩猎采集的生产水平比其他获食方式的生产水平要差，人口

养活率也低，如布须曼人在每100平方英里的土地上只能养活44个人，这还是现今狩猎民族中比例较高的。

在狩猎活动中，对付成群的大虫猛兽需要聪明灵巧的计谋，打猎的技术虽然结构简单，但非粗糙无术。狩猎是一项源远流长的谋生活动，只是到了近代人们才逐渐把注意力转向植物饮食的采集。对于许多食物搜寻群体，植物饮食成为日常食物的基本结构（所占比例高达80%），是生活方式稳定安逸的主要因素。搜寻食物这一生活方式能够有效地利用自然环境的各个层面，满足人均生存需要，因此成为一种普遍性的适应模式。

采猎不像其他生活方式那样程式化。这种方式能用较少时间获取较充足的食物，其实是一种方法简单、效率高的谋生手段。M. 萨林斯（Marshal Sahlins）把狩猎者和采集者称为“最先富裕的社会”。J. 伍德伯恩（James Woodburn）在研究坦桑尼亚的哈扎人（Hadza）后估计：他们与邻近的务农部族相比较，花费较少的时间和精力劳动，但却过着温饱自足的生活。萝西·李认为，布须曼成年人的劳作时间是平均每天6小时，每周2天半，女人一天采集的食物足够全家吃3天。

狩猎生活方式与社会有着一定的联系。一般来讲，狩猎者随着猎物的出没四处跟踪寻找，属于游动性劳作者。狩猎活动也需要社会组织，典型形式是由男性亲属组成的猎队，每到狩猎旺季集体出动。新近研究表明，猎队的成员结构比过去灵活得多，不一定非要吸收亲戚不可，北美平原印第安人甚至接纳陌生人参加狩猎。不过北美大陆西北海岸的渔业搜寻社会有较显著的例外，他们很少有职业专门化的社会分工，权威与服从之间的差异也很小。正常的社会分工是按照年龄老幼和男女两性，如女人采收植物食料，男人猎取野生动物。女人的活计还有缝制衣服、搬运食物、加工处理生食品等。在渔猎采集这样的食物搜寻社会，男女之间比较平等，至少比畜牧业或园艺农业社会平等。

2. 畜牧业

畜牧业主要指饲养家畜，是对环境专门化了的适应办法。由于地形结构山峦起伏，气候干燥，土壤不适宜植物生长，这种适应方式并没有农业那样高的生产水平以维持人口的基本生活水准。畜牧业饲养的主要牲畜品种是牛、绵羊、山羊、牦牛、骆驼，给人提供肉、奶的需要。

畜牧业模式的两大特征是迁移和游牧。迁移是指一年中牧人要定期赶着牲畜寻找海拔、气候、青草产量不同的草料丰富之所，一般是成年男人迁移牲畜，女人、儿童及一部分男人留在村子里；游牧是指男女老幼所有人口一年四季赶着牲畜游动放牧，无固定居住的村庄。

仅靠畜牧业本身是难以满足人的生活需求的，必须要有粮食来补充饮食。因此，畜牧业往往和农业种植并行发展，互相补充，或者畜牧业群体与农业群体开展贸易交换，以解决粮食缺乏的问题。关于畜牧业的社会组织问题，在大多数畜牧群体里，女人结婚后随夫而居，牲灵家产父传子承。新近研究结果表明，各种畜牧业适应方式间的差异很大，畜牧群体以极大的灵活性在最低限度的环境条件下生存，使得这

种生活方式难以准确界定。畜牧业往往和农业、贸易结合在一起，使得具体畜牧业者之间也存在差异。许多畜牧业者卷入了市场经济的时代浪潮，这成为当代畜牧业适应方式的一大特点。畜牧业和狩猎业一样，如若缺少对自然环境广泛深刻的认识是不行的，它是一种游动性适应方式。要认识畜牧社会的文化特点，必须要联系认识畜牧群体的这种运动模式。

3. 粗放农业

粗放农业指非机械化的以简单技术从事的农业生产活动，一个重要特点是处女地被开垦出后不是年复一年地长期耕用，而是短期使用后即放弃耕用，另辟新域。这亦是粗放农业和精耕农业之间的主要区别。粗放农业者耕耘收获的工具非常简单，如锄头、镢头之类，不用畜力，不使用犁铧，没有灌溉技术。与精耕农业相比，粗放农业的单位产量很低，投入的劳力也很少，生产的粮食只够维持自己的基本需求，没有剩余可供扩大再生产或与非农业社群进行市场交换。粗放农业社会的人口密度普遍低，每平方英里不超过 150 人。但是，各社会的生产力水平发展不平衡，如在新几内亚高原地区，集中种植红薯可养活每平方英里 500 多人。

气候干燥地区也出现粗放农业，如住在美国亚利桑那州西南部的印第安人，种植玉米、豆类、南瓜。但是粗放农业主要是热带森林区的一种适应方式，如东南亚、撒哈拉以南的非洲、部分太平洋岛屿和南美洲亚马孙河流域。在这些地区，耕种的方式是刀耕火种，或称之为原始农业，即砍倒树木，烧掉草木丛林，开辟出耕地，草木烧成灰后就势留在地里，一是避免烈日将土壤晒干，二是可当肥料给土地增加养分。开出的耕地只用 1~5 年，然后休耕数年（多达 20 年），这样使森林重新覆盖起来，土地重新变肥沃。刀耕火种式的粗放农业者要求休耕地的面积应是在耕地的 5~6 倍。土地要经过较长时期的休耕以使林木重新长起，然后再耕用，这样可保证生态环境不遭破坏。否则，土壤质量会降低，一旦土壤变贫瘠，地面就只会长出草木，不能形成森林。西方观察家认为，正是由于生态平衡遭到不可逆转的破坏，刀耕火种的农业才蜕变成产量低、对环境损害大的农业。

可是，有调查表明，刀耕火种式的粗放农业并不是无组织、无信息、无管理的谋食方式，而是在伐木除草、烧荒开垦、施肥上地、轮耕休耕等过程中施展出了很高明的技巧方法。非洲乔斯高原的科非亚民族（Kofyar）把山坡地改造成层层梯田，深翻土地，防止滑坡和水土流失；新几内亚的一个民族把数种作物合理安排在一块地里，同时种植。如红薯种在地下，叶子覆盖地面，套种芋头，芋头枝叶高出红薯藤蔓，再上面种的是葵花和甘蔗之类的作物，在它们之上最高的是香蕉树。这种高低层次合理安排的套种生产方式，使植物枝叶能够最大限度地受到阳光照射，保护土壤不受干裂，防止害虫滋长，保证多种作物同时丰收，即使出现某种作物歉收，生活也不受影响。

部分粗放农业者主要生产某一种作物，但大多数生产者多种作物同时经营。种庄稼并不能保证提供人体健康所需要的全部蛋白质，因此有些人还兼事狩猎、捕鱼及畜牧等活动。比如，在新几内亚，养猪吃肉是获取蛋白质的重要手段；霍皮人养牛，科

非亚人养牛、羊、鸡等家畜家禽。

轮耕方式决定了粗放农人不断地更换耕地，随之也不断地迁移住地。但也有例外，有的粗放农人建立了村庄，永久定居；男女分工比较明确，男人烧林开荒、种植、扎篱笆，女人收获、运输、加工熟食等；打猎是男人的任务，捕鱼则是男女都可干，女人还负责羊、猪等家畜家禽的养殖活动。

粗放农业的社会制度也不尽相同。最基本的社会单位是由具有同一祖先的人们组成的。这种家族群体有的以男系遗传为主，有的以女系遗传为主。事实上粗放农业社会的女系遗传比较普遍，这与女人在田间生产和家务管理两方面起的重要作用有直接关系。

粗放农业社会的人口密度很低，然而村庄人口则不算太少，一般为100~1000人的规模。人们似乎认为村庄人口密度越低，社会上人与人之间的关系就越平等，但这种刀耕火种式的农业社会比之采猎社会，其各群体之间的领导与服从关系更加形式化、正规化。他们还不时地参加战争，这在客观上是一种调整人口数量和密度的有效途径。

4. 精耕农业

精耕农业又称为集约农业。犁铧、畜力的投入使用和有效的水土管理技术，是精耕农业生产方式的主要特征。在精耕农业社会，一块土地没有休耕期，永久耕种下去，犁铧是比掘土棍和锄头更先进的劳动工具，挖土翻地的效率更高。用犁铧耕地，可深翻土壤，把底层的养料升到地面，保持长久的肥沃效力。灌溉是精耕农业的又一重要措施，尽管粗放农业生产间或也使用简单的水利灌溉方法，但熟练的灌溉技术更是干旱地区精耕农业不可缺少的条件。在山区，水土流失现象严重，田地里的庄稼易于冲毁，发展精耕农业需要把山坡地改造成平展的梯田。工业化前的精耕农业还采用自然施肥技术，有目的地选择畜禽和农作物品种以及轮耕作业，千方百计提高生产力水平。粗放农业的劳动者为适应人口增长的需要而扩大耕种土地面积，而精耕农业的农民是通过提高同一单位面积的利用率，增产增收，从而解决人口增长引起的供需矛盾问题。精耕农业还可进一步提高单位面积产量，养活更多人口。经过对墨西哥的粗放农业和精耕农业的对比研究，结果表明，水利灌溉设施可以使一年有两季收获，几乎是刀耕火种技术经营的单位面积产量的14倍。岛国印度尼西亚，既有刀耕火种式的粗放农业，也有精耕农业，二者生产力水平差别非常大。如爪哇岛只占印度尼西亚全国总面积的9%，却供养全国2/3的人口，其余岛屿占全国面积的90%，却只能供养全国1/3的人口。造成这种格局的原因是，这些被称为“外部列岛”的地区大都实行刀耕火种式的农业生产方式。在爪哇岛，水稻种植的精耕生产在水利设施的力助下，平均每平方千米供养480人，在该岛人口密度较高的地区人口多达每平方千米1000人，而在粗放农业地区的人口密度每平方千米仅50人，两者的差别可谓大矣。

精耕农业的生产力水平之所以高，是因为精耕农业劳动者不仅生产技术比较先进，而且充分发挥了劳动力的作用。要提高粮食产量，精耕农业劳动者必须延长劳动时间，增加劳动强度。在精耕农业生产中，需要开挖水渠，并加以保护维修，如修闸门、平整土地等。据估计，粗放农业种植水稻每季需要241个劳动日，而精耕农业却

需要 292 个劳动日。精耕农业的资金投入比粗放农业也要大。在刀耕火种的生产过程中，基本劳动工具可能只是个掘土棍，而在精耕农业生产中，不仅需要劳动力的投资，还要用钱购置农具，饲养家畜牲口。尽管精耕农业生产者掌握的粮食生产的手段比较新，但也有易于遭受大自然侵袭的弱点。如由于集中于某一两种农作物的生产，一旦庄稼歉收，生产者就要面临粮荒的威胁；牲口也有可能害病死亡，这样生产者的生产能力就会受到削弱。

一般而言，精耕农业生产活动与稳定的村居生活以及其他复杂的社会组织形式联系比较紧密。纵观人类社会演变史，随着精耕农业的发展和人口增长，出现了城市的兴起、职业专门化、社会按照财富的多寡划分为不同阶层、权力集中化，以及国家的组建等富有历史意义的现象。精耕农业生产者在国家组织的复杂结构中不可避免地充当了一个功能阶层，这就是所谓的农民。

原则上讲，农民的生产活动局限于保证家庭生存需求的层次上，但同时又参与国家一类较大规模的社会政治单位活动，因而与过去的农业生产者又有区别。粗放农业劳动者的生产目的是维持本土群体的基本生存，生产土地归自己所有，而农民对土地只有使用权，没有所有权，生产目的是供养生产人口。早期农民经济的特点是，部分劳动成果由不劳而获的统治阶层占有。农民交纳地租的形式多种多样，如交现金、按比例交粮租、给地主无偿劳动或给国家进贡。现代农民必须自己购置工具、牲口和种子，因此要参加自己无力控制的市场经济活动，这一点同样和粗放农业劳动者不同，和工业化社会的农场工人也不一样。例如，在美国，农场工人对土地和其他生产资料没有所有权，生产目的是为了市场交换，最大限度地获取个人利润。正如 E. 沃尔夫所说："美国农场工人经营的是企业，而农民经营的是家庭。"

5. 工业化

工业化包括现代化农业（以科学育种，机耕，使用化肥、农药及除草剂等为特征）、使用科学方法的饲养业和水产养殖、利用现代机械捕鱼和狩猎等，它是现代化社会的生存基础。今日中国农村大多数地区还以精耕农业为生计，但已普遍使用化肥和农药，引进良种，部分地区使用机械耕作土地，也算或多或少引入了工业化谋食方式。中国农村现在可说正处于精耕农业向工业化谋食方式的过渡阶段。

工业化使谋食的效率空前提高。以现代化农业为例，在美国伊利诺伊州，1 英亩可产 81 个"蒲式耳"（计算干散颗粒用的容量单位，1 美制蒲式耳 = 35. 238 升）的谷物，按此比例美国只要有 3% 的人从事农业，即可养活美国全部人口。如换成能量计算，1 卡可产生 5000 卡。但必须指出，在这里能量投入并未包括制造拖拉机、化肥、农药、除草剂等所费资源及人力的能量，以及开动机械所消耗燃料的能量。现代化农业虽然能供养日益增多的人口，却是以大量消耗地球蕴藏的能源为代价的。此外，它还造成空气污染，有些地方还会使土壤恶化。至于以工业化方法进行其他方面生产也有不良作用，如使森林中野生动植物灭绝，海洋中鱼类资源枯竭。据加拿大因纽特人谈，履带式汽车和汽艇打海兽及捕鱼，是造成当地动物锐减的主要原因。工业化谋食方式又使地球上人口爆炸式增长，使大量人口集中于城市。为市场而生产又造成盲目

性和浪费。总之，工业化谋食方式利弊互现。从人类长远利益着想，它是不是一种完全成功的生存战略，尚待历史来证明。

2.1.3 食物变迁的原因

纵观人类历史长河，先民以狩猎采集的手段开发自然环境占去地球生活的大半篇幅。数十万年前随着劳动工具改善的大飞跃，从事狩猎和采集活动的人类有能力向世界不同地区迁移分布，开发各种自然环境，构建多种文化系统。

约在一万年前，在欧亚大陆人类各群体开始进行栽培植物和驯化动物的饮食活动，自此四千年后，美洲大陆亦开始性质相同的生产活动。人类学家曾经把搜寻饮食向生产饮食的历史过渡阶段称作“革命”。后来由考古学家提供的实验证明，这一过渡不是革命性突变，而是一种渐变，而革命性突变只是在文化迂回发展中出现过。南亚西部发现了证明植物栽培和动物驯化的历史遗物，这表明，食物生产是从范围宽广的搜寻经济中逐渐进化出来的，是各种野生植物移植到新生态环境试验活动的结果。动物驯化也同样说明人类与其猎获对象——野生牛、羊、猪的关系发生了既缓慢又彻底的变化。

虽然考古学家能够证实村落生活与动植物驯化活动并没有直接的因果关系，但是人口之所以增长、定居的村落生活之所以扩大普及，都与食物生产活动的兴起不无关系。随着人口压力的加大，农业生产的手段更趋密集，人与人的劳动关系亦更加走向协调配合，互相制约。在此种历史发展条件下，近东南亚西部、中国以及墨西哥和秘鲁的地平线上出现了国家型社会结构。

精耕农业为什么没有首先发生在其他地区？澳大利亚民族之类的人群为什么没有出现从寻食社会向产食社会的过渡期？探讨这些问题必须要认清人类群体与其生态环境的具体关系。在有些地区，例如，北极，没有条件发展精耕农业；在加利福尼亚肥沃谷地之类的地区，原始寻食活动足以满足人们的需求，没有太大必要向产食社会过渡。即使在当代的粗放农业社会和畜牧业社会里，尽管人们都知道精耕农业这种方式，向精耕农业社会过渡也绝不是不可避免的。而在另外一些地区，其他生产方式虽然被认为冒险性较小，从长远看适应性则较大。在群体意识较强的地区，群体认同性把各个生产方式紧紧联系在一起，于是，思想认识起着重要的作用，比如许多畜牧民族和自己的务农邻族很少往来，就大抵属于此类情况。许多狩猎民族的文化和意识形态的形成，与其生存环境——森林的开发活动有着内在联系。还有的社会之所以停留在粗放农业阶段而没有向精耕农业社会转变，是因为进步的阻力太大。

更有效地开发环境，给人类提供更多的物质享受，发展更复杂的社会文化整合系统，是人类历史自古以来发展的总方向。人类进入工业化时代，放弃人力畜力的使用，大规模应用机械，以令人难以置信的速度发展生产力，提高工作效率。在工业化前的社会系统里，80%~100%的人力投入到食物生产的活动中，而现在只需要10%甚至更少的人力从事食物生产，养活剩余90%的人口。人类由此进入了一个崭新的工业化时代。但不可忽略的问题是，和其他适应系统一样，工业化也给人类带来了一定的

问题。工业化不但给人类的建设事业奠定了空前的发展机遇，同样，它也导致了空前的破坏。未来能否出现新型的文化形式和价值观念，以帮助人类把科学技术事业限制在有利于全人类的范围内，还有待今后进一步探索。

2.2　饮食文化产生和发展的理论探讨

关于饮食文化产生的时间，学术界认识比较统一，普遍认为饮食文化产生于人类用火烹调食物的那一刻。人类用火加工食物的同时，就产生了饮食行为上的差异，从而出现了最早、最简单的饮食文化差异。但为什么产生这些差异，这些差异又是如何不断扩大的，则是众说纷纭。

目前，有关饮食文化形成和发展的理论大体上可以概括为决定论和可能论。

2.2.1　决定论

饮食文化产生和发展的原因是什么？世界上许多社会人文学者依据不同的理论给出了不同的答案。所谓“决定论”，就是在回答上述问题的时候，给出的答案是：饮食文化产生和发展的原因是由某种因素“决定”的。根据决定的因素不同，又可以分为地理环境决定论、社会进化决定论、文化功能决定论、文化心理决定论、文化象征决定论等。

1. 地理环境决定论

在国外直到20世纪60年代以前，决定论一直是饮食文化发展研究的主导理论。最常见的理论是地理环境决定论。该理论认为，人类饮食文化的形成与发展是由他们所处的地理生态环境决定的，人类饮食文化差别就是适应这种地理环境的产物。环境决定论者只看到生态环境对饮食文化及其他习俗的产生具有制约、保留作用。实际上，在生产力低下的情况下，地理条件起了较大作用，但随着生产力水平的提高及人们驾驭和适应自然的能力不断增强，在食物获取等方面逐渐超越地域限制，地理条件的制约作用逐渐弱化，已不再是关键性因素。

在饮食文化形成和发展的过程中，地理环境只是提供一种可能而不是最终决定性因素，即自然环境对食物获取技术的主要类型只起限制作用，不起决定性作用，任何饮食文化特质的变迁都是生存危机所致。人类通常不会轻易改变原有的食物获取方式，只有人口增加到现有资源不足以养活这些人时，即出现生存危机时，才会被迫采用需付出更多的劳动而安全性却可能更小的新的饮食获取方式。

2. 社会进化决定论

社会进化决定论认为，人类饮食文化的形成与发展是社会进化的结果，各种饮食文化的差异是社会进化程度不同所致。持此观点的人将人类饮食文化与社会发展状态相结合，例如，美国著名学者摩尔根就认为，人类的食物资源分为 5 种，即天然食物、

鱼类食物、淀粉食物、肉类和乳类食物、提高农耕而获得的食物。对于创造这些食物资源的方法，可以称之为许多顺序相承的技术，这些技术一一累加，每隔一段时间才会出现一次革新。言下之意，人类饮食文化的不同是生存技术发展状况不同的结果。但社会进化决定论解决不了相同地理环境下饮食文化的类似性和饮食文化回归等问题。

3. 文化功能决定论

文化功能决定论者认为，人类饮食文化的诸多礼仪行为都具有一定的社会功能，相应地，这些饮食文化特质是因社会功能的需要而形成与发展的，各族群饮食文化的差异是其社会功能差别所致。他们认为，宗教性饮食礼仪是为报答“天意”的赐予，是一种宗教性赠予行为。崇礼聚餐是人们之间的赠予行为，核心目的就是为防备食物的不足。饮食文化行为的存在，都是功能所致，甚至图腾饮食禁忌也是具有“精神上的价值”。但功能论解释不了功能过时或不明显的饮食文化依然保留的现象。

4. 文化心理决定论

这一理论主要以弗洛伊德等心理学家为代表。他们从人类心理上追求享乐的原则为出发点，产生了人类认为某些食物不洁的观念，并逐渐形成这种食物的禁忌。后来许多心理动力学家继承和发展了这一理论，认为人类饮食文化的发展，是人类追求享乐的结果。但文化心理决定论也不可能不以生态环境和社会条件为依托。

5. 文化象征决定论

文化象征决定论是在法国学者克劳德·列维·斯特劳斯运用符号学理论创建的，在结构人类学派的影响下产生的。斯特劳斯认为人类的文化是由符号表现出来的，人类的饮食文化也是最尖锐的象征符号之一，同样可以反映出文化的内在结构。此后，吉尔兹等人又将象征理论、符号理论不断发展，特别是萨林斯在从事东西方文化研究中，以饮食文化为例对美国经济符号进行了成功解读。文化象征决定论开始风靡全球，并且在利用象征理论成功地解决了麦当劳等美国饮食文化在东方传播的问题之后，进一步促使运用象征理论研究饮食文化成为当今社会的一种时尚。由于象征理论的本身缺陷，它只适合研究饮食文化发展不很复杂的初民社会和文化内涵不很丰富的民族的饮食文化，或较为简单的文化特质。

2.2.2 可能论

“可能论”在回答“饮食文化产生和发展的原因是什么?”的问题时，比任何一种决定论都更接近问题的准确性。因为任何一种决定论的角度都十分单一，颇有“只见树木，不见森林”之嫌。可能论似乎更为科学。

1. 饮食文化形成与发展的制约性因素分析

(1) 饮食文化形成与发展的制约性因素。

生态环境、社会文化和个体三要素，都不可能成为饮食文化形成与发展的决定性因素，它们都是制约性因素。任何一种饮食文化特质都是三者互动的结果，在不同的时期和社会发展状况下，各要素所起作用的大小完全不同。在前工业社会，由于生产

力不发达，生态环境对生产方式有着相当大的制约作用。如人类社会早期，生产力低下，人类只能自发地去适应生态环境，产生了相应的生产方式。在此情形下，族群就会形成相应的饮食文化。随着生产力的发展与人类改造自然能力的增强，特别是进入产食社会以后，饮食文化受社会影响较大。孙中山先生曾说过，今日进化之人，文明程度愈高，则去自然亦愈远。进入工业社会，特别是信息时代以后，人们的个性受社会传统控制逐渐减弱，个体要素起着越来越大的作用，人们追求个性的发展，传统饮食文化的变异与个性也在增强。改革开放后，传统的饮食、节令、服饰、婚丧、信仰等习俗的淡化，就是个体作用增强的明证。

（2）不同时期各因素所起的作用。

在同一要素内部，在不同时期、不同情况下诸子因素之间所起的作用也不完全一致。例如，在较为封闭的社会中，生产方式因素所起的作用就会较大；在民族交往频繁的社会，外部因素就相应地较多。在前工业社会，社会内部的诸社会要素，所起作用要大一些；在工业社会以后，外文化传播的成分就会较多。任何时代都存在文化的变迁，也可以说近代以前的历史上发生的变迁大多是出于社会内部革新和自我调适的需要而展开的，但对当代世界格局的形成起关键性影响的动因确实是外来的。饮食文化的发展也不可能超出这一文化变迁规律。在近代以来的世界上，文化和社会的边界已经越来越模糊了，“你中有我，我中有你”是社会和文化的基本现状。

总之，任何民族群体的饮食文化都是在生态环境、社会文化和文化个体的共同作用下，形成一个动态的文化系统，各个要素之间相互制约、相互影响，最终达到一种动态的平衡。整个系统在不断变迁、不断趋向成熟和稳定的过程中，如果其中某一要素发生变化，其他因素就会加以限制，在矛盾中相互协调和发展，从而实现饮食文化整体结构的平衡。

2. 文化个体的突出作用

但是，目前的可能论都过于强调生态环境与社会因素的作用，忽视了个体（即文化个体）的作用。实际上，文化个体的作用也是十分突出的。

（1）文化个体是饮食文化发明创造的源泉。

饮食文化尽管是一种群体文化，但就其本源而言，也是先由单个个体创造出来的：没有某个类人猿先吃到河蚌，就不会有原始人群食用蚌类的饮食习惯；没有第一个人去食用发酵的水果和粮食，就不可能产生人类喜爱的美酒，更不可能产生酒文化。所以说，单一饮食行为的真正开始，是从个体开始的，而当该个体具有特殊的权威性时，个体创造和改变饮食文化的能力就更加明显。

（2）文化个体是饮食文化传承的载体。

饮食文化是经过人类群体长期积淀和调适的产物，也是人们各种利益关系最终协调的结果。可以说，饮食文化相对该群体是具有同质性的。同时，这种文化在表现时还要靠具有异质性的个体展演实施，即因个体的不同，饮食文化则会表现出个体的异质性差异。这种差异在文化传承中，反映得最为明显，乃至个人的展演都只是一种个体的话语或行为。因此，由于个体的不同，就会对共有饮食文化有不同的表现和诠释。

例如，中国古代帝王祭祀天地的饮食礼仪，本应完全一致（有标准的经典传承），但每朝每代都会出现对该礼仪的争论。再如，皇室饮食文化以高贵排场为特点，但由于清代康熙皇帝的节俭，他的日常饮食基本是“食不兼味”。

（3）文化个体是饮食文化传播与接受的关键性因素。

人与人之间的交往，必然引发文化的互动。这种互动在宏观上表现为群体之间的互动，就微观而言，则仍是以个体交往为表现形式。一方面，某一异民族饮食文化的个体进入另一文化区，相应地把他自己的文化带入其中，对该群体产生示范作用，同时该群体文化对异民族饮食文化也产生示范作用。另一方面，这种示范之后，发生交往的当事人对外来饮食文化的接受与否、吸纳多少都是由个体成员自己决定的。因此，在饮食文化传播过程中，个体依然起着重要作用，尤其是与传播者个体地位结合起来，作用就更加明显了。如火锅、涮羊肉的风靡全国，与宫廷、皇帝的权威影响是有很大关系的。因此，任何否定个体作用的说法都是不正确的，至少是不准确的。

思 考 题

1. 请谈谈人类饮食与其生存环境的关系。
2. 饮食文化的发展分哪五个阶段？
3. 试分析饮食文化形成与发展的制约性因素。
4. 文化个体在饮食文化形成与发展的过程中有何突出作用？

第3章 饮食文化的区域性

3.1　世界饮食的区域性

3.1.1　世界饮食文化区域概述

对于世界饮食文化区域划分目前尚未见具体论述。本书介绍了我国和日本学者根据世界烹饪餐饮格局对世界饮食风味划分的两种方法。这两种划分的方法是基于“精英烹饪”的视角来审视世界饮食风味状况的，如加上非洲饮食风味区域（包括大部分非洲国家及太平洋、印度洋等部分岛国），基本上可以概括世界饮食区域的格局。

1. 世界烹饪三大风味体系

姜习在《中国烹饪百科全书·中国烹饪》中提到，中国烹饪与法国烹饪、土耳其烹饪齐名，并称为世界烹饪的三大饮食风味体系。也有人把以上三大风味命名为东方饮食风味、西方饮食风味和阿拉伯饮食风味。

(1) 东方饮食风味。

东方饮食风味有五千余年发展历程。

主要植根于农、林业经济，以粮、豆、蔬、果等植物性食料为基础，膳食结构中主、副食的界限分明；猪肉在肉食品中的比例较高，重视山珍海错和茶酒，喜爱异味和补品（如昆虫、花卉、食用菌、野菜等）。

以中国菜点为中心，还包括高丽（朝鲜半岛的古称）菜、日本菜、越南菜、泰国菜、缅甸菜、新加坡菜等，烹调方法精细复杂，菜式多、流派多，筵宴款式多，重视菜点的艺术装潢和菜名的文学修辞；医食同源，以传统的中国医药学作指导，强调季节进补与药膳食疗；习惯于圆桌合餐制，箸食，讲究席规、酒令及食礼。

受儒教、道教、佛教和神道教的影响较深，历史文化的积淀多，烹调意识强烈；以味为核心，以养为目的，以悦目畅神为满足，讲究博食、熟食、精食、巧食、养食、礼食及趣食；现代科学技术的含量相对较少，具有东方农业文明的本质特征。

主要流传在东亚、东北亚和东南亚，影响到20多个国家和地区的16亿人口；其中的中国有“烹饪王国”的美誉，日本的料理也有较大的知名度。北京、上海、广州、香港、台北、东京、首尔、仰光、曼谷等地的餐饮业昌盛，是当地旅游业的重要支柱。

（2）西方饮食风味。

西方饮食风味有三千余年的发展历程，因活跃在西半球而得名。

主要植根于牧、渔业经济，以肉、奶、禽、蛋等动物性食料为基础，膳食结构中主、副食的界限不分明；牛肉在肉食品中的比例较高，重视黑面包、海水鱼、巧克力、奶酪、咖啡、冷饮与名贵果蔬，在酒水调制与品饮上有一套完整的规程。

以法国菜点为主干，以罗宋菜（即俄罗斯菜）和意大利面点为两翼，还包括英国菜、德国菜、瑞士菜、希腊菜、波兰菜、西班牙菜、芬兰菜、加拿大菜、巴西菜、澳大利亚菜等；烹调方法较为简练，多烧烤，重用料酒，口味以咸甜、酒香为基调；菜式、流派与筵席款式均不是太多，但是质精、规格高，重视饮宴场合的文明修养，喜好以乐侑食。

受天主教、东正教、耶稣教和其他一些新教的影响较深，有中世纪文艺复兴时代的宫廷饮膳文化遗存；重视运用现代科学技术，不断研制新食料、新炊具和新工艺，强调营养卫生，是欧洲现代工业文明的产物；注重燕饮格调和社交礼仪，酒水与菜点配套规范，习惯于长方桌分餐制，叉食，餐室富丽，餐具华美，进餐气氛温馨。

主要流传在欧洲、美洲和大洋洲，影响到六十多个国家和地区的十五亿人口；其中的法国巴黎号称“世界食都”，莫斯科、罗马、法兰克福、柏林、伦敦、维也纳、华沙、马德里、雅典、伯尔尼、渥太华、巴西利亚、悉尼等著名都会，均有美食传世。

（3）阿拉伯饮食风味。

阿拉伯饮食风味有一千三百余年的发展历程，因诞生于阿拉伯半岛与伊斯兰教同步发展而得名。

主要植根于农林牧渔相结合的经济，植物性食料与动物性食料并重，膳食结构较为均衡；羊肉在肉食品中的比例较高，重视面粉、杂粮、土豆和乳品、茶叶、冷饮等软饮料，喜好增香佐料和野菜，不尚珍奇。

以土耳其菜点为中心，还包括巴基斯坦菜、印度尼西亚菜、伊朗菜、伊拉克菜、科威特菜、沙特阿拉伯菜、巴勒斯坦菜、埃及菜等；烹调技术古朴粗犷，长于烤、炸、涮、炖，嗜爱鲜咸和浓香，要求醇烂与爽口，形成“阿拉伯式厨房”风格；习惯于席地围坐铺白布抓食，辅以餐刀片割，待客情意真挚。

受伊斯兰教和古犹太教《膳食法令》的影响较深，选择食料、调理菜点和进食宴客都严格遵循《古兰经》的规定，“忌血生，戒外荤”“过斋月”，特别讲究膳食卫生，食风严肃，食礼端庄。

主要流传在西亚、南亚和中北非，影响到四十多个国家和地区的七亿人口；其中的土耳其被誉为“穆斯林美食之乡”，伊斯兰堡、雅加达、德黑兰、巴格达、科威特、利雅得、耶路撒冷、开罗的特色肴馔，也都以“清”“真”二字闻名。

2. 四大料理圈

日本学者辻原康夫把烹饪上有特色的四个区域称为“四大料理圈”。从全世界的角度看，拥有独特洗练的调理技巧，使用特有食材，更具备历史悠久的料理文化，最著名的有中国、印度、中东与欧洲四个地区，一般称为“四大料理圈”。这些地方也正是

世界重要文明发祥地，可见文明与料理水准有密切关系。

（1）中国料理圈。

就中国料理圈而言，中国人做菜最重要的观念是“医食同源”。也就是，饮食生活就是调理身体、追求健康的一部分。至于其食材，最主要的肉类是猪肉，调味料则有酱油、味噌以及各种酱料（豆瓣酱、辣椒酱等）。中国料理做法变化多端，会根据食物含油程度的不同，采取最能发挥食材特色的煎、炒或炸等处理方式。整体而言，中国菜调味技巧复杂且高明，端上桌都显得精致漂亮，可说色香味俱全。不过色香味三者之中，中国人最重视的还是好吃。另外，保存食品方面，中国人常使用腌渍方法处理肉类与蔬菜，技巧高超。

（2）印度料理圈。

印度料理的特色是，使用各种香料做成的咖喱粉“马色拉”（masala），以及牛乳或绵羊乳添加香料做成的印度酥油。印度酥油通常很辣。宗教缘故，印度人通常避免食用牛肉或猪肉，改吃羊肉与鸡肉。植物性食物方面，名为“达尔”的豆类料理特别受欢迎。日常主食则是用米煮粥，或者以小麦与杂粮做成名叫“查巴迪”的面粉脆酥薄饼，以及名为“馕”的薄煎饼。为了烤馕，许多印度家庭都有名为“丹多尔”的黏土制烤瓮。

（3）中东料理圈。

中东料理圈又可区分为土耳其-波斯系与阿拉伯系两大部分。由于信奉伊斯兰教，中东民族完全不食用猪肉。他们最喜好的肉类是羊肉，特别是仔羊，常做成串烧料理“西西格巴布”。调味料方面，酸乳与橄榄油是不可或缺的材料，也大量使用辣椒、胡椒与丁香等味道强烈的香料。

（4）欧洲料理圈。

欧洲人最重要的食材是肉类与乳制品，大部分调理方法都和这两种饮食原料有关，但主食还是面包。面包之外的原料处理方式，以容易保存为最重要的原则，许多食物都经过熬煮或者盐渍。欧洲人特别喜好香料，甚至被称为“用鼻子吃饭”。但其实他们也喜好清淡，因此有生食蔬菜搭配沙拉的做法。

3.1.2　亚洲部分国家饮食的特色

1. 韩国饮食的特色

韩国菜肴以“五色”即青、黄、红、白和黑色为主色，以“五味”即甜、辣、咸、苦、酸为味道组合要旨，又以“五辣”即韭菜、大蒜、山蒜、姜和葱作香辣的来源，辣椒和胡椒仅用来提鲜和增辣。韩国菜采用山川野菜或是海滨鲜食入馔，并以五谷为主食，利用色调取悦食客，辅以鲜辣味道引发食欲，再配以特色酱料增加食味。

（1）“药食同源”的烹饪理念。

韩国人深受儒家思想熏陶，继而引申出“吃是五福之一，吃是健康之本”的饮食之道。所谓“五福”即长寿、富裕、健康、有德、儿孙满堂是人间至福。加上韩国人推崇健康为首，所以韩国菜将“药食同源”和“药念”标榜为做菜要旨，即在菜肴中

广泛运用药材，诸如人参、红枣、枸杞、薏苡、生姜、桂皮等，全具强身健体滋补作用，大有养生培元的功效。

（2）韩国菜的花彩。

韩国菜花彩（装饰）伴碟，是用红、白、黄、青、黑等自然色调作陪衬，如将鸡蛋丝、芹菜粒、葱丝、银杏、松子仁、辣椒丝或黑芝麻撒在食物上，美化佳肴。花彩采用相关辅料堆砌，只作点缀，不会喧宾夺主，突出了韩国菜粗中带细、自然淳朴的田园风味。

（3）酱汁运用显特色。

韩国属半岛国家，四季分明，不过冬天寒冷，不宜种菜，所以韩国人很早便懂得利用天然环境和发酵技术来保存食品，酱料便是善用发酵技术的产物。传统酱料黄酱（基本调味料），即利用黄豆发酵而成，有点像中国面酱或日本味噌；泡菜酱则是腌菜、肉食或海鲜的常用酱；腌鱼酱或腌鱼虾酱也独具风味。酱料是韩国饮食的特色。

2. 日本饮食的特色

（1）关东口味和关西口味的分别。

日本属于岛国国家，地理环境特别，各地区因气候不同而物产收成、风俗和食味各异，这也反映在个别地区的料理中。传统料理依照口味差别可分为关东料理及关西料理。前者以东京地区为主，口味尚浓，加上当地水质属硬水，故喜配酱油来突显菜式风味，酱油味更成为关东料理主流；后者则泛指京都、大阪一带，口味偏好清淡、甘甜，这与其水质属软水有关。古代更以“美味是唯淡”来赞扬关西料理。薄盐和昆布能引出水的甘甜味道，故关西料理便以盐味为主。由于地理环境占优，好水能酿出美酒和制造出优质酱汁，丰富了菜式食味，因此关西料理在日本占有重要位置。

（2）专门化的乡土料理。

除了关东口味和关西口味外，还有具地区性的各式乡土料理，例如，北海道的石狩锅、福井的蟹料理、青森的鳈鱼和粕渍、山形的鲱鱼味噌煮，常陆的鮟鱇锅、信州的荞麦蒸、南部熊本的马刺身和樱锅等，皆是兼具地方特色的风味美食。

现今社会交通发达，物流迅速，造就了传统乡土料理能突破区域界限，采纳不同食材入馔，除了保留原有菜式特色，还因为四季食材品种选择多了，让菜式食味更显优雅和创意。日本人除了极力保存传统文化外，还秉持对事物专注的精神和严谨的专业态度，当其投放在饮食业时，便衍生出各具特色的食物专门店或餐厅，如鳗鱼炭烧店、烧鸟店、居酒屋、酥炸专门店、怀石料理店、寿司屋、铁板烧餐厅、河豚专门店等。

（3）季节料理——怀石料理。

12世纪末，佛教传入日本，京都贵族喜供养禅师。当时丰臣秀吉对千利休禅师倡导的茶艺甚为推崇，造成尝茶听道的风气盛行。长时间听禅又空腹喝茶，会引起肠胃不适，所以在习茶道前进食一点清淡精致料理，可免肠胃受损，因而衍生出“茶怀石”。鉴于贵族们尊敬自然的料理，茶道已成为上层的社交联谊活动，加上京都一带是寺庙发源地，僧侣众多，以精致素菜料理为主，发展至后期而成为京都的首要流

派，故又称为“京料理”和“贵族料理”。所谓“怀石”乃指古时禅师进行断食时，怀抱已烧热的石头暖腹，以抵挡饥寒之苦，比作坚持修行的精神。

茶怀石具备“一汁三菜”，以饭汤为主，后期富豪町人加入四季食材，演变至“二汁五菜（或七菜）”，喜宴则更可多至“三汁十一菜”。怀石料理以套餐形式出现，按上菜顺序编排：餐前小吃（先付），什锦头盘（前菜），清汤（吸物），生鱼片（刺身），煮菜（焚合），烤鱼（烧物），酥炸类（扬物），酸食（酢物），饭品及泡菜（食事）和甜品（甘味）等。由于怀石料理沿袭禅宗概念发展而成，烹调讲究自然原味，重视四时食材变化，所以在烹调手法及摆饰上都配合季节而变化，属季节料理。

（4）面。

面类为日本人的主粮之一，最早起源于奈良时代，由中国传入的绳索饼演变而成。日本著名面类以荞麦和手拉面为首，前者从东部向西部伸展，后者则由北部向下南移，饨（乌冬）则是西部著名面食品。值得一提的便是位处东西之间的名古屋，其著名的基子面便是具创意的乡土食品；关西口味的素面，面条便以细而轻盈为特色，突出了盛夏口味偏于清淡雅致的饮食风格。

日本料理的厨部理念可分为三大部分：寿司部、铁板烧部及和食部。

寿司部着重于对新鲜材料的处理，讲究寿司饭的品质控制、严谨细腻的刀法和腌渍技巧，以及对创意的追求。

铁板烧部是对新鲜材料的讲究，并注重运用桌前的烹调技巧和火候掌控，以及掌握应对客人的技巧。

和食部侧重于烹调的技术处理，食材冷冻、解冻方法和如何配合运用，以及各类酱汁调配、制作、保存方法等。和食部还要进一步研究怀石料理的精髓，改进菜式、编订餐牌的分量，为日本料理之中心部门。

3. 泰国饮食的特色

泰国由于水道纵横，故有“东方威尼斯”的美誉。泰国是一个族群众多的国家，早在数千年前已有中国内地少数民族、寮国（即老挝）人和高棉（即柬埔寨）人移居于此地。及至 18 世纪前，航海通商的中东人、伊朗人（古称波斯人）和印度人经过此地，一见钟情，从此落地生根。此外，多民族聚居的结果，使他们能迅速吸收外来事物，加上当地人民多信奉佛教，故在社会观、建筑艺术与饮食文化方面都与佛教脱不了关系，遂形成别具一格的外来文化，具有平和、活泼、而不失庄严的特质。

传统的泰式烹调用炆煮、烧焗或烤焙方法处理食物，后来受到中国人影响，才引入炒和油炸方法，其灵感来自中国、印度和伊朗（古称波斯）。到了 17 世纪后期，烹调方法转而受到葡萄牙、荷兰、法国和日本的影响，烹调技术更上一层楼。在 1660 年，葡萄牙领事还将辣椒食材带入泰国，后来还把泰国菜介绍至南美等地。

泰国人信奉佛教，故在饮食上尽量避免选用庞大的牲畜和家禽入馔，以将肉食切碎或撕碎方式取代大块肉食，再配以新鲜香草，另按厨师手艺心得、个人食味、节庆需要与生活作息编织成独特的，并以酸、鲜、香、辣见称的菜肴。

此外，根据泰国厨师解释说：“放置在食盘中的食物，一切皆可食用”，如果说泰

国菜是将“色香味美”共冶一炉，试问馋嘴一族哪能逃过“艳色一绝”又“味道丰厚”的泰国菜呢？值得一提的是，他们的烹调哲学为取材自然朴实，风味原始，特别是把传统酱料如虾酱、鱼露、椰糖或蚝油往菜肴里一放，仿佛有神来之笔般把平常粗食变成人间极品，这使人不难想象为何泰国菜能成功攀上世界美味行列。总而言之，简单直接的烹调方法，取材自然的饮食理念，大量选用新鲜香草，最能道出泰国菜的精要。

泰国菜的特色概要如下。

强烈南洋风格 调味和取材大胆创新，刺激味蕾，令人胃口大开，食盘上的食物往往夸张热闹，颜色艳丽抢眼，菜肴烹调简单，颇有椰林树影之姿，并将各式酱料和香料巧妙运用在菜肴上，令菜式突出。

多种族文化构成食风大融合 创造了别具一格的泰国美味，兼具中国、缅甸、老挝、越南、马来西亚等料理手法，加上数千年来与中东、印度、西班牙和欧洲通商，所以能包容外国文化，形成移民文化的饮食特质（接受与包容），从地方菜系迈向国际化，能适应及攫取饕餮的胃口。

酱料文化 公元1世纪时印度人把佛教引入泰国，时至今日，几乎95%以上的泰国人信奉佛教，所以他们会把信仰带入饮食里，不会让牲畜生鱼原形（这是宗教上的忌讳）上桌，会先将其切碎（目的是心安理得），才进行料理，遂引入酱料（形状模糊不清）成为从佛教概念衍生出的产物，“酱料文化”变成了泰国菜的标签。

自然朴实的食材入馔 泰国菜口味复杂，菜式多为复合味道，一般食味最少有3种以上，再搭配自然界的各项食材，加上烹调方法简单，多以生吃、快炒、油炸、烤焗或炖煮的单一方法炮制菜式，故深受不懂烹调的年轻一族欢迎，因为闲来也可弄上一二味。

随心所欲的饮食哲学 泰国人天生淳朴，做事皆随心所欲，所以传统泰国人会席地而坐，以手取食，不会拘泥于世俗法规，随兴地饮食，只单纯讲究口味与食欲的满足，食法和烹调手法随意配合便可。

4. 印度饮食的特色

印度，一个古老而淳朴的国家，已有五千多年历史。尽管世界不断改变，新思想和新事物不断冲击社会，但今日的印度仍然保持着根深蒂固的传统。

多年来，印度人通过当兵、贸易和移民途径，散居世界各地，加上自身的聪明才智，吸纳了多国不同的文化，遂构成别具一格的本土文化。以饮食烹调为例，在与各国的饮食文化交流中，以创制出自身独特的烹调风格而享誉全球。据悉，公元前326年，希腊和中东的食材及烹调技术明显地影响印度烹调。到了16世纪，莫卧儿人把肉类和米饭菜式传入印度；葡萄牙在入侵印度时，还引进了辣椒，成为印度主要的香料和调味料。18—19世纪，英国商人来此地贸易，并把酸甜酱（chutney，以水果、香料和醋混合而成）带入印度，成为印式调味品或用以伴食酱汁，种类过百，食味层出不穷，也成为印度菜特色之一。除此之外，印度还融合了很多不同民族的人，如蒙古人、赛亚人、帕提亚人、阿拉伯人、土耳其人、阿富汗人、荷兰人等，形成文化、宗教与

民族趋向多元化的国家。

早期的印度菜肴烹调以方便保存为出发点，因而研制出多款泡菜。后来，食材品种多了，除了保存问题，还要顾及食物营养，于是加上经研碎后的香料做成酱汁来搭配其他食材，创造出一道道细致又可口的印度菜肴，变化之大，令人惊讶。

不同区域有各自地方语言、气候、建筑、衣饰和独有的菜肴，同时也吸收了其他地域（如伊朗、希腊、阿富汗、葡萄牙、英国等）的菜系和饮食文化，融会贯通而成自身饮食特色。

典型的印度餐包括肉类、家禽和海鲜，亦会附带 1～2 道蔬菜、豆类、面包或饭、乳酪或乳酪酱汁，有时还会添上一些沙律、泡菜和腌菜。通常北方会选用面包搭配，南方则会以米饭搭配。

3.1.3　欧洲部分国家饮食的特色

1. 法国饮食的特色

法国烹调艺术就像时装般随着不同年代的潮流而转变；烹调技巧、食材选料及摆设，亦随着时代改变。按烹调风格而言，法国菜肴可分为三大主流派系。

（1）古典法国菜派系。

古典法国菜派系起源自法国大革命前，皇胄贵族流行的菜肴，后来经由艾斯奥菲区分类别。古典菜派系的主厨手艺精湛，选料必须是品质最好的，常用的食材包括龙虾、蚝、肉排和香槟，多以酒及面粉为酱汁基础，再经过浓缩而成，口感丰富浓郁，多以牛油或淇淋润饰调稠。

（2）家常法国菜派系。

家常法国菜派系起源自法国历代平民传统烹调方式，选料新鲜，做法简单，亦是家庭式的菜肴，在 1950—1970 年最为流行。

（3）新派法国菜派系。

新派法国菜派系自 20 世纪 70 年代起，由 Paul Bocuse 倡导，在 1973 年以后极为流行。新派菜系在烹调上使用名贵材料，着重原汁原味、材料新鲜等特点，菜式多以瓷碟个别盛载，口味调配得清淡。20 世纪 90 年代后，人们注重健康，由 Michael Guerard 倡导的健康法国菜大行其道，采用简单直接的烹调方法，减少用油量；而汁酱多用原肉汁调制，并以奶酪替代淇淋调稠汁液。

法国位于欧洲西部，在地图上呈六角形，北面连接比利时、卢森堡和英伦海峡，南面濒临西班牙和地中海，西面临大西洋，东面与德国、瑞士和意大利为邻，地处北海与地中海要道，也是西欧至南欧的通道，往返非洲和亚洲的要塞。简单而言，法国拥有约 60%的平原大地，农耕业得天独厚，由于所出产的葡萄质量好，故当地酿酒业发达，堪称全球第一。

鉴于历史、地理环境和地方物产有别，造就出各地区烹调的独有风格，依其菜系特色和地理分布，可分为以下几种。

布根地菜肴　布根地盛产红、白葡萄酒，其他著名产品有田螺、鸡。驰名菜肴包

括焗田螺及红酒鸡等。

阿尔萨斯菜肴 阿尔萨斯盛产海鲜、干酪、奶油及苹果、苹果白兰地。驰名菜肴有暖苹果搭配雪葩。

普罗旺斯菜肴 普罗旺斯出产全法国最好的橄榄油、海鲜、番茄及香料等。驰名菜式有海鲜汤等。

2. 西班牙饮食的特色

西班牙四面环海，内陆一带山峦起伏，气候多样，故各地气候和温差差异颇大。从历史上看，西班牙屡受外族入侵，又辗转受不同教义影响，逐使各省市留存独特的传统文化及拥有不同节庆特色。西班牙菜融合了各种外族文化，充满独特的地方色彩，以“美酒佳肴”来形容西班牙的酒和菜，绝不为过。按其地方特性，不难找到高质量饮食材料，并在高超烹调技术和专业大师的调配下，形成了菜种丰富、烹调可口和各具特色的优点，并与中国菜式相近。

多姿多彩的地方菜肴，大致上出自下列几个地区。

安达鲁西亚及埃斯特雷马杜拉 该地区菜肴以清新和色彩丰富为主，多采用橄榄油、蒜头及其他新鲜蔬菜为基本材料做菜。同时，还秉承了阿拉伯人的烹调技巧，菜式中有不少是运用油炸形式烹调，取其香脆酥松的质感，配以清鲜食味，故口感甚佳。著名的特产食品包括：风干火腿、沙丁鱼和红酒，此地驰名的菜肴为西班牙冻汤。

巴斯克 巴斯克与法国西南山区接邻，菜肴多以海鲜和野味为主要材料，特产有盐制鳕鱼及鳗鱼苗，驰名菜式有炸鳗鱼苗。

卡塔罗尼亚 卡塔罗尼亚位于比利牛斯山地区，接邻法国，曾受法国统治，烹调方法与地中海沿岸地区接近。卡塔罗尼亚以炖菜佳肴出名，盛产香肠、乳酪和蒜油，著名的特产食品还有卡瓦气泡酒，驰名菜式有墨汁饭、香蒜酱和海鲜大烩。

加利西亚及利昂 加利西亚及利昂位于西班牙北部，盛产海鲜及鲑鱼，亦是烹调技术最出色的食区。有别于其他地方菜肴，此地的菜肴甚少采用蒜或橄榄油，却多采用猪油、粟米面包和麦粉，特别的菜式包括扒酿沙丁鱼。另外，当地特产藤壶，其肉质甜脆甘美，是不容错过的海鲜。

卡斯提尔及拉曼查 该地区位于西班牙中部，菜肴以烤肉为主食。利用大柴炉慢火烤熟羔羊和小猪，前者口味浓厚，肉质鲜嫩，膻味不重；后者则选取两三周左右、重约四千克的乳猪，烤得表皮金黄脆亮，油润欲滴。加上梅塞塔高原是闭塞性高原，气候干燥并带点炎热，适合畜牧业发展，故盛产乳酪、猪肉香肠和西班牙藏红花，驰名菜式有香蒜肠肉汤及杂烩大锅菜。

利维拉 该地区位于西班牙东南部，菜肴与地中海相似，盛产蔬菜和水果（如枣、无花果等）。巴伦西亚是稻米之乡，当地人用任何配料如肉、鸡、海鲜、蔬菜、鱼等来做菜饭，并按人头多寡来决定饭锅。驰名菜式是巴伦西亚海鲜肉饭。每年，在巴伦西亚均会举办户外海鲜饭野炊竞赛。赛后，亲朋好友会围着一大锅巴伦西亚海鲜肉饭尽情享用。

阿拉贡及里奥哈 该地区位于西班牙东部，邻近比利牛斯山区，烹调以简单为

主，伴以特色酱汁，以洋葱、番茄、蒜头、辣椒和橄榄油制成菜肴和饮汤。里奥哈盛产红酒，并按照传统酿酒法，保持酒的颜色、香味、口味和品质，其品质纯正，由国家予以法律保护。

巴利阿群岛　该地区位于西班牙的东岸附近，与地中海菜肴及卡塔罗尼亚菜肴相似。著名特产包括半软硬的干酪、蛋黄油、鹅蛋卷、千层饼和辣味大香肠。

加纳利群岛　位于非洲西岸附近，菜式富想象力。岛上盛产热带生果，如牛油果（鳄梨）、白焦、木瓜等，四周环水，故菜肴多以海鲜及生果为主。

统而言之，西班牙以肉食为主，咸腻浓重，尤爱吃炸得酥香味美的火腿香肠，蔬菜类则少吃，就算置于美食当中，也会拨到一旁或进食少量。他们不专长于精致菜式，反而以醇厚浓重为特色。

西班牙人天生快乐，热情好客，爱与朋友聚会、热爱夜生活，故酒吧、餐厅和弗拉曼柯歌舞馆林立。据消费统计指出，大部分西班牙人愿意花费收入的 20%以上用于饮食和娱乐上。

众所周知，西班牙人用膳时间特别长，上班前只略吃早餐，上午 10 点左右为早点休息时间，饮一杯咖啡，享用一客迷你三明治或煎蛋饼；午餐在下午 2 点至 4 点之间，会选择一杯红酒，大致享用三道菜；约晚上 10 点后才进食晚餐，因时间颇晚，为避免饥饿，他们都习惯在晚餐前到酒吧喝少许酒及尝一点小吃。

西班牙餐厅一般都供应全套用餐菜牌，包括开胃头盘、汤、主菜及甜品。特式小饭馆则多以彩色陶砖为装饰，供应家常菜式，风味独特。当然在西班牙不会缺少的是酒馆或酒吧，主要供应各式饮料，如啤酒、葡萄酒、雪莉酒，另外，也提供精美的点心小吃及串烧食物。店内爱将西班牙生火腿一只一只挂在天花板上，而酒保会以支架固定火腿，随时为你送上即削的生火腿片。

此外，亦有专门的面包糕饼店售卖西班牙面包和修道院式糕点。

3. 德国饮食的特色

德国菜系比其他地区更侧重于猪肉。在德国，有像其他各国处理猪肉的手法，如猪排等，但这不是德国人最拿手的，最拿手的是德式烧猪排及德式烧猪手，其烹调特点为长时间烧焗，还把不断流出的油脂淋回肉上，使味道更加浓厚。

德国饮食的地区文化明显，北部食物来自波罗的海，菜式有浓厚的斯堪的纳维亚半岛的风格；中部山川河流资源充沛，菜式较为丰富且分量大；南部受邻近国邦如土耳其、奥地利、西班牙及意大利的影响，食味较为清淡。

由于肉类产量丰富，引发出贮存的问题，所以在德国食谱中对肉类保存颇有研究，运用烟熏、腌制、盐腌、醋腌等多种技术，做出各类香肠、火腿或咸肉等闻名食物，也因而发展成一种独特的饮食文化。

德国食品的美味，有赖于优质的食物原料。由于工农业发达，而劳动阶层需要进行大量繁重的体力劳动，对食物需求量较大，故以往德国菜给人的印象为食味比较重，分量足。但随着经济的发展，观念的变化，健康已是食客与厨师最关注的问题，所以新一代德国菜的菜式，已减少用淀粉和蛋白质等食材，冰激凌和牛油等用量

也有所减少，重归传统烹调法，如多使用酒腌或酸腌等较健康的方法处理食物，给德国菜注入了新的生命。

4．意大利饮食的特色

数千年来，得天独厚的自然环境，发达的对外贸易，浓厚的文化、艺术氛围，悠久的历史文化传统，培养了意大利人对饮食文化的独特认识和理解。对于美食的挚爱与追求已成为意大利文化不可缺少的组成部分。

现代意大利的饮食风格与文艺复兴时期的社会文化密切相关，当时著名的商业城市威尼斯和佛罗伦萨为此做出了巨大贡献。这两个城市是当时东西贸易和交通的重要枢纽，贸易带来了世界各地的物产，人员来往则促进了不同文化之间的交流。而富裕的“威尼斯商人”们则秉承古罗马的奢华风气，一如既往地继续着他们对美食的爱好和追求。在这些因素的作用下，传统的意大利饮食风格要想不变也是不可能的了。地方特色越来越显著，口味的变化也越来越多，众多香料、香草则使得菜肴滋味更为“刺激”。这两个城市对意大利饮食文化发展的贡献是多方面的，但一直被后人称道的则是佛罗伦萨人对菜肴数量、质量上的贡献，以及威尼斯人将“叉子”摆上了餐桌。尽管法国现在是西方烹饪艺术的杰出代表，但毫无疑问的是，法国菜最初的发展完全得益于意大利人的贡献。当然，在意大利烹饪影响其他地区和民族饮食文化的同时，其自身也受到其他民族、地区饮食文化的影响。

意大利直到 1861 年才成为统一的国家，此前的大多数时期为城邦分治，国土为各皇亲国戚所割据，这种社会格局使得不同地区、不同城邦在文化、风俗等方面表现出极其鲜明的个性特征，而人们的饮食行为或习俗则成为表现这些特点的载体。传统的历史文化使得意大利人乡土观念极其浓厚，在饮食观念上的表现则是“家乡菜最好”。意大利风格各异、特色鲜明的地方饮食文化，使得人们很难对“意大利菜”的概念进行恰当的表述。

鲜明的地方特色是意大利饮食的特点之一，不同地区往往有自己代表性的原料、烹制方法和特色菜肴。米兰的猪排、红花饭，威尼斯的番茄海鲜、洋葱小牛肝，罗马的犊牛火腿片等，都是知名的美味佳肴。

意大利人非常尊重自己民族的饮食文化，用传统方法制作的火腿、香肠、干酪、干豆等食品至今仍然受到人们的喜爱。此类食品不但工艺复杂，有的也很耗费时间。风干牛肉、风干火腿、色拉米（猪肉腊肠）和各式冷肉肠是意大利著名的传统肉制品，是制作意大利菜肴不可或缺的原料。

在西式烹调中，意大利烹饪方法以变化多而出名。在诸多烹制方法中，以炒、煎、炸、烤、烩、焖居多，蒸、煮、烙、炖也常有所用。

作为意大利的著名特产，橄榄油在意大利饮食中具有重要的作用，它既是烹制用油，也是调味用油。意大利出产的葡萄酒世界知名，它与奶酪、橄榄油一样，都是意大利烹调不可缺少的重要调味品。

善用蒜蓉和干辣椒调味是意大利烹调的特色之一，这两种调料是形成意大利菜肴“微辣”滋味的主要来源。

美味可口的意大利面条和比萨饼在全世界范围内被越来越多的人品尝，并给予肯定。

5. 希腊饮食的特色

希腊饮食文化异常发达，宫廷膳食达到了相当高的水准，是现代欧美饮食文化的主要源头之一。现今希腊饮食文化基本上属于西方饮食文化的体系，同俄罗斯与东欧的膳食风格比较接近。例如，该国主要食源是面粉、玉米、牛肉、羊肉，还爱吃海鱼、火鸡、通心粉及橄榄油；制菜多系烤、炸、煮、烩，口味趋向咸鲜腥酸，喜爱油腻。

希腊人的饮食也有特异之处。一是爱吃零食，如盐水花生、南瓜子、核桃仁、蜜饯之类，开支往往较大。二是嗜爱烟酒与咖啡。烟是男女老幼都抽，一天一包是常事；起床后必喝浓咖啡，一杯可品一小时；酒是两餐不可缺，稍醉微醺被视作社交的风范。三是豪爽慷慨，喜欢以美食赠客，整只的烤乳猪和烤火鸡也不吝啬。四是饮食中保留着鲜明的图腾习俗。如崇拜蛇与狼，视盐为圣物，餐室中装饰大蒜头串与石榴枝，将钱币置于大蛋糕中烤熟后分切预卜吉凶，喜爱黄、绿、蓝色食品，忌讳猫等。

3.1.4　非洲部分国家饮食的特色

1. 埃及饮食的特色

由于外来的饮食文化因素不断楔入，埃及传统的饮食文化难以一脉相承。现今的埃及饮食文化隶属于阿拉伯饮食文化范畴。

与此同时，埃及领土又地跨亚、非两洲，除了尼罗河谷、地中海沿岸、苏伊士运河和西奈半岛外，绝大多数地区是炎热干燥的热带沙漠，主要的农产品仅有小麦、玉米、洋葱和甘蔗，畜牧业的发展也受到限制。因此该国的饮食文化又具有西亚和北非热带沙漠气候的特色，如主要食用政府补贴的“耶素面饼”，大米稀少，蔬菜也不充裕，豆薯类的小吃多；制菜习用粗盐、胡椒、辣椒、咖喱、番茄酱、孜然、柠檬汁、黄油等调味，口感偏重，喜好焦香、麻辣与浓郁。另外，该国的饮料多为红茶、淡咖啡、酸奶、果汁、啤酒与凉开水，爱吃瓜果与雪糕，这也是其居住环境使然。

2. 南非饮食的特色

南非的烹饪技术来源于很多民族，是各种文化和传统的综合。

随着海外移民浪潮的迭起，带来了世界各地的菜肴，英式（包括鱼和薯条）、欧陆式以及德国、葡萄牙、西班牙、匈牙利、马来、印度和中国式佳肴应有尽有。

南非荷兰菜系起源于 17 世纪的开普敦，后来由布耳人在从开普敦迁走时传到了北方。它是一种用欧洲农家混合方法烹调，再佐以从荷兰东印度公司购买的香草和调味品的独特菜系。

来自亚洲的影响丰富了南非的美食，如炖西红柿和菜豆、南瓜肉桂油炸面团、姜饼、馄饨汤、肉丸子。南非人的肉食以牛肉为主，最受欢迎的是碎牛肉或羊排以特殊香料调味，再搭配风干桃子、杏果或葡萄干，这种典型的马来菜，反映出马来厨师已

逐渐调整传统的东方烹调方式，并适当运用南非当地的材料，以创造出崭新的南非美食。

南非人喜欢煮食捕获的猎物，例如，炖鹿肉、鹿排、锅烤鹿肉、炖兔肉和蒸鸵鸟肉。

喜欢咖喱的游客可到夸祖鲁-纳塔尔省（尤其是德班地区）去品尝印度菜肴，如辣子鸡或羊肉加米饭或印度式面包，而咖喱肉馅饼和素馅饼则在全国各地都可以买到。

内地的卡龙以汁浓味厚的羊肉而闻名，还有睡莲叶芽炖羊肉、葡萄干黄米饭和烤红薯。凌波波省的主食是玉米粉，早餐桌上经常有黄色的玉米粥或棕色的粟米粥。玉米饼也很流行，还有麦片豆粥。南非的肉类食品质量很好，捻羚、黑斑羚或鸵鸟肉，味道比牛肉好，而胆固醇含量较低。

其他菜肴有混合烧烤、牛尾、加香料和红酒炖制出的肉烂离骨的珍珠鸡砂锅。还有鸡腿、蚂蚱和桑比虫的幼虫干（mopane worm）等。甜食有麻花糖、脆饼干、葡萄干布丁、蒸布丁和奶馅饼。脆饼干的传统吃法是蘸咖啡。

烤肉是南非生活方式中不可缺少的组成部分。在南非到处都可看到牛排、鸡块、野味蘸辣汁在烤架上嗞嗞作响，肉食总是配以各种沙拉、蔬菜和一种叫“Pap”的粥，再有就是西红柿葱头酱、马铃薯咖喱豆和咖喱腌鱼。

3.1.5 美洲部分国家饮食的特色

1. 美国饮食的特色

美国饮食文化具有多元化的属性：追求时尚，膳食简便，善于吸收他国之长为己所用，同时也保留固有的饮食嗜好与忌讳，食风新颖别致，食肴五光十色。

美国是个开放型的发达国家，由于对外交往频繁和生活水平较高，便成为世界美食汇展的橱窗。从中国的饺子到法国的奶酪，从墨西哥的玉米粽子到汤加的烤乳猪，都拥有众多的食客。而且他们评价食品，往往是一阵风，“只要说是有营养，便敢舍身一试”。像猕猴桃、鹰嘴豆、防风根、工程蝇，在这里都曾风靡一时。这便构成其饮食文化第一大特色——食性杂，求时髦，赶潮流，多变化。

美国人吃饭随便而简易，家庭烹调技术一般不高，故而大多依赖方便食品，而且消费量大。他们的一日三餐，多是见啥吃啥，有啥吃啥。家宴也出奇的简单，哪怕仅有一道菜，也敢大发请柬，甚至要求客人自带酒菜光临。据统计，美国人每天至少要吃一餐方便食品，约占饮食开支的40%。美国有各类快餐店数十万家，一年消费方便汤一百多亿碗，以供应军队快餐食品出名的肉商“山姆大叔”，现已成为美国的别称。这又说明美国饮食文化是建立在发达的现代食品工业基础之上，科技含量较高。

美国菜兼取法、意之长，结合国情演化，两百多年间烹调工艺也达到一定的水准。其品味是咸中带甜，一般不用大蒜、辣椒和醋调味。多系瓜果配肉品，喜清淡，重香熟。烹调时，肉要去骨，不用内脏；鱼须剔刺，砍掉头尾；虾要剥壳，蟹要拆肉，果要去皮去核。煎炒、焗烤与铁扒，均见功力。名食有苹果烤鸭、哥伦比亚牛排、芝加

哥奶油汤、弗吉尼亚史密斯菲尔德农家火腿、花旗大虾、巧克力热狗、南瓜馅饼、玉米羹等。

该国的食俗也不同一般。如重视餐具，每人每餐多达 20 余种，式样齐全，质地考究。情人节、圣诞节和感恩节同时也是食品节，美味山积。近年来因为道德、禁欲、营养和“文明病”流行等原因，兴起“素食主义”，倡导绿色食品、黑色食品、昆虫食品和花卉食品，减肥之风大盛。此外，肥肉、禽皮、虾酱、爪趾、臭豆腐、海味、山珍、蒸菜、烧菜及绿茶等，许多美国人也不感兴趣；至于饲养的宠物（如狗、猫、鸽、兔），更是严禁食用的。

2. 墨西哥饮食的特色

墨西哥是中美洲的文明古国，饮食非常丰盛。因为被西班牙统治过，而受到古印第安文化的影响，菜式均以酸辣为主。而辣椒，成了墨西哥人不可缺少的食品。墨西哥本土出产的辣椒有百款之多，颜色由火红到深褐色，各不相同。

墨西哥的早餐可以用“醒神”来形容，各式食物都以辣为主，连松饼都是以辣椒来烹制。正宗的墨西哥菜，原料多以辣椒和番茄主打，味道有甜、辣和酸等。而酱汁也多是辣椒和番茄调制而成。

墨西哥菜分前菜、汤类、主食和甜品，其中以汤类较为清淡，用以突出主菜的酸辣特色。粟米是墨西哥人的主粮之一，也是墨西哥菜不可缺少的原料之一。

墨西哥人以玉米为主食，国宴也是一盘盘玉米食品。著名的玉米食品有“托尔蒂亚”“达科”“达玛雷斯”“蓬索”。“托尔蒂亚”是将玉米放在平底锅上烤出的薄饼，香脆可口，尤以绿色玉米所制的薄饼最香。“达科”是包着鸡丝、沙拉、洋葱、辣椒，用油炸过的玉米卷，最高档的“达科”以蝗虫做馅。“达玛雷斯”是玉米叶包裹的玉米粽子，里面有馅拌鸡、猪肉和干果、青菜。“蓬索”是用玉米叶包裹的玉米粒加鱼、肉熬成的鲜汤。整席玉米国宴，包括面包、饼干、冰激凌、糖、酒，一律以玉米为原料制成，令人大开眼界。

3. 巴西饮食的特色

巴西全国有黄、白、黑三种肤色的人，其中白种人占 50%以上，官方语言为葡萄牙语。巴西人认为“金桦果”为幸福的象征。新年夜晚，新年钟声敲响时，全家人高举火把，唱着小调，蜂拥进山寻找“金桦果”，谁找到的果子最多，谁就最幸福。

巴西大大小小的节日数不胜数，每年二月中下旬，全巴西要欢度狂欢节。在节日的三天三夜里，人们倾城而出，不拘平时礼节，没大没小尽情狂欢，簇拥着节日“国王”和“王后”，头带假面具表演各种歌舞，各方人士大显身手，世界各国游客也纷纷而致，确实达到狂欢程度。

巴西人在饮食上一般喜清淡口味，以黑豆为主食，大多数人每天至少吃一顿黑豆饭，吃西菜（欧式菜）为主，中菜也可以吃。早点喝红茶，吃烤面包。午、晚餐喝咖啡，平均每人每天喝 6~7 次咖啡，喜吃甜点（如蛋糕、煎饼等），爱吃香蕉，爱喝葡萄酒、香槟酒、桂花陈酒，也爱喝茅台酒，但一般人酒量不大。

3.1.6 大洋洲部分国家饮食的特色

1. *汤加饮食的特色*

汤加为南太平洋西部的岛国。汤加国虽小，饮食文化风情却举世闻名。其中包括催肥的薯块、特异的全猪宴、神圣的卡瓦酒、反对节食减肥等。

汤加人的主食是硕大薯类的块茎，还有椰子和香蕉。由于经常食用营养丰富的优质碳水化合物，所以举国上下大都肥胖，并且以胖为美，以胖为荣，以胖为尊贵。

汤加人平时很少吃肉，也不喝牛奶。如遇大典，则在王宫举行盛大的“全猪宴”。届时广场上摆放着许多棕榈叶编成的特大条案，每个案上陈放 25 头烤猪、30 只烧鸡、几十只大螯虾和成堆的蔬果。赴宴者席地而坐，用手撕扯着肉菜肥吃海喝。同时表演热烈奔放的劲歌狂舞，喜庆欢腾。此宴吸引了五洲四海的观光客，为该国增加了不少外汇收入。

“卡瓦”是一种胡椒科灌木的树根，将其晒干、捣碎，浸出并过滤后的汁液，即为“卡瓦酒”。它虽不含酒精，但有浓烈的辛辣味，会使舌头麻木。此酒可以健肾降压，并且越喝越上瘾。汤加人敬献卡瓦酒时，常有礼节严谨的神圣仪式，带有原始部落宗教的遗痕。

汤加人也忌讳 13 和星期五，不许吃饭时说话，还忌讳将鲜花当礼品送人。该国以身材苗条为丑陋，宴会上不准涉及节食、减肥等内容。

2. *澳大利亚饮食的特色*

澳大利亚传统的饮食文化以英格兰、爱尔兰为主。一般吃西餐为主，生活习惯与英国相似。20 世纪 50 年代随着大量欧洲移民的涌入，也带来了饮食文化的多样化。意大利、希腊、法国、西班牙、土耳其、阿拉伯等地饮食方式相继在澳洲各地落户生根。它不仅满足了各地移民的需要，也给那里的英国后裔带来了新的口味。

从 19 世纪 50 年代淘金潮开始，华工就已经把中餐带进澳大利亚，当时的许多小城镇都可以找到中餐馆。20 世纪初，糖醋排骨、黑椒牛柳、咕老肉、杏仁鸡丁就已经成为风行一时的异国情调菜肴。现在你可以在澳洲任何一个小城镇里看到中式餐馆。在大城市里的唐人街，中餐馆、酒楼更是鳞次栉比，不胜枚举，据说在各国风味餐馆中中餐馆的数目是最多的。

随着 70 年代后期越南难民的涌入，一种价格低廉的越南菜悄悄流传开来，其中最脍炙人口的就是特别牛肉粉，这几乎成了越南食品的象征。然后没过多久越南风味就被咸、辣、甜的泰国菜所取代。泰国餐馆就像当年的法国餐馆一样迅速遍及各个城区，并风行了 10 年。现在最为流行的亚洲餐依次为中餐、泰餐、日餐、韩餐、越餐和马来餐。

澳大利亚人的食物应该是世界上最丰富多样的：肉、蛋、禽、海鲜、蔬菜和四季时令水果应有尽有。几乎全部是自产自销，很少依赖进口，而且品质优良。在澳大利亚这块广袤的土地上可以种植任何在其他国出产的东西。所以澳大利亚人学会了各种烹调技术且在饮食上有了创新意识，算是丰富的物产物尽其用。

3.1.7　古朴的民族饮食特色

民族不论大小，都生活在特定的地理、人文、生态环境中，依据机遇不等的历史条件，创造出各有特色的饮食文化，为全人类的进步做出过贡献。

1. 黑人饮食的特色

黑人即赤道人种，因起源于赤道热带地区而得名。现今的黑人基本上聚居在亚、美、非三大洲，因其生活环境和经济基础的不同，饮食文化也有明显的差异。

亚洲黑人多生活在印度、印度尼西亚等国，仍然保留着亚热带、热带丛林地区比较原始的食风，刀耕火种，水煮生拌，过着筚路蓝缕的生活，相当艰辛。

美洲黑人因为定居于美洲近 400 年，其饮食文化中小部分保留着黑人原有的属性，大部分受到居住国食风的影响，带有多元化的特征，如接受西餐洋食、重视面包冷饮、遵循基督教食规、食性偏杂、饮食观念较为开放之类。但这已不是黑人饮食文化的主旋律了。

黑人饮食文化的主旋律，是在撒哈拉沙漠以南的 50 多个国家和地区内。一般来说，他们继承了尼格罗人先民的膳食传统，并且具有原始宗教色彩，以及热带沙漠、热带草原、热带雨林气候的风情，较为古朴粗犷。如有的捕获野兽，采集野生草木，有的进化到食用面食、奶汁及家畜，有的则是两者兼具；普遍爱吃芭蕉、椰子等水果，习用玉米、高粱及杂麦、薯芋煮粥或烤饼，善于提取奶油、酿造土啤酒和利用野生草木作饮料，嗜好蛇鼠与昆虫；还有不少黑人在死亡线上挣扎，糠菜难抵半年粮。其食具多为简陋的骨石器、竹木器或陶瓦器，烹调技术粗放，调味品少，生食比重大，熟食也是断生为度。他们的祭祀亦多，食忌各别，喜欢以乐侑食，每逢聚宴，歌舞跳跃，篝火通明。至于上层社会的黑人，饮食文化则较发达，大多习用西餐，重视营养调配。

2. 印第安人饮食的特色

印第安人是美洲土著民族的总称。印第安人对人类饮食文化的最大贡献，是他们首先成功地栽培了 40 多种农作物，如玉米、马铃薯、向日葵、木薯、可可、烟草、棉花、剑麻、番茄、辣椒、西葫芦、南瓜、菠萝、花生、鳄梨之类。特别是玉米，奠定了美洲文明的基础，被誉为“印第安人之花”；再如马铃薯和向日葵，对欧亚两大洲食源的扩大也影响深远；至于可可、番茄、辣椒、南瓜、花生等，更是造福于全人类。

印第安人的烹饪技艺也独具一格。其主食多为玉米、马铃薯和亚热带山区荒漠的野生草木，喜爱番茄、菜豆与辣椒，珍视昆虫、仙人掌果和龙舌兰汁液，习用向日葵油。烹调方法拙朴、便易，至今仍保留着古老的“石烹”。调理玉米和马铃薯常有绝活，均能变出百多种花色。其口味是以辣为主，鲜咸中略带酸甜。他们的昆虫菜肴多达数十种，在世界上颇有名气。他们的饮料多是直接取自大自然，如仙人掌果汁、龙舌兰茎液、古柯树（一种富含可卡因的灌木）叶片茶。印第安人较为集中的秘鲁和墨西哥，饮食文化都达到较高的水准。秘鲁的餐饮业十分兴旺，在南美洲素享盛誉；而墨西哥人之善吃据说排在世界第五位，仅仅次于中国、意大利、法国和印度。

印第安人的饮食生活还受到古老的玛雅文化和印卡文化影响，保留着许多图腾崇拜的遗俗。如饭食习以“黄色”为贵，尤为喜爱黄玉米、黄土豆、黄辣椒、黄南瓜、黄菠萝和黄花生，这是他们崇拜太阳、以太阳子孙自居、以黄色为神圣的原因所致。印第安人相信“万物有灵”，普遍重视祭祀，祭仪隆重而又神奇。他们还有对抗性强、连续多日的“夸富宴”，更在神灵和亲邻面前展示家族的地位和荣誉。至于其食礼，古朴、率直、大度并且纯真。

此外，印第安人的制陶、纺织、印染、绘画、雕刻、羽饰、刺绣、金银铜器等工艺精湛，经常用于餐室装潢和餐具美化，丰富了饮馔的文化内涵。

3. 吉卜赛人饮食的特色

吉卜赛人饮食文化也受诸多因素的影响。一般而言，偏爱肉食，猪肉、羊羔、火腿和鸡鹅，都系盘中美餐；尤喜飞禽走兽，特别珍视刺猬。其方法多为整烤或泥烤，沾上盐与其他调料，分外香鲜。他们对死亡的禽畜不忌讳，并有“神宰的牲畜比人宰的更美味可口”的说法。而且他们吃鸡，也多为鸡翅和鸡架，因为这类食品在欧美每千克的价格只相当于牛肉价格的2.5%或等价于一个鸡蛋。至于粮豆和蔬果，也是在便宜的前提下有啥吃啥，一般都能入乡随俗、酌情而变。

吉卜赛人不射猎，不吃马、狗和猫。不射猎是因为他们同情野兽，不吃马和狗是因为这两种动物是他们流浪生涯中的忠实朋友及助手，不吃猫是因为它有灵性、能捉老鼠。他们的“黑圣女祭典”十分隆重，要敬献美食和甜酒。他们的饮食相当洁净，除注意个人卫生外，还善于用丰富的传统医药学知识来调配饮食、防疫健身。

4. 毛利人饮食的特色

毛利人是大洋洲新西兰的最古老的土著民族，他们的膳食以甘薯为主，还有土豆、南瓜、蕨根和芋类，喜食牛肉、羊肉、禽蛋、海鱼和昆虫，重视时果和鲜蔬，营养较为均衡。他们的烹调中有两项绝活：一是善于利用地热蒸制牛、羊肉和土豆，名为“夯吉”；二是“烧石烤饭”，即先将灶内的鹅卵石烧红，再泼一瓢冷水，接着将分层摆放芋头、南瓜、白薯、猪肉、牛排、鸡、鱼的铁丝筐置于灶中，上盖树叶草皮，再洒湿土，最后用稀泥糊严，经过数小时即可成熟，洒盐与胡椒粉食用。该族还建有神圣的聚会厅，用于祭祀、殡葬、迎宾和宴乐。此厅广集毛利建筑、雕饰、彩绘、编织和音乐艺术之精华，光辉夺目。宾主一起行毛利礼，讲毛利语，吃毛利饭（烧石烤饭），唱毛利歌，倾诉友情。

此外，他们一般不吃狗肉和珍鸟，不吃带沾汁和过辣的菜；忌讳13和星期五，忌讳当众剔牙和嚼口香糖；平常吃饭与喝水也大都不愿被人看见，普遍习惯以手抓食。

5. 因纽特人饮食的特色

因纽特人是北极地区的土著民族，该族春捕巨鲸、夏采海带、秋射麋鹿、冬猎海豹，生活辛劳而单纯；较少与外界来往，大体上还保留着远古的遗风。

由于恶劣的地理、气候环境以及相对封闭的生活习俗的制约，因纽特人的饮食文化基本上处于由生食向熟食发展的渐进过程中，其主要特征是：以海鱼、海鸟、海兽、海带和北极地区野生植物为主要食源。其中，植物浆果与海豹油搅拌而成的“冰淇淋”，独角鲸的皮包裹杨树花制成的“口香糖”，还有生海带卷，都可以大量补充维生素 C，调配营养，是他们饮食生活中的卓越创造。

因纽特人的炊饮器皿也较原始、简陋，烹调方法极为粗放；生食的比重很大，熟食亦是断生①即可；菜式的变化甚少，特异的海象肠、鹿角髓和海豹眼是最好的美味；食量大，口味偏好肥浓腥膻；偶尔饮用高价换回的白酒和啤酒。

① 断生是烹饪术语，意为刚刚熟。

因纽特人保留着原始公社制的遗习，对于共同捕获的猎物，击中的猎手优先择取，其他人等均分剩余部分；各家有贮存食物的天然冰库——雪屋，族人或邻里断炊时，可以自由借取，以后如数归还。

近年来，由于科学探险者和旅游观光客大量涌入北极地区，因纽特人频频接收到现代文明的信息。表现在饮食上，一部分因纽特人开始尝试西餐和方便食品，炊饮器具亦有改进，饭菜质量有所提高。

3.2　中国饮食的区域性

3.2.1　中国饮食文化区域的划分

中国饮食文化区域划分的方法较多，但常常会引起争议。中国的烹调方式是随着地区的不同而逐渐变化的，尤其是在地区交界的地方，常会出现多种烹调方式混合的情况。如果粗略地划分，中国的饮食文化区域可分为以小麦为主食的北方饮食区域和以稻米为主食的南方饮食区域。

1. 古代对饮食文化区域的划分

中国地域辽阔，饮食习惯与风格差异较大。《黄帝内经》中就有东方之民食鱼而嗜盐，西方之民华食而脂肥，北方之民乐野处而乳食，南方之民嗜酸而食胕的说法，可见至晚在两千年前，饮食文化就表现出不同地区的差异性。

从《诗经》《楚辞》《山海经》等作品中对食物原料、食物品种及食风、食事的记述，已经可以看到这种区位性的特点。如《楚辞》中的“吴酸蒿蒌”“吴醴白糵”“和楚酪只”“和楚沥只”（《大招》）等诗句，表明人们已开始注意到饮食的地域性差异。汉至唐宋时期，曾出现了“胡食”“素食”“北食”“南食”“川味”等称呼。明清以后，又出现了“京都风味”“姑苏筵席”“扬州炒卖”“湘鄂大菜”等称呼。

2. 帮与帮口

明清以后，也出现了“帮”“帮口”“风味”“菜”等称谓。尤以“帮”的称呼影响较大，如“川帮”“扬帮”“徽帮”等。因“帮”之名主要在于区别不同地区的肴品

及其口味，故又常常称某某“帮口”。以“帮”名菜大约起于20世纪初，并一直广泛流行至20世纪70年代。这种称谓的出现，或这种区别的必要，正是饮食业历史发展的结果。因为在一个都会（尤其是通都大邑）往往是楼、馆、堂、店鳞次栉比、星罗棋布，经营者、厨师也都是来自五湖四海，为适应人们对各种风味肴馔的需要，当然也为了适应市场竞争和行业利益协调的需要，便各以地方风味来标榜特色、招揽顾客。于是，区别和标志不同地方风味的特定称谓便应运而生。这种特定称谓的历史选择就是“帮”，“帮”表述法至今仍在行业中使用。

3. 以地名命名

与“帮”的说法大约同时，也有了直接以地名命名菜点风味的说法。如成书于清末的《孽海花》提到上海的餐馆，“京菜有同兴、同新，徽菜也有新新楼、复新园……”

直接以“地”——行政区域来表述，则可以适用于中国版图内的任何地区（包括城镇和乡村山区、内地与边疆、发达与后进地区等），即适合于任何区位的菜品文化，又适合于中华民族共同体内的所有民族和全体中华民族成员。具体来说，可以是京菜、沪菜、津菜、粤菜、杭菜、浙菜、东北菜、辽菜、吉菜、龙江菜、晋菜、秦菜、新疆菜、藏菜（或拉萨菜）、台湾菜、台北菜、海南菜、川菜、渝菜、滇菜、黔菜、香港菜、澳门菜、鲁菜、扬州菜、苏州菜……总之以地名命名菜，区域文化的应有之义尽在其中：区域的原料、区域的技法、区域的风味特点、区域内人群的口味习尚、区域的饮食文化内涵，集中地体现为菜品文化。事实上，严肃的饮食文化研究者在涉及菜品文化时，多不用“帮”表述法。“以地名命名菜”的菜品区域文化属性表述法是迄今得到社会各层面普遍认同、流行最广泛的，科学性和生命力也是最强的命名方法，这便是它所以成为目前高频使用的表述法的原因所在。

4. 菜系

“菜系”的概念是20世纪50年代提出的，70年代兴起，80年代达到高潮。通常有“四大菜系”“八大菜系”“十大菜系”之说。“四大菜系”一般指山东、淮扬、广东和四川菜，为使“淮扬”和其他三个省区看上去“平衡”一些，后来多以江苏菜表示。“八大菜系”是上述菜系加上浙江、安徽、湖南、福建菜，当然也有不同的说法。因为“四大菜系”和“八大菜系”不包括在中国影响很大的北京菜和上海菜，似乎有些说不过去，于是有人提出加上这两个成为“十大菜系”。仔细研究菜系的说法是有问题的。以“十大菜系”为例，在中国的华北、东北、华东、中南、西南和西北6个大区域中，华北有1个，中南有2个，西南有1个，而华东除江西外，其余均在其中，竟达6个之多；东北、西北竟一个也没有。这显然是不符合中国饮食文化的历史和现状的。

5. 中华民族饮食文化圈

著名饮食文化专家赵荣光先生根据德国人类学家 Graebner Fritz（1877—1934）的“文化圈”理论，创造性地提出了“中华民族饮食文化圈”理论。

经过漫长历史过程的发生、发展、整合的不断运动，17—18世纪，我国大致形成

了东北饮食文化圈、京津饮食文化圈、黄河中游饮食文化圈、黄河下游饮食文化圈、长江中游饮食文化圈、长江下游饮食文化圈、中北饮食文化圈、西北饮食文化圈、西南饮食文化圈、东南饮食文化圈、青藏高原饮食文化圈和素食文化圈。其中本来以侨郡形式穿插依附存在于其他相关文化区中的素食文化圈，因时代、政治等因素致使佛教、道教迅速式微而于 19 世纪逐渐解析淡逝了，它在中华民族饮食文化史上大约存在了 13 个世纪。其余 11 个饮食文化圈，是经过了至迟自原始农业和畜牧业发生以来的近万年时间的漫长历史发展，逐渐演变成今天的形态的。由于人群演变和饮食生产开发等诸多因素的特定历史作用，各饮食文化圈的形成和演变均有各自的特点。他们在相互补益促进、制约影响的系统结构中，始终处于生息整合的运动状态。尽管一般来说，这种运动是惰性和渐进的。

6. 美国学者对中国饮食文化区域的划分

美国研究中国饮食的人类学家 Eugene N. Anderson 提出，划分中国的饮食区域，较合理的划分应首先将北方（小麦和混合谷物的区域）与中部以及南方（稻作区域）分离开来，北方依然作为一个单一的整体。南方则分为 3 个部分：东部、西部和南部。

羊肉是北方重要的肉食，南方食用得相对少些。水果与蔬菜在南北方也是截然不同的，北方是桃、枣、杏、苹果和萝卜（以及其他种种东西）的产地，而南方则盛产柑橘、荔枝、香蕉、芋头、莲等。南方的水果在北方始终是奢侈品，而北方的大豆则输往南方。只有品种繁多的葱与萝卜这两类蔬菜，超越了农业和烹饪上的障碍，在中国的各个区域都成了很重要的食物。

3.2.2 中国饮食文化区域概述

对饮食文化区域的划分，本书以中华人民共和国现行行政区划为依据分别予以介绍。

1. 华北

(1) 北京。

北京物产丰富，交通发达，自古为中国北方重镇和著名都城，是全国政治、文化中心，人文荟萃，四方辐辏，各地著名风味食品和名厨高手云集京城，各民族的饮食风尚也在这里相互影响和融合，经过历代人着意耕耘，博采众长，推陈出新，逐渐形成了别具一格、自成体系的北京地方风味。

从北京历史的变迁中可以看到，女真人（金）、蒙古人（元）、汉人（明）、满人（清）曾先后在北京建都。加之自公元 7 世纪后，许多回族人也迁徙于此，这便形成了多民族聚集北京，五方杂处的历史状况。金、元统治者均为塞外游牧民族，环境所使，饮食习惯以羊为主。元忽思慧《饮膳正要》中列举的大量羊肉类菜肴，就充分反映了这一情况。明永乐皇帝迁都北京，大批官员北上，带来不少南方厨师，南方的一些菜肴也随之传入。这对北京菜的形成产生过一定影响。北京菜之善于治鱼，就得益于江、浙、豫等地烹鱼之法。再如著名的北京烤鸭，最早来自金陵（南京）明宫御

膳。历经数百年的发展，北京的烤鸭技术不断得到提高，焖炉烤与后来的挂炉烤并驾齐驱，加之使用北京特产填鸭为原料，风味卓异，终于成为北京最具代表性的名菜之一。到了清代，满族的一些古朴的烹调方法又传入北京。其中沿用至今的是烧、燎、白煮三法。北京人普遍喜爱使用的涮肉火锅，最初也是从东北传入的，满族人原称“野意火锅”。

对北京风味影响最大的莫过于流行于北方的山东菜。山东菜在京“落户”约起于明代。山东菜的浓少清多、醇厚不腻、鲜咸脆嫩的特色，易为北京人接受。故山东人在京开餐馆的颇多。特别是清代初期至中叶，很多山东人在京做官，山东菜馆大量涌现。不过，在北京的山东菜经数百年的演变，不断改进烹制方法和调味技术，已与原来的山东菜有明显的区别，成为北京菜体系的一大组成部分。

宫廷菜、官府菜的烹调技艺流入民间，对北京风味的形成也起了不可低估的影响。宫廷菜、官府菜用料极为讲究，工艺精细，味道醇鲜，特别注重色、香、味、形的和谐统一，高贵典雅，不同凡响，这是北京菜体系最有特色的组成部分。

独具一格的清真菜，也是北京风味的重要组成部分。

大体上可以说，到了清末，以宫廷菜、官府菜、清真菜和改进了的山东菜为四大支柱的北京风味体系便已基本形成。

北京风味在原料使用上，广收博取；烹调方法多样，尤以烤、涮最有特色；口味上，过去讲求味厚、汁浓、肉烂、汤肥，像半个世纪前北京一般筵席所上的肘子扣肉鸡、攒盘大鲤鱼，都带有味浓肉肥的特点。近年来，随着人们对口味和营养要求的提高，则已开始向着清、鲜、香、嫩、脆的方向转化，并且更加讲究火候的掌握、色形的美观和营养的平衡。

（2）天津。

天津风味起源于民间，得力于地利，伴随着城市经济的发展而发展。早在明朝，天津就舟楫式临，商贾萃集，漕运、盐务、商业繁盛发达。加之距京城较近，沿海一带盛产的鱼、虾、蟹类原料，不仅成为皇族、贵官席上的珍品，也促进了民间风味菜的发展。明朝灭亡以后，御膳房厨师流散民间，津门餐馆收高手，取技艺，使天津地方风味菜开始有了雏形，至清朝康熙初年，漕运税收衙门“钞关”“长芦巡盐御史衙门”等由京移津，官府增多，商业进一步发达，饮食业也出现了最早的饭庄，经营的菜品以当地民间风味为基础，吸收了元、明，特别是清朝宫廷菜之精华，独具特色，促进了天津菜的形成和发展。1860 年，天津被辟为对外开放的商埠，对饮食业的发展有很大促进。中华民国初期，清朝皇族、遗老遗少迁居津门，买办、官僚、军阀、洋商也云集于此，挥金如土，饮食业空前繁荣。

天津地方风味的原料以河海水产为主，技法以扒、熘、炒、炖见长，味型以咸鲜为主，具有北方大都市、大商埠饮食习尚的特色。天津风味大致由汉民菜、清真菜和素菜三部分组成。

（3）河北。

河北地处华北平原，西倚太行山，东临渤海。殷商时代，河北的市、镇有了一定

的规模，饭铺、酒肆已经出现。之后，由于青铜烹饪工具的改进，动物油和调料的使用，使烹调方法有了突破性发展，简单的煎、炸、烧、炖烹调方法已较普遍，并能制作多种菜肴。从春秋战国到元、明、清，河北饮食风味由简到繁，由粗到细，由低到高，不断进步发展。到清代已日臻成熟，形成了自己的体系。其主要表现是地方菜的特色已经形成，菜肴的结构和筵席形成了一定格局。中华人民共和国成立后，河北菜又吸收了全国各地的烹调技艺，使河北菜更加丰富。

河北有山有水，有平原有海洋，气候适宜，四季分明，自然地理条件优越，物产丰富。有种植在田间的粮食和各种蔬菜，有广大农村山区饲养的家禽家畜，有生长在水中的鱼、虾、蟹和海产品，有山间林中的野味山珍，所产可供食用的原料达上千种。

喜爱咸味是河北人口味特点。河北风味以鲜咸、醇香为主，讲究咸淡适度，咸中有鲜，鲜咸适口，在咸中求味醇，在鲜中求味清；但不拘一格，口味多样，如酸甜、甜香、香辣、酸咸、怪味等菜肴也不少见；不仅注重口味，而且讲究质感，如滑炒菜讲究滑嫩，抓炒菜讲究外焦里嫩，爆炒菜讲究脆嫩。调味原料十分丰富，为更好地体现河北风味特点提供了物质条件。

河北风味由冀中南、塞外和京东沿海三个区域风味构成。冀中南地方风味包括以保定为代表的石家庄、邯郸等地；塞外地方风味以承德为代表，还包括张家口等地；京东沿海地方风味包括秦皇岛、唐山、沧州等地，以唐山为代表。

（4）山西。

山西战国时期为唐国所在地，民俗淳厚，崇尚节俭，素有“千金之家，食无兼味”的说法，但上层社会对佳肴美味的追求却是由来已久的。早在春秋时代，即有晋灵公因熊掌不熟而残杀庖夫的记载。《史记》也有置胙于宫中的记载。证明公元前 600 多年时，山西人已懂得制作美味佳肴，并经常食用。《北齐书》讲到北齐亡国的时候，有北齐将士“尽入酒坊饮酒”的记载。可见早在 1400 多年前的晋阳，餐饮业的规模已经相当可观。到了清代，随着晋商的崛起，晋菜的烹饪技术也有了迅速的发展。祁县、太谷等地的票号、钱庄曾在一个很长的时期中兴旺发达，这些地方的私家菜适应店主穷奢极欲的需要，技术精益求精，逐渐形成以鲁味为基础的晋中菜。其后，袁世凯窃国，大行其道的豫菜也在这个时期传入山西，省城太原出现了林香斋等河南菜馆，晋菜在兼收并蓄的基础上达到一个新的高峰。晋中的寿阳县被称为“厨师之乡”，师徒相传，代有高手。

山西饮食风味具有油大色重、火强味厚、选料严格考究、调味灵活多变的特点，刀工不尚华丽而精细扎实，擅长爆、炒、熘、炸、烧、扒、蒸等技法。在调味品中，清徐的老陈醋是全国四大名醋之一，与镇江醋、保宁醋和浙醋齐名，醇厚沉郁，酸而不酷。晋菜中占有相当比重的糖醋菜，就是用它来调味的。

山西地方风味由晋中、晋南、上党和晋北 4 个地方风味组成。师承技法大体相近，选料操作及味型又同中有异，各具特色。

晋中风味　以太原风味为代表，是在过去祁县、太谷等地钱庄、票号的私家菜基础上发展起来的。烹调技法全面，选料考究，制作精细，注重色泽造型，特别讲究火

候，菜品强调营养保健，糖醋味较多。晋中地区农村的“十大碗”则近似四川的“田席”，以蒸菜为主。

晋南风味 以临汾为代表，口味偏于甜，而又略带酸辣，善于烹制汤汁菜。

上党风味 工艺考究，多留古风。如白起豆腐，传统的做法是用桑枝烤灼不加佐料的豆腐至皮色发黄，蘸蒜泥等调味品及豆腐渣食之，相传是象征战国时秦将白起的肉和脑子，以示不忘当年四十万赵卒被坑之仇。

晋北风味 源于大同、忻州一带，地近少数民族，食俗亦受其习染，主要是羊肉菜，盛行炖、蒸、烧、焖，比晋中菜更加油大火强，口味稍重而醇香过之。

山西地区历来以面食为主，品种很多。山西面食包括晋式面点、面类小吃和山西面饭三大类，其品种不下五百余种。晋式面点制作注重色味口感，做工比较精细。面类小吃品种繁杂，地方性强，这些口丰味美、形色俱佳、颇有风味的地方小吃深受大众欢迎。山西面食中最具有地方特色的乃是山西面饭。面饭属面条类，但山西面饭做法别具一格，食法五花八门，用料异常广泛，具有浓厚的乡土习尚。山西面饭有三大特点：一是花样繁多，二是广泛，三是制法多样。

（5）内蒙古。

内蒙古地处北国边陲，疆域辽阔，历史上是北方少数民族集聚的地方。12 世纪前，居民尚掘地为坎以燎肉。12 世纪末，成吉思汗统一草原各部落，挥戈中原，这一时期是内蒙古菜的启蒙时期。成吉思汗创制的铁板烧、锄烧，是风靡世界的内蒙古菜肴。到了 13 世纪，内蒙古菜有了很大的发展和改进，上乘筵席也初具规模。明代后期，随着呼和浩特的发展，有些汉族人迁居到蒙古草原，开垦种植。极大地丰富了烹饪原料，使内蒙古菜渐趋完善。到了清代，又有一批满族人随军屯驻，长城以南的山西人、陕西人也来得更多了。起初他们春来秋归，以后渐渐落户，村落的周围开始有栽培的瓜、瓠、茄、芥、葱、韭等蔬菜和饲养的鸡、鸭、鹅、猪等禽畜。城镇内手工业、商业也得到发展。京包铁路兴建后，包头逐渐发展成一个皮毛贸易的集散地，对内蒙古菜的发展有很大推动，使内蒙古菜不单单局限于自己古老的传统菜式，而且吸收了内地的多种技法。经长期的相互交流，逐渐形成独特的民族风味。

内蒙古地方风味由内蒙古阴山以北的草地苏木地区菜和张家口到包头铁路沿线的城镇菜两个系统构成。内蒙古风味具有朴实无华、技法独特、味型比较单一又不雷同等特征。内蒙古风味的味型由于受地理环境、物产气候、民族习俗等条件的制约，比较单一。常用的味型有咸鲜味型、糖醋味型、胡辣味型、奶香味型、烟香味型。内蒙古风味的传统烹调技法以烤、煮、汆、炸、烧为主。今天的内蒙古菜烹调也吸收了各地的技法，不过，最能体现民族特色的仍然是烤、煮、烧。

2. 东北

（1）辽宁。

辽宁饮食文化源远流长，已有三千多年历史。早在周、秦时期，生活在辽河两岸的人们，就创造了自己的饮食文化。据《周礼・职方氏》记载：“东北曰幽州，其山镇曰医巫闾……其利鱼盐……其畜宜四扰，马牛羊豕……其谷有三种……知三种黍稷稻

者。”出土于喀喇沁左旗的战国时的青铜器燕侯盂，铭文有“郾侯作馈盂”字样，是当时此地饮食文明的佐证。辽阳市捧台子出土的东汉一号墓的庖厨壁画，证明东汉时期辽阳一带的烹饪技艺已有相当水平。到了金代，北方人食俗“以羊为贵”。进入清代，盛京（今沈阳）已成清朝的留都。清入关后，皇上多次东巡盛京，谒陵祭祀，赐宴群臣。满族善于养猪，喜食猪肉，烹制方法独具特色。清袁枚的《随园食单》记载：“满菜多烧煮，汉菜多羹汤。”清代末期的光绪、宣统年间和中华民国初期，是辽宁省南北菜交流、满汉菜大融汇时期，奉天一带饮食市场繁荣。中华人民共和国成立后，尤其是近年来，经过整理、挖掘和创新，博采众菜之长使辽宁菜成为具有时代风貌的新兴菜系。

辽宁饮食风味特点，以咸鲜为主，甜为配，酸为辅。同南方风味相比，口味偏浓。在辽宁风味大系统内，各地风味又稍有差异。以沈阳市为中心的奉派菜肴是辽菜的代表，特点是香鲜酥烂，口感醇浓，讲究明油亮芡。大连等沿海城市，以海鲜品为优势，讲究原汁原味，清鲜脆嫩。

辽宁地方风味由清朝宫廷风味、王（官）府风味、市肆风味和民间风味组成。具有菜品丰富、季节分明、口味浓郁、讲究造型的特点。

清朝宫廷风味　辽宁是清朝“龙兴之地”，因而清朝宫廷菜对辽宁菜影响极深，不少宫廷菜流传于世，成为辽宁菜的一个重要部分。

王（官）府风味　清朝建立后，在盛京设有盛京将军府和户、礼、兵、刑、工五部等衙门，城内王府、官衙林立，王公贵族非名菜不食。王府中创制了许多高级名菜。奉系军阀张作霖的帅府也创制了不少佳肴。

市肆风味　这是辽宁菜的主体部分。高级名店经营多系山珍海味，同宫廷、王府的佳肴相通。众多的饭店，是以中、低档菜肴为主，适应广大群众。

民间风味　民间菜同市肆中的中、低档菜有联系，但技法较简单，乡土味甚浓。

（2）吉林。

据《清史》记载，今日满族的祖先肃慎族于 3 千年前就居住在长白山、松花江一带，从出土的陶猪来看，养猪、吃猪肉为其食好。15 世纪，冀鲁晋豫的移民来东北同女真、满族相互交往，中原饮食文化与松辽平原的饮食风俗逐渐交融，逢年过节吃饺子（女真族称哎格饽）、吃手把肉。16 世纪，吉林农业经济有了较大发展，人们的饮食结构发生变化，猪牛羊鸡鱼以及豆腐为饮食常品。19 世纪末，吉林风味初具规模。《满族旗人祭祀考》载：“宴会则用五鼎八簋，俗称八中碗，年节、婚丧富家用八中碗，次六小碗，再次六碟六碗……冬日食火锅，春日食春饼、馒头、馅饼、水饺、蒸饺。”20 世纪初期，长春是伪满国都，官僚政客、大贾行旅云集，酒楼客栈应运而生，各地名厨纷至沓来，食肆繁荣，厨师用熘、扒、爆、烩、酱、熏等技法烹制出近百种风味山珍菜肴。20 世纪七八十年代，吉林菜山珍野味的特殊地方风味已定型。

吉林地处东北腹地，优越的自然条件为吉林菜提供了丰富的烹饪原料，长白山区特产有蛤士蟆油、飞龙、松茸蘑、猴头蘑、蕨菜、薇菜等山珍野味，松辽平原盛产五谷杂粮、蔬菜瓜果，尤以大豆及其豆制品、豆油及葵花油特别著名，江河湖泊及水

库的水产鱼类十分丰富。吉林风味在延续满族饮食风俗的基础上，吸取其他地方风味尤其山东风味之长。在调味手法上多用复合味，擅长以咸、辣、酸、鲜调和山珍野味。吉林气候寒冷，菜肴向有无辣不成味、一热顶三鲜之说。吉菜季节性差异明显，口味冬季多咸酸、夏季多清淡，总体是油重、色浓、偏咸。

（3）黑龙江。

早在2万年前，黑龙江就有一支远古人部落在此繁衍生息，揭开了此地饮食史的第一页。进入新石器时代，饮食文化又前进了一步，密山市新开流、昂昂溪文化遗址出土的菱格纹陶罐、盆、钵等烹饪器皿，宁安莺歌岭上层文化遗址发掘出磨盘、陶釜、陶甑等烹饪器皿，证实商周至隋朝饮食文化水平又有明显提高。唐代于公元689年—926年，在今宁安市渤海镇建立了渤海国，农业、手工业、交通运输、商业发达，饮食原料丰富，为黑龙江地方风味菜肴的形成发展打下了基础。辽金两代，黑龙江一带，从达官贵人的宫廷宴会上看，在食俗烹饪方面都很有民族特点。金代，黑龙江民族风味菜肴又有新发展。元、明、清时，由于渤海人被迫南迁，女真人入主中原，满族人入关等大规模的“雁南飞”，虽导致中华民族新的大融合，促进了全国历史的发展，但却也造成了黑龙江地区的人口锐减、经济萧条及边境空荒的后果，这个时期的饮食文化发展很不平衡。清初，一批流人文士被流放到黑龙江，他们将中原饮食文化传入本地。从此，山东风味开始在这些地区流传、落户。17世纪中叶以来，边境地区处于空荒局面时，沙俄开始侵入了黑龙江流域，这时俄式大菜烹饪技法也随之传入黑河市的爱辉镇。这样，以鲁菜为主的风味菜肴在黑龙江地区逐步发展起来，俄式、英法式等西餐也有明显发展。黑龙江地方风味菜肴同鲁菜、俄、英法等西餐所用原料与各派烹饪技艺融合一体，创制了别具特色的地方大菜。

3. 华东

（1）上海。

早在2400多年前，上海就是东周王朝四公子之一楚春申君的领地，那时依仗江南鱼米之乡的自然环境，烹制的是纯真的乡土风味，即所谓楚越之地饭稻羹鱼。公元7世纪后，上海逐步发展成为“江海之通津、东南之都会”，海外百货云集，南来北往人员繁杂，菜肴的选料、花色、风味随之扩大。19世纪中叶，上海被迫对外开埠。畸形繁荣的经济刺激着上海菜的变化，并以世所罕见的速度飞跃发展，来沪的各地风味菜力求生存，只能适应上海的风土人情，他们古今中外、兼收并蓄，相互借鉴、竞相争宠。与时俱进，在开拓中发展，从此，上海菜形成了风味多样的特征。

上海饮食风味随着上海这个城市的演变而发展，既受了全国各地风味菜肴的哺育，又带着浓郁的上海地方气息，具有清新秀美、温文尔雅、风味多样、富有时代气息的特点。追求的是口味清淡、讲究真味，款式新颖秀丽，刀工精细、配色和谐，滋味丰富、口感平和，形式高雅脱俗。各种风味荟萃又糅合进上海地区的风土人情、饮食文化，适应不同层次各种消费对象。

上海地处温带区，春秋短、冬夏长，全年平均气温15℃。饮食习俗讲究五味调和及清淡的真味。上海人口有一千多万，真正的本地人不多，绝大多数来自全国各

地，他们带着各自的习俗生活在这个地区，既有受这里自然环境的影响，相互同化的一面，也有顽强表现自己的一面。各种食客的众多要求，促成上海饮食荟萃各种风味，菜肴以清淡为主，讲究层次。有辣、有酸、有浓、有多种复合味，但口感平和、质感鲜明、该嫩则嫩、该酥则酥，嫩、脆、酥、烂绝不混淆，因而适应面特别宽。

（2）江苏。

江苏饮食文化历史悠久。淮安青莲岗、吴县草鞋山等新石器时代出土文物表明，至迟在距今六千多年以前，当地先民已用陶器烹饪。《楚辞·天问》所载彭铿制作的雉羹，是见于典籍最早的江苏菜肴。《尚书·禹贡》篇和《吕氏春秋·本味》篇收载了当时被视为美食的淮鱼、太湖韭花等烹饪原料。春秋时江苏已有较大规模的养鸭场，反映了江苏烹饪对水禽的利用。战国时期，江苏已有全鱼炙、胹鳖、吴羹和讲究刀工的鱼脍等名馔。两汉、两晋、南北朝时期，江苏的面食、素食和腌菜类食品有了显著的发展。隋唐、两宋时，不少海味和糟醉菜被列为贡品，并得到了“东南佳味”的称誉。《清异录》所载的扬州缕子脍、建康（今南京）七妙、苏州玲珑牡丹鲊等肴馔受到世人称道。元、明、清代江苏菜南北沿运河、东西沿长江发展更为迅速，东边临海的地理交通和商业贸易等条件促进了江苏菜进一步向四方皆宜的特色发展，并扩大了江苏菜在海内外的影响。据《清稗类钞·各省特色之肴馔》所载肴馔之各有特色者，如京师、山东、四川、广东、福建、江宁、苏州、镇江、扬州、淮安，其中，所列 10 处，江苏占了 5 个。

江苏风味的主要特点是原料以水产为主，注重鲜活。加工精细多变，因料施艺；烹制善用火功，调味清鲜平和。

江苏风味由今淮扬、金陵、苏锡和徐海四大地方风味构成。

淮扬风味　以扬州为中心，南起镇江、北至洪泽湖附近淮河以南，东含里下河及沿海一带，肴馔以清淡为主，味和南北。扬州历史上曾经是南北交通枢纽，东南经济文化中心，饮食市场繁荣发达。

金陵风味　以南京为中心，口味醇和为主，素以鸭馔驰名。秦淮河夫子庙的小吃，花色品种也很丰富。

苏锡风味　以苏州、无锡为中心，含太湖、阳澄湖、泖湖、滆湖附近风味，清新爽口，浓淡适度。

徐海风味　指自徐州沿东陇海线至连云港一带风味菜，口味咸鲜，五味兼蓄，淳朴实惠。

（3）浙江。

据浙江余姚河姆渡文化遗址的实物表明，浙江先民早在七千多年前，就以稻米脱壳炊煮为主食。至先秦，用以调味的绍兴酒已经产生。浙江凭依鱼米之乡又有濒临东海的优越资源条件，形成了浙江菜追求味美、善治鱼鲜的特征。秦汉直至唐宋的浙菜一直以味为本，并进一步讲究精巧烹调，注重菜品的典雅精致。唐代的白居易、宋代的苏东坡和陆游等关于浙菜的名诗绝唱，更把历史文化名家同浙江饮食文化联系到一起，增添了浙菜典雅动人的文采。特别是南宋时期，中原厨手随宋室南渡，黄河流

域与长江流域的饮食文化交流配合，浙菜引进中原烹调技艺之精华，发扬本地名物特产丰盛的优势，南料北烹，创制出一系列有自己风味特色的名馔佳肴，成为“南食”风味的典型代表。宋陈仁玉的《菌谱》、赞宁的《笋谱》，反映了浙菜运用本地特产作料的特色。浦江吴氏的《吴氏中馈录》，以浙西南76种菜点的制法，体现出浙菜的江南烹调风味。明代潘清渠的《饕餮谱》，记录了当时四百多种精美肴馔。清代朱彝尊的《食宪鸿秘》、顾仲的《养小录》、童岳荐的《调鼎集》等，反映了清代浙菜已进入鼎盛时期的兴旺景象。特别是杭州人袁枚、李渔两位清代著名的文学家，分别撰著出的《随园食单》和《闲情偶寄·饮馔部》，把浙菜的风味特色结合理论作了阐述，从而扩大了浙菜的影响。现代，特别是中华人民共和国建立后，随着社会的发展和人民生活的提高，浙江风味特色更臻完善提高，步入了突飞猛进的发展里程。

浙江风味主要由杭州、宁波、绍兴、温州等地区的风味组成，而以杭州风味为主。

杭州风味 杭州菜集全省各地菜肴精华为一体，以制作精细、清鲜爽脆、淡雅细腻的风格著称，集中体现出浙菜的主要风味特色。继承了南宋古都流传下来的“京杭大菜”，发展演变出一大批引人入胜的杭州传统菜。1956年浙江省政府评定了36种杭州名菜。这些名菜的共同特色是讲究原汁本味，注意轻油、轻浆、轻糖，多用本地土特产和时令鲜货，具有清、鲜、脆、嫩和南北风味交融的特点。

宁波风味 包括浙东沿海地区的地方风味。以海鲜为常用原料，注重原汁原味，讲究鲜嫩、香糯、软滑，由于爱用雪里蕻咸菜和苔菜作辅料，菜味大多咸里带鲜，形成一种鲜咸合一的特殊风味。

绍兴风味 以烹制河鲜家禽见长，有浓厚的江南水乡风味，用绍兴酒糟烹制的糟菜、豆腐菜又充满酒乡田园气息。讲究香糯酥绵，鲜咸入味，轻油忌辣，汁浓味重，且因多用绍酒烹制，菜肴醇香隽永。

温州风味 以海鲜为主，口味清鲜，淡而不薄。

浙江风味具有醇正、鲜嫩、细腻、典雅的特色，口味从淡多变，讲究时鲜，取料广泛，多用地方特产，常寓神奇于平凡，烹调精巧，善治河鲜海错，以清鲜味真见胜。

（4）安徽。

商王朝曾定都于亳（今亳州）。西汉时期，淮南王刘安著《淮南王食经》多达130卷。同时期，淮南王刘安的门人发明了豆腐。

徽菜起源于南宋时期的古徽州（今安徽歙县一带），原是徽州山区的地方风味。由于徽商的崛起，这种地方风味逐渐进入市肆，流传于苏、浙、赣、闽、沪、鄂以至长江中、下游区域。徽商富甲天下，生活奢靡，其饮馔之盛，筵席之豪华，对徽菜的发展起了推波助澜的作用，可以说，哪里有徽商哪里就有徽菜馆。明清时期，徽商在扬州、武汉盛极一时，两地的徽菜发展也极为迅速。抗日战争前后，徽菜馆遍布上海、南京、苏州、扬州、芜湖、武汉等大中城市。据不完全统计，当时上海的徽菜馆就有130多家，武汉也有40余家。徽菜影响遍及长江中下游和东南各地。

安徽风味的基本味型是咸鲜微甜。由于不同的自然条件和迥异的民风食俗，形成了徽菜的多彩多姿的复合味型，大体可分为皖南、沿江和淮北三大类。

皖南风味　以徽州地方风味为代表，其主要特点是喜用火腿佐味，以冰糖提鲜，善于保持原汁原味，口感以咸鲜香为主，放糖不觉其甜。

沿江风味　以芜湖、安庆地区为代表，善于用糖调味。

淮北风味　以咸鲜辣为主，很少以糖调味，多用芫荽、辣椒、生姜、八角等调味。

安徽地跨中国南北方，饮食文化呈现出明显的地域分野。皖南、沿江风味显现出典型的南方饮食文化特征，而淮北风味则属北方饮食文化区域。

（5）福建。

福建的饮食文化，可追溯到新石器时代。在福州、闽侯等处各原始社会文化遗址中出土的陶制釜、鼎、壶、尊、罐、簋、豆、杯、盆、鬲、甑等，说明 4 千年前闽地先民已开始烹饪熟食。商周时期，已有上釉的瓷陶器，烹饪技艺也进一步发展。到了唐代，福州、漳州等地的贡品中已出现海蛤、鲛鱼皮。宋代福建泉州人林洪《山家清供》记载了蟹酿橙的烹调技法，并描述了这道菜的色、香、味、形、器等特点。其后，典籍史乘，多有载述，笔记杂著，更为繁富。

福建风味原料丰富，烹调技法严谨，重在开发原汁本味，以味取胜。闽菜的烹饪具有刀工巧妙、汤菜考究、调味独特、烹调细腻的特点。福建烹调法的最大特点在于特别讲究熬汤，另外，广泛流行将猪油当作烹饪油食用也是福建饮食的一大特色，这实际上是整个东亚唯一存在这种情况的地区。

由于福建省自然条件、原料结构和民间食俗的差异，加之各地交通、文化、经济开发先后不齐，以及边远地区受外来文化的影响，因而闽菜的构成，可明显区分为福州、闽南和闽西 3 路地方菜别。各派别又有自己的风味特点。

福州风味　盛行于福州、闽东、闽中、闽北一带。其特点是清爽、鲜嫩、淡雅，偏于酸甜，汤菜居多。善于用红糟为佐料，尤其讲究调汤，给人百汤百味、糟香袭鼻之感，不仅为当地群众所喜爱，也深受海外侨胞的欢迎。

闽南风味　盛行于厦门、泉州、漳州地区，东及台湾。其菜肴具有鲜醇、香嫩、清淡的特色，并以讲究佐料、善用香辣著称，在使用沙茶、芥末、橘汁以及药物、佳果等方面均有独到之处。

闽西风味　盛行于广袤的客家话地区，菜肴有鲜嫩、浓香、醇厚的特色，体现了山乡的传统食俗与风格。

（6）江西。

江西省在秦汉时期，鱼米之乡的特色已日益明显。东汉以后，南昌地区“嘉蔬精稻，擅味于八方”（雷次宗《豫章记》）。江西的地理位置史称“吴头楚尾，粤户闽庭”，其菜肴在自身特点的基础上，又取八方精华，从而形成了今日独具特色的江西风味。

江西气候温和，既有丘陵、山脉，又有平原、湖泊。优越的自然条件，为江西菜提供了丰富而优质的原材料。江西的味型可分为复合味型和原汁原味型。讲究原汁原味是江西菜的一大特点。在复合味型中，咸鲜兼辣味型在江西菜中的比重较大。

江西地方风味讲究味浓、油重，主料突出，注意保持原汁原味，偏重鲜、香，兼

有辣味。具有浓厚的地方色彩，大体可分为赣北、赣南两大类。赣北清淡味型较多，赣南偏重咸辣味型。

（7）山东。

山东风味原料以山东半岛的海鲜、黄河和微山湖等的水产、内陆的畜禽为主，技法多样，尤以爆、炒见长，味型以咸鲜取胜，口味适中。其影响所及，包括黄河中下游及其以北广大地区。

山东是中国古文化的发祥地之一。大汶口文化、龙山文化出土的红砂陶、黑陶等烹饪器皿、酒具，反映了新石器时代齐鲁地区的饮食文明。春秋战国时期鲁国孔子提出了“食不厌精、脍不厌细”的饮食观。到了汉代山东的饮食文化已有相当水平，从沂南出土的收租庖厨画像石、诸城前凉台的庖厨画像石就可以看出。南北朝时的贾思勰所撰《齐民要术》中有关烹调菜肴和制作食品的方法占有重要篇章，记载有当时黄河中下游特别是山东地区的北方菜肴食品达百种以上。至此山东菜已初具规模。唐代，山东菜又有新的发展。明、清时期，山东菜不断丰富和提高，产生了以济南、福山为主的两类地方风味，曲阜孔府内宅也早已形成了自有体系的精细而豪侈的官府菜；山东餐馆进入北京，山东菜已进入皇宫御膳房，之后，山东菜影响到黄河中下游及其以北的广大地区。

山东风味由内陆的济南风味和沿海的胶东风味所构成，分别有各自不同的饮食特色。

济南风味 济南菜，制作精细，历来讲究用汤。用鸡、鸭、猪肘子煮汤，以鸡腿肉茸（称红哨）、鸡脯肉茸（称白哨）吊汤，制作出营养丰富、味鲜而醇的清汤，既可做汤菜，又可作提鲜的调味料。甜味菜著名的烹调法是拔丝。

胶东（福山）风味 胶东菜是胶东沿海青岛、烟台等地方风味的代表。以烹制各种海鲜而著称，讲究清鲜，多用能保持原味韵的烹调方法，如清蒸、清煮、扒、烧、炒等，甜菜多用挂霜的烹调方法。

（8）台湾。

台湾地方风味是台湾人民在长期的生活实践中，继承他们先辈从大陆带去的闽菜与粤菜的烹调手法，结合台湾的物产与气候及人民食俗的特点发展起来的一种菜肴。以海鲜海味为主，兼及家禽。家常菜多于筵席菜。风味以清淡、鲜美、香烂为主而略带酸辣。

三百多年前郑成功收复台湾后，大陆人民尤其是福建和广东沿海大量居民移居台湾，在台湾岛的开发史上，写下了重要的一页。在关系人民生活的饮食文化方面也不例外。台湾菜与其他名菜相比历史较短，同时大都受闽菜、粤菜的影响。日本菜对台湾菜也造成了某些影响，如味噌汤、生鱼片、寿司、名小吃甜不辣（又称“天妇罗”）一直流传至今。1949 年前后，大陆各省人迁台更多，他们的饮食习俗、爱好以及烹饪技法，对台湾烹饪产生了更大的影响。

总体而言，台湾风味与闽南风味相似，但使用更多的植物油和海鲜，主要差别源自日本的影响。

4. 中南

(1) 河南。

河南饮食文化历史悠久，《左传·昭公四年》记载夏启有钧台之享，说明早在4100年前已有宴会活动。《古史考》记载姜尚“屠牛于朝歌、卖饮于孟津”证明早在公元前11世纪，中原已有商业性饮食业出现。东周时期洛阳宫廷食馔亦甚讲究，对后世颇有影响。汉、魏时期河南菜的烹调已相当精致，饮食文化生活也很丰富。密县汉墓壁画“庖厨图”（如图3-1）、“饮宴百戏图”和南阳汉代画像石刻“鼓舞宴餐”绘有刀俎、鼎釜、肥鸭、烧鱼、烤好的肉串以及投壶、六博等宴饮场面。魏武帝曹操的《四时食制》对豫菜的四季分明的特点曾起到积极的作用。南北朝时，中原佛教极盛，仅嵩洛一带就有名寺一千多所，大批厨僧（尼）潜心研制素席斋饭，寺庵菜应运而生，成为豫菜的一个组成部分。

图 3-1　河南密县汉代画像石庖厨

北宋时，开封是全国政治、经济、文化中心和中外贸易枢纽。城内商行林立，酒楼饭馆鳞次栉比。《东京梦华录》称“集天下之珍奇，皆归市易；会寰区之异味，悉在庖厨”。仅当时的“七十二正店”经营的菜肴鸡、鱼、牛、羊、山珍、海味等类菜品就达数百种，可谓豫菜史上的鼎盛时期。宋室南迁（公元1133年）以后，中州大地兵连祸接，水蝗为患，社会动荡不安，民不聊生，消费水平下降，豫菜的发展受到严重影响。但许多基本烹调技法仍流传于民间。中华人民共和国建立以来，特别是20世纪80年代以来，随着整个国民经济和对外交流、旅游事业的发展，人民生活水平、特别是膳食水平的普遍提高，饮食市场繁荣，豫菜的烹饪队伍、烹饪技能、菜肴品种和质量都有长足的发展。

河南省地处黄河中下游，属北亚热带至温带过渡性气候，四季分明、土地肥沃、物产丰富、烹饪原料比较齐全。除了北方习见的粮、油、蔬菜、果品河南均产以外，还有一些比较名优的特产，主要有大别山、桐柏山、伏牛山区的猴头、竹荪、羊肚菌、木耳、鹿茸菜、蘑菇、荃菜等菌类；平原河网地区的猪、牛、羊、鸡、鸭、鱼、蛋品；特别是南阳的黄牛、固始的黄鸡、黄河的鲤鱼、淇县一带的双脊鲫鱼等都是闻名海内的名贵原料。

河南的饮食风味多样，以咸鲜为主。具有滋味适中、适应性强的特点。河南是中华文明及中国烹调法的诞生地之一。河南饮食中几乎没有非常有特色的元素，因为它最好的饮食已经泛中国化了。

（2）湖北。

湖北风味起源于江汉平原，有2800余年的历史。早在先秦，荆楚食风就风行长江流域，《诗经》《楚辞》均有鄂菜的记载。其主要菜品是胹鳖、露鸡、炮羔、臇凫等，口味偏重酸甜。曾侯乙墓出土的青铜冰鉴、九鼎八簋、炙炉与髹漆食具典雅精美，说明当时楚地饮食文化已有相当水平。进入汉魏，《七发》中记载有牛肉烧蒲笋、狗羹盖石花菜、熊掌调芍药酱、鲤鱼片缀紫苏等荆楚佳肴；《淮南子》也盛赞楚人调味精于“甘酸之变”；当时还制成“造饭少顷即熟”的诸葛行锅和光可鉴人的江陵朱墨漆器，反映了这一时期楚地饮食文化的进一步发展。至及唐宋，《江行杂录》介绍过制菜“馨香脆美、济楚细腻”，工价高达百匹锦绢的江陵厨娘，五祖寺素菜风靡一时，苏东坡（1037—1101）命名的黄州美食脍炙人口。到了明清，黄云鹄的《粥谱》集古代粥方之大成，楚乡的蒸菜、煨汤和多料合烹技法见之于众多的食经，鄂菜作为一个地方风味已基本定型。

湖北风味多以淡水鱼作主料，注意动植物的合理调配，擅长蒸、煨、炸、烧、炒，汁浓芡亮，口鲜味醇，以质取胜。

湖北风味的组成以武汉为中心，包括荆南、襄阳、鄂州和汉沔四大地方风味。

荆南风味　荆南菜活跃在荆江流域，擅长烧炖野味和小水产，鱼肉鸡鸭合烹，肉糕鱼圆鲜嫩。

襄阳风味　襄阳菜盛行于汉水流域，以肉禽菜品为主，精通红扒熘炒，山珍烹制熟练。

鄂州风味　鄂州菜波及鄂东南丘陵，以加工菜豆瓜果见长，烧炸很有功力，主副食结合的肴馔尤有特色。

汉沔风味　汉沔菜植根于古云梦大泽一带，包括汉口、沔阳、孝感、黄陂等地，以烧烹大水产和煨汤著称，善于调制禽畜海鲜，蒸菜历史悠久。

湖北风味在楚文化影响下，凭借“千湖之省”和“九省通衢”的地理优势，形成水产为本、鱼馔为主、口鲜味醇、秀丽大方的特色，适应面广。

（3）湖南。

东周是湖南饮食文化的启蒙时期。《吕氏春秋·本味篇》中称赞湖南洞庭湖区的水产：“鱼之美者，洞庭之鳟。”可见当时的湘菜已具雏形。到汉代，逐渐形成了从用料、烹调方法，到风味特点较完整的烹饪体系，为湘菜的发展奠定了基础。1972年从长沙市马王堆西汉辛追墓出土的随葬遣策中，记载着精美的菜肴近百种。从笥五到笥一一六，有96种属于食物和菜肴，仅肉羹一项就有5大类24种，属食物类原料72种。晚清至中华民国初年，由于商业的发展，官府菜品及其烹调技法大量流入饮食市场，湘菜遂以其独有的风姿驰名国内。湖南风味由湘江流域、洞庭湖区和湘西山区三大地方风味组成。

湘江流域风味　以长沙、湘潭、衡阳为中心，长沙为代表，菜肴浓淡分明，口味讲究酸、辣、软嫩、香鲜、清淡、浓香。

洞庭湖区风味　以常德、益阳、岳阳等地为中心，菜肴以烹制家禽、野味、河鲜见长；色重、芡大油厚，咸辣香软。

湘西山区风味　以吉首、怀化、大庸等地为中心；擅长制作山珍野味、烟熏腊肉和各种腌肉；口味咸香酸辣。

湖南风味具有用料广泛，取材精细，刀工讲究，味别多样，菜式适应性强等特征。多种多样的调味品，经潇湘民众进行味的组合，使复合味型多样，常用的味型有酸辣咸鲜的家常味型、咸甜酸香鲜兼有的多种复合味型等。由于湘菜烹调技法精巧，故有味浓、色重、清鲜兼备之称。在质感和味感上注重鲜香酥软；特点是集酸、辣、咸、甜、焦、香、鲜、嫩为一体，而以酸、辣、鲜、嫩为主。

（4）广东。

广东地区饮食文化在新石器时代前已具雏形，但青铜器时代在时间上比中原地区稍晚，杂食之风甚盛。公元前 214 年，秦始皇统一岭南，遣 55 万人南迁，广东菜受到中原饮食文化的影响才逐渐进入新的阶段，此后，曾出现过几个重要的历史时期。三国至南北朝时期，中国一再分裂，战乱频频，唯岭南较为安定。其时，汉人纷纷南移，广东饮食一再受到中原文化的影响，烹饪技艺不断提高。至唐代，广东菜的烹调法已具炒、炸、煮、炙、脍、蒸、甑、煸等十几种，所用的调料有酱、醋、酒、糟、姜、葱、韭、椒等；而且刀工精细，制作巧妙。宋代，特别南宋以后，中国经济重心南移，海上对外贸易更旺。内地许多名食如馄饨、东坡肉、东坡羹等陆续传来，海外的食谱如罗汉斋等也相继传入。由本地传统名肴发展起来的蛇羹也先后进入食肆。南宋末期，少帝南逃，失落在广东的一批御厨把临安的饮食文化传于岭南，使广东菜进入了精烹细作阶段。明清时期，广东腹地逐步得到开发，珠江三角洲和韩江平原发展成为商品性农业区，并出现一批很有活力的城市，商贾云集，食肆兴隆，民间饮食丰盛，清代中叶广东菜开始进入鼎盛时期，清代后期，“食在广州”享誉内外。

广东风味由广州风味、潮州风味和东江风味组成，而以广州菜为代表。三者的原料、技法、味型均各有特色。

广州风味　包括珠江三角洲各市、县以及肇庆、韶关、湛江等地在内的菜肴。其特点是用料广博奇异，选料精细。各地所用的家养禽兽，水泽鱼虾，广州菜无不使用；许多地方所不常用的蛇、鼠、猫、狗、山间野味，广州菜则视为上肴。广州风味的野味名肴有数百种，是广东菜的一大特色。

潮州风味　包括潮州、汕头、潮阳、普宁、饶平、揭阳、惠来等市、县的菜肴在内。潮州风味注重造型，口味清纯，以烹制海鲜见长，甜菜荤制更具特色。

东江风味　又称客家风味。多以家养禽畜入馔，较少水产品，故有“无鸡不清，无鸭不香，无肉不鲜，无肘不浓”之说。主料突出，量大，造型古朴，味偏咸，力求酥烂香浓。

广东风味影响面广，广东菜馆遍布世界各地，特别是在东南亚，欧美各国之唐人街，广东菜馆占有重要地位。

（5）香港。

1842年，英国以武力迫使清政府签订不平等条约，强取香港。1997年，中国政府收回香港主权，香港成为特别行政区。香港号称“美食天堂”。其多元化的社会环境，除了提供驰誉世界的中国各省风味美食外，亦兼备亚洲及欧美著名佳肴。六百多万人口的都市，有八千多家大大小小的食肆。不只东西南北口味一应俱全，而且物美价廉。不管您的口味和消费预算如何，香港的餐馆总能迎合您的要求。香港食肆类型很多，名称不尽相同，大体来说，有酒楼、茶楼、餐厅、茶室、快餐店、自助餐厅、冰室、粥面店、大排档、甜品店、凉茶铺等。

大部分香港居民来自邻近的广东省。在香港，由于广东人占大多数，加上他们喜欢上馆子招待朋友，促使香港的饮食业非常蓬勃。而由于香港是一个国际城市，是中西文化汇聚之地，所以香港虽然以广东菜而驰名，但对其他中国各地著名菜肴及外国菜肴也不排斥，反能兼收并蓄，相得益彰。食在香港，美尽东西，味兼南北。山珍海味，应有尽有。事实上，人们可以身在香港而遍尝天下中西美味。

（6）澳门。

澳门以前是个小渔村。16世纪中叶，葡萄牙借晒货之名，实际占领了澳门。在后来的四百多年时间里，东西文化一直在此地相互交融。澳门自1999年回归后，成为中华人民共和国的一个特别行政区。澳门的面积很小（25.8平方千米），人口约44万人，是世界上人口最稠密的地方之一。

澳门居民以华人为主，占总人口的95%，葡萄牙人及其他外国人占5%左右。因此，澳门的饮食风味主要是广东风味。澳门是一个国际化的都市，几百年来，一直是中西文化融和共存的地方。澳门华洋共处，荟萃中西南北美食。来自各地的风味美食均可在澳门品尝到，这些风味美食包括具有葡萄牙、澳门、广东、上海、日本、韩国和泰国风味的各种菜肴。澳门的葡萄牙菜分为葡式及澳门式两种。经过改良，更适合东方人口味的澳门式葡萄牙菜是世界上独一无二的菜式，它是葡萄牙、印度、马来西亚及中国广东烹饪技术的结晶。

（7）广西。

广西风味发展于宋、元时期。当时全国经济重心自北南移，大量中原人民进入广西，带来了包括烹饪技艺在内的先进文化技术，促进了广西风味的初步形成。进入明、清时期，广西已建为行省，经济有了显著的发展。1876年起，先后将北海、梧州、南宁、龙州辟为通商口岸，百商云集，华洋贸易频繁，饮食市场日益繁荣，推动了烹饪技艺的发展，再加工上又接受了西餐的一些技法，开始使用引进的原材料，使广西风味渐具规模。广西菜能博采各地之长，从而进一步丰富发展。

广西风味主要由桂北风味、桂东南风味、滨海风味和民族风味4个不同地域的风味组成。

桂北风味　以桂林、柳州的地方风味组成。口味醇厚，色泽浓重，善炖扣，嗜辛

辣，尤长于山珍野味入菜。

桂东南风味　包括南宁、梧州、玉林一带地方菜肴。讲究鲜嫩爽滑，用料多样化，能选择当地良种禽畜、蔬果风味菜色。

滨海风味　以北海、钦州地方菜组成。讲究调味，注重配色，擅长海产制作，河鲜、野禽、家禽的菜式也有独到之处。

民族风味　以各少数民族风味组成。就地取材，讲究实惠，制法独特，富有乡土气息。壮族擅长以狗肉及各种动物副产品制菜，品种多，技法精，使用率高，甚具特色。此外，侗族的竹笋肉、苗族的竹板鱼、毛南族的烤香猪都是颇有影响的民族风味食品。

（8）海南。

海南菜属粤菜支系，取料立足于海南特产，鲜活为主；味以清鲜居首，重原汁原味，甜酸辣咸兼蓄，讲究清淡，菜式多样，适应性较强。

海南风味的形成与海南岛的开发密切相关。唐宋以来，中原名臣、学士李德裕、李纲、李光、赵鼎、胡铨、苏轼等人相继贬谪来琼，带来了中原饮食文化。另一方面，大批大陆人（主要是闽南人）陆续南迁进岛，也带来了各地的饮食习俗，使海南风味初具雏形。清末民初，海南对外开放扩大，海运和商业迅速发展，烹饪事业也随之兴起。特别是海口市于公元 1926 年成为海南岛的中心城市之后，较大型的茶楼酒馆随之出现，粤菜烹饪技术潮涌而入，地产及其传统食法得以升华，逐渐形成了海南风味菜。

海南岛地处亚热带，四面环海，岛上多山林，盛产各种海鲜和野味；饲养业和种植业发达，家禽家畜和热带植物都具有一定的独特性。最著名的特产有：文昌鸡、加积鸭、东山羊、福山和临高的乳猪、那大狗肉、和乐膏蟹、后安鲻鱼、三亚海蛇、大洲燕窝、鲍鱼以及龙虾、海参、对虾、血蚶、石斑鱼、海龟、山龟、蛇类等。热带植物椰子、腰果、菠萝、柠檬、胡椒以及青菜果蔬，四季皆有。调味料则广集四方名产。

5. 西南

（1）重庆。

重庆长期归属四川，重庆风味是四川风味中的一种。1997 年设立重庆直辖市。习惯上仍把重庆风味作为四川风味的一种来看。详情见下文“四川风味”介绍。

（2）四川。

四川风味由成都风味、重庆风味和自贡风味为主组成。原料以省境内所产的山珍、水产、蔬菜、果品为主，兼用沿海干品原料；调辅料以本省井盐、川糖、花椒、姜、辣椒及豆瓣、腐乳为主。味型以麻辣、鱼香、怪味为突出特点，素以“尚滋味”“好辛香”著称。影响所及，除在国内南北各城市普遍流行外，还流传到东南亚及欧美等 30 多个国家和地区，是中国地方菜中辐射面较大的流派之一。

四川饮食文化历史悠久。考古资料证实，早在五千年前，巴蜀地区已有早期烹饪。《吕氏春秋 · 本味篇》里就有“和之美者……阳补之姜”的记述。西汉扬雄的《蜀都赋》中对四川的烹饪和筵席盛况就有具体的描写；西晋左思的《蜀都赋》中描写四川

筵席盛况称：“金罍中坐，肴槅四陈，觞以清醥，鲜以紫鳞，羽爵执竞，丝竹乃发，巴姬弹弦，汉女击节。”东晋常璩的《华阳国志》中，首次记述了巴蜀人“尚滋味”“好辛香”的饮食习俗和烹调特色。杜甫诗中吟四川菜肴有“饔子左右挥霜刀，脍飞金盘白雪高”“日日江鱼入馔来”等名句。两宋时期，四川菜已进入汴京（开封）和临安（杭州），为当时京都上层人物所欢迎。明末清初，四川已种植辣椒，为“好辛香”的四川烹饪提供了新的辣味调料，进一步奠定了川菜的味型特色。清末民初，川菜技法日益完善，麻辣、鱼香、怪味等众多的味型特色已成熟定型，成为中国地方风味中独具风格的一个流派。

四川风味的特点在相当大的程度上取决于四川的特产原料。四川号称“天府之国”，烹饪原料丰富而有特色。自贡的井盐、郫县的豆瓣、新繁的泡菜、简阳的二金条辣椒、汉源清溪的花椒、德阳的酱油、保宁的醋、顺庆的冬尖、叙府的牙菜、潼川的豆豉等都是烹调川味菜的重要调辅料。

（3）贵州。

贵州风味是在贵州少数民族创造的饮食文化的基础上，不断吸收中原、邻省烹调技艺而逐步形成的。早在周初以前，生活在今贵州省境的许多少数民族，就利用所居地区丰富的种植、养殖和野生的饮食原料，创造了比较原始的饮食文化。西周中叶的部落联盟的牂牁国、春秋战国时期的夜郎国就和中原、四川、云南、广东有了政治和经济联系，经两汉、三国，特别是蜀汉诸葛亮的“南抚夷越”，使贵州和邻近省的经济、文化交流日益频繁，中原和邻近省区饮食文化也随之传到贵州，与当地传统饮食文化融溶、补充，使贵州风味逐步发展完善。大约在明代初期，贵州风味已趋于成熟。到了清代咸丰年间，进士出身的贵州平远（今织金）人丁宝桢的家厨所创的以旺火油爆鸡球，加辣而食的名菜，已达到脍炙人口的境地。因丁氏被清廷授衔太子少保（尊称宫保），此菜也被人们以宫保鸡丁命名。并随着丁公的宦途足迹流传到山东、四川等地。之后人们又以宫保鸡的烹调方法烹制他料，仍以宫保命名。可见当时黔菜烹调水平之不凡。

贵州风味贵州菜由贵阳风味、黔北风味、少数民族风味组成，总的特色是辣香适口、酸辣浓郁、淡雅醇厚。

贵阳风味　贵阳风味以辣香为主，兼具咸鲜、胡辣、红油、姜汁、酸辣、香糟、糖醋等味。

黔北风味　由于受毗邻四川菜的影响，黔北风味多以辣香、麻辣、咸鲜取胜。

少数民族风味　贵州是个多民族省份，除汉族外，有苗、布依、侗、彝、水、回、仡佬、壮、瑶、满、白、土家等民族，人口达一千万，约占全省人口 1/3。少数民族食俗和饮食风味特点是喜食糯米和酸。

（4）云南。

云南风味于先秦已打下基石，初具规模于汉魏，兴于唐宋，盛于元明，形成于清。云南虽地处中国西南部，且少数民族较多，但在饮食文化上则与中原颇为相近，菜肴的水准较高。追其根源与早在公元前 300 年—前 280 年楚将庄骄率兵入滇后，滇与中原

开通灵关道和五尺道有很大关系。此后，汉、唐、宋、元、明、清，无不派兵遣将、设置郡吏、移民开滇和将犯罪的大官充军云南。这些大官，尽管在政治上失意，而其文化的熏陶，饮食生活的经验仍在，菜肴经他们稍一指点便大不一样。

云南风味的特点是酸辣适中，重油醇厚，鲜嫩回甜，讲究本味。云南风味由滇东北、滇西、滇南和昆明 4 个区域菜所构成。

滇东北风味 滇东北因接近内地，交通较为便利，是五尺道的咽喉地段，与中原往来较多，烹饪技法受其影响较深。特别是与四川接壤，其烹调技法、口味与四川菜相似。

滇西风味 滇西因与西藏毗邻，以及同缅甸、老挝接壤，是南方陆上丝绸之路的灵关道、永昌道地段，少数民族较多，南诏国、大理国均曾建都于大理，其烹调技法受汉、藏、回寺院菜影响。因此，形成聚居云南各少数民族风味，如清真风味、傣族风味、白族风味、哈尼族风味、纳西族风味等。

滇南风味 滇南气候温和，雨量充沛，自然资源丰富，元代以来经济文化发展较快，与越南接壤，自修建滇越铁路后，交通方便，城镇人口猛增，饮食业非常兴旺，其烹调技法成熟，到清末已形成滇味菜。

昆明风味 昆明城已有两千多年历史，历代又无大的毁灭性战争，市区逐步扩大，烹饪技艺逐步提高。昆明风味除明末受下江风味较大影响外，近代以来，还受到了川、鲁、广、苏等风味的影响。

（5）西藏。

藏族人口分布于中国的青藏高原，主要聚居于西藏自治区。藏族历史悠久，文化遗产丰富。生产以畜牧业为主，靠近城市以及与汉族和其他民族毗邻、杂处地区有农业及手工业。除已逐步定居者外，大部分人仍依靠天然草场，逐水草而居。历史上饮食主要是糌粑、酥油、牛奶、茶和牛羊肉等。无鸡、猪之类，也不吃鱼。野牲间猎黄羊、岩羊、雪鸡等。主、副食不分，不吃蔬菜，偶尔采食些野葱、野韭。调味仅用盐，其他均为烹饪原料或食品的自然味，如蕨麻的甜、酸奶的酸等。有时采集防风等野生植物作为煮肉的调味料。烹调方法简单、粗放，以快捷、方便为主。

中华人民共和国成立后，特别是近年来，西藏菜有了长足的发展。在城市、农业区及半农半牧区的藏民，烹调方法已较细致，常用烤、炸、煎、煮等法。原料除牛、羊肉外，猪、鸡等也列为肉食。常用的蔬菜有结球甘蓝、土豆、萝卜、胡萝卜、蔓菁、茄子等。调味料也有所增多，喜辣、酸，重用香料。饮食分主、副食，米、面以及青稞为主食，并有多种点心小吃。喜欢重油、厚味和香、酥、甜、脆的食品；牧区的糌粑、奶茶等仍是日常必备的。待客有筵席，一般的传统待客筵席由 6 道食品组成，即奶茶、蕨麻米饭、灌汤包子、手抓羊肉、大烩菜、酸奶。酒以青稞酿制，属低度酒，亦常用以待客。

6. 西北

（1）陕西。

陕西饮食文化历史悠久，早在仰韶文化和龙山文化时期，渭河流域的饮食文化就

比较发达，为陕西饮食文化的早期形成奠定了基础。西周至春秋时期是陕西菜的形成期。西周“八珍”出自镐京（今陕西长安），近年来关中地区周代墓群中出土的大量精致的鼎、簋、簠、登、爵等炊具、餐具、饮器，反映了当时贵族筵席菜肴已有一定规格。战国晚期，陕西菜的烹调技法已趋于成熟。汉、唐两代是陕西菜发展史上的两个高峰。西汉京畿之地，不仅继承了先秦饮食文化遗产，汲取了关东诸郡烹饪之长，而且由于丝绸之路的开辟，西域诸国的动、植物连同胡食的烹调技法首先传入长安，促进了陕西菜的发展。唐代的长安是全国名食荟萃之地，不仅江南、岭南等地的珍食纷纷贡入京都，西域人开设的饮食业（胡姬酒肆）也在长安大放异彩。北宋以后，中国政治、经济、文化中心东移，陕西菜发展相对缓慢。后来，随着陇海铁路通车，作为西北首镇的西安，经济发展，商旅增多，饮食市场日渐活跃，陕西餐饮业又有了新的发展。

历史上的陕西菜，主要由以下 4 个流派所组成：宫廷官府菜、寺观菜、市肆菜和民间家常菜。今天的陕西饮食市场菜是继承和发展上述前代宫廷官府、寺观、市肆菜诸流派。特别是近几年来，农村民间宴客的菜肴，已逐渐向饮食市场菜靠拢。现在的陕西饮食风味由关中（包括西安清真风味）、陕南和陕北 3 个同中有异的地方风味组成。复合味型偏多，尤以咸鲜酸辣香突出。善用三椒（辣椒、花椒和胡椒），滋味醇厚，适应性强，是中国西北地区的代表风味。

关中风味　关中风味以西安为中心，包括三原、泾阳、大荔、凤翔等地名菜和近几年创制的曲江菜和长安八景宴菜肴等。

陕南风味　陕南风味以汉中地区为代表，包括安康、商洛等地方风味，具有浓郁的陕南人民食俗特点。

陕北风味　陕北风味以榆林地区为代表，包括延安风味菜肴等，反映了塞上地方特色。

（2）甘肃。

甘肃饮食文化历史悠久。西汉张骞两次出使西域，开辟了古丝绸之路，在甘肃形成较发达的天水、陇西、兰州、张掖、武威、酒泉等重镇，同时引进了胡瓜（黄瓜）、西瓜、胡萝卜、胡荽等，丰富了烹饪原料，烹饪技术发展较快。1971 年在嘉峪关出土的汉墓画像砖上的有关图案（如图 3-2），证明当时烹饪技术已有相当水平。魏晋南北朝时期，丝绸之路商业繁荣，加之佛教进一步通过甘肃传入，素菜在甘肃有所发展。莫高窟、炳灵寺、麦积山等石窟艺术中反映饮食文化的内容很多，也反映出东西方烹饪的融合。隋唐时代，甘肃农牧业生产发展快，烹饪原料丰富。饮具、食器、炊具等都已相当齐全。主食增加了由西方传入的胡饼、京果、麻圆、空心果等。明清时代，明藩王肃靖王朱真淤住兰州，建万寿宫、西花园，讲究筵席菜肴。1679 年清康熙亲征到宁夏，陕甘总督府在兰州，因而有些宫廷官府菜传到兰州。

甘肃为高原气候，有干燥凉爽的特点。厨师们多年研究进行味的组合，形成咸而浓的适应高原的味型，酸辣微咸的家常味型，还有芥末味型、糖醋味型、咸鲜味型、椒盐味型、五香味型、甜香味型、烟香味型等。

图 3-2　嘉峪关魏晋砖画庖厨图

甘肃是多民族地区，菜式的种类较多，对西北各省各地区各阶层适应性强，对国内外食客都有较大的适应性。

甘肃风味的特点是清淡醇厚并重，善用酸辣调味。具有味型适应性强，偏重浓、厚、重、艳等特征。

（3）宁夏。

宁夏古属朔方之地，秦朝大将蒙恬率军开辟了由黄河冲积而成的原野，修北地西渠，垦田生产，促进了农业发展，特别是唐代灭突厥后，兴修水利，发展农牧业，使宁夏呈现繁荣景象。唐代诗人韦蟾诗“贺兰山下果园城，塞北江南旧有名”反映了当时这里的风物状况。这些都为饮食烹调提供了物质基础。西汉丝绸之路开辟以来，宁夏属丝绸之路通道，特别是唐代以来，长安与西域诸国往来频繁，宁夏的饮食文化，既受西域人食俗的影响，又有陕、甘烹调技法的传入，蒸、煮、煎、炸、烤、炙等多样技艺促进了宁夏风味的日渐形成和发展。元、明、清以来，特别是中华人民共和国建立后，宁夏与周围各省，尤其是陕、甘等地烹饪技艺交流日益增多，使宁夏菜肴有了长足发展。因宁夏信奉伊斯兰教的回族同胞有其食禁，在以牛、羊为主料的烹饪方面擅长，使清真风味成为宁夏风味的主要组成部分。

宁夏风味从用料到风习上，具有浓厚的地方民族特色。

（4）青海。

青海省地处青藏高原，是中国五大牧区之一，全省约 80 %面积属草原，其余部分在东部，为农业区与半农半牧区。省内共有 7 个民族，汉族、回族、土族、撒拉族主要分布于农业区和半农半牧区；藏族、蒙古族与哈萨克族主要分布于牧业区。青海地广物博，土特产有牦牛、藏羊、湟鱼、发菜、冬虫夏草、蕨麻以及众多野牲野禽等，蔬菜、瓜果产量亦多，提供了丰富的具有地方特色的饮食烹饪原料。青海饮食，牧业区属于藏族风味体系，与西藏风味属同一风味；农业区与半农半牧区主要为汉族风味与回族风味。汉族与回族两个风味互相影响，在烹制技法和调味上交错融汇，并吸取了藏族烹调的某些特点，构成青海风味的主体。青海菜制作技法粗放为

多，也有精工细做的菜品；烹调法侧重于烤、炸、蒸、烧、煮；口味偏于酸、辣、香、咸；吃口以软烂醇香为主，兼有脆嫩特色。

（5）新疆。

新疆是以维吾尔族为主体的多民族聚居地区，信奉伊斯兰教者居多，祖辈过着游牧生活，主食牛羊肉。公元10世纪中叶，新疆地区建立了信奉伊斯兰教的哈拉汗王朝，经济文化得到很大的发展，生活也由游牧逐渐转向定居农业。与周边商业贸易交往日趋频繁，饮食习惯随之改变，主食由牛羊肉逐渐向肉面菜混食转变。烹调技术也由简单的烤、煮发展到蒸、炒。清朝左宗棠率军进驻新疆，随军进驻的厨师，就地取材，用牛羊肉烹制较精美的菜肴，促进了新疆烹饪技艺的发展，菜肴品种也日益增多。近年来，由于新疆人口结构和消费习惯的变化，加之不断派人到兄弟省市学习烹调技术，采众家之长，补新疆之短，口味清淡的菜肴和工艺菜也出现于餐桌，得到众多食客的青睐。

新疆风味以当地产的牛羊肉和瓜果蔬菜为主要原料；烹调技法以烤、炸、蒸、煮见长；质地、味型适应气候高寒、人体需热量大的要求，具有油大、味重、香辣兼备的特点。

思 考 题

1. 简述世界烹饪三大风味体系。
2. 比较中国、韩国、日本饮食风味的异同。
3. 什么是“中华民族饮食文化圈”？中国历史上有哪些饮食文化圈？
4. 写一篇论述或介绍家乡饮食文化的文章。

第4章 中外饮食民俗

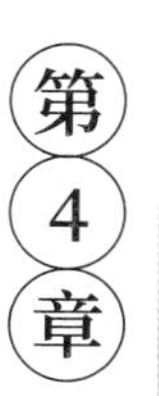

4.1　中国饮食民俗

4.1.1　民俗与饮食民俗

1. 民俗

民俗，就是民间风俗习惯，指一个国家或民族中广大民众在长期的历史生活过程中所创造、享用并传承的物质生活与精神生活文化。

从民俗与人类社会的关系看，民俗起源于人类社会群体生活的需要，在特定的民族、时代和地域中形成，并且不断循环往复，进而沿袭、传播和演变，服务于特定的民众的日常生活。民俗普遍存在于社会生活之中，得到广大民众的认同，成为群体文化，所以民俗一旦形成，就成为规范人们行为、语言和心理的一种基本力量，同时也是民众传承和积累文化，创造成果的重要方式。

从民俗与时代的关系看，民俗是虽然源于传统，但是在现实生活中仍然发挥着特定功能的一种社会文化现象。我们每个人都在特定的民俗文化背景下出生、成长，并在这种民俗环境中，按一定的社会生活方式生活、工作，同时为适应新的历史条件而创造着新的民俗内容。民俗是流动的、鲜活的、发展的，在社会发展的每个阶段都会产生变异，并在变异中求得生存和发展。

2. 饮食民俗

饮食民俗是由一个国家、地区或民族中的广大民众在筛选食物原料、加工、烹制和食用食物的过程中，即食事活动中所积久形成并传承不息的风俗习惯，也称饮食风俗、食俗。饮食民俗具有强烈的民族性、地方性和特色性。中国食俗依其功能一般包括日常食俗、年节食俗、礼仪食俗和宗教食俗等内容；若按民族成分来认识，又可以分为汉民族食俗、少数民族食俗等类别。

3. 饮食民俗形成的原因

(1) 经济因素。

饮食民俗的产生和发展，既受到社会生产发展水平的制约，也受到农业、畜牧业、渔业等经济产业布局的制约。有什么样的物质生产基础，就会产生相应的膳食结构和肴馔风格。不同地区农业生产、畜牧业生产或渔业生产等经济活动的差异性，为各地

饮食民俗的多样性提供了物质基础。就全球范围而言，农副产品已成为人类食物最重要且使用最广泛的物质来源。比如我国，在自然条件和社会经济发展条件的共同影响下，各地农业生产布局、耕作制度、农副产品种类等方面都有很大差异，产生了相应的饮食文化。

（2）自然条件因素。

自然地理条件是人类赖以生存和发展的物质条件，饮食民俗对自然条件有很强的选择性和适应性。比如，我国地域辽阔，自然环境复杂，各地的地形、气候、水文、土壤、生物等因素都有较大的差别，因而食性和食趣也就不一样，形成了东辣西酸南甜北咸的口味嗜好分野。这种饮食民俗的地域差异，正是各种民间风味和各种菜系形成的重要原因。

（3）民族因素。

世界上的民族众多，我国也是由56个民族组成的多民族国家。由于各个民族所处的自然和社会条件不同，在长期的生产和生活实践中，其民族发展的历史便有差异，民族文化也各有特点。特殊的饮食民俗作为民族文化的重要组成部分，在一定程度上起到强化民族意识的作用，经过世代的传承和变异，就形成了区别于其他民族的自己所特有的传统饮食民俗。

（4）宗教信仰因素。

不少饮食民俗就是从原始信仰崇拜和宗教仪式演变而来。比如在我国，佛教教义和戒律就对教徒有较强的约束力，对民间习俗有较大影响，如不杀生、吃斋饭等。

4.1.2　日常食俗

1. 餐制

餐制是从生理需要出发，为恢复体力而形成的饮食习惯。在上古时期，人们采用的是二餐制。殷代甲骨文中有“大食”“小食”之称，它们在卜辞中的具体意思分别是指一天中的朝、夕两餐，大致相当于现在所说的早、晚两餐。早餐后人们出发生产，妇女采集，男人狩猎，晚归后用晚餐。餐制适应了“日出而作，日入而息”的生产作息制度。

《孟子·滕文公上》：“贤者与民并耕而食，饔飧而治。”赵岐注：“饔飧，熟食也。朝曰饔，夕曰飧。”古人把太阳行至东南方的时间称为隅中，朝食就在隅中之前。晚餐叫飧，或叫晡食，一般在申时，即下午四时左右吃。古人的晚餐通常只是把朝食吃剩下的食物热一热吃掉。现在晋、冀、豫等省的一些山区仍保留着一日两餐，晚餐吃剩饭而不另做的习惯。

生产的发展影响到生活习惯的改变。至周代特别是东周时代，“列鼎而食”的贵族阶层，一般已采用了三食制。《周礼·膳夫》中有“王日一举……王齐（斋）日三举”的记载。据东汉郑玄解释，“举”是“杀牲盛馔”的意思。“王日一举”是说“一日食有三时，同食一举”，指在通常情况下，周王每天吃早饭时要杀牲以为肴馔，但中、晚餐时不另杀牲，而是继续食用朝食后剩余的。“王齐（斋）日三举”则是讲，斋戒时

不可吃剩余的牺牲，必须一日内三次杀牲，使一日三餐每次都食用新鲜的肴馔，这种做法当时称为“齐（斋）必变食”。斋戒时每日三次杀牲，正是以一日三餐的饮食习惯为基础的。

大约到了汉代，一日三餐的习惯渐渐为民间所采用。《论语·乡党》：“不时，不食。”是说不到该吃饭的时候不吃。郑玄解释为：“一日之中三时食，朝、夕、日中时。”郑玄是以汉代人们的饮食习惯来注解孔子这句话的，这说明汉代已初步形成了三餐制的饮食规律。那时第一顿饭为朝食，即早食，一般安排在天色微明以后。第二顿饭为昼食，汉人又称像食，也就是中午之食。第三顿饭为晡食，也称飧食，即晚餐，一般是在下午 3~5 时之间。

虽说一日三餐的餐制自汉代之后已在民间普遍实行，但还有随着季节不同和生产需要而采用二餐制的。有些穷苦人家，也常年采用二餐制。在社会上层，特别是皇帝饮食则并非如此，按照当时礼制规定，皇帝的饮食多为一日四餐。天子“平旦食，少阳之始也；昼食，太阳之始也；晡食，少阴之始也；暮食，太阴之始也”。可见，人们每日进食的次数，与进食者的社会地位、经济状况以及个人情趣爱好均有关系。当然，一般就习俗文化来说，人们的日常餐制主要是由经济实力、生产需要等要素决定的。总体上看，直至今日，一日三餐食制仍是中国人日常饮食的主流。

2. 食物结构

汉族是我国的主体民族，其传统食物结构是以植物性食料为主。主食是五谷，辅食是蔬果，外加少量的肉食。以畜牧业为主的一些少数民族则是以肉食为主食。

从新石器时代开始，我国的黄河、长江流域即已进入农耕社会，存在黄河流域与长江流域两种不同的主食类型，前者以粟为主，后者以稻为主。稻几乎是南方水田唯一可选的主食作物，而在北方旱地则有粟、黍、麦、菽等作物可供选择。黄河流域的仰韶文化以粟为主食，除了粟适应黄河流域冬春干旱、夏季多雨的气候特点外，还与其产量高、耐储藏、品种多、能适应多方面需求有关。粟在古代曾作为粮食的通称，其别称稷（狭义），与“社”一起组成“社稷”是国家的象征。

战国以后，随着磨的推广应用，粉食逐渐盛行，麦的地位便脱颖而出。北方的小麦在“五谷杂粮”中的地位逐渐上升，成为人们日常生活中最重要的主粮，而南方的稻米却历经数千年，其主粮地位一直未曾动摇。不仅如此，唐宋以后，水稻还源源不断北调。中国历史上，先后出现了“苏湖熟，天下足”　“湖广熟，天下足”的谚语，苏湖、湖广均为盛产水稻之地。这反映出水稻地位的重要。

明清时期，我国的人口增长很快，人均耕地急剧下降。从海外引入的番薯、玉米、土豆等作物，对我国食物结构的变化产生了一定的影响，并成为丘陵山区的重要粮食来源。

我国古代很早就形成了谷食多、肉食少的食物结构，这在平民百姓的日常生活中体现得更加明显。孟子曾主张一般家庭做到“鸡豚狗彘之畜，无失其时，七十者可以食肉矣。”人生七十古来稀，要到古稀之年才能吃上肉，可见吃肉之难了。长期以来，肉食在人们食物结构中所占的比例很小。而在所食的动物中，猪肉、禽及禽蛋所

占比重较大。在北方，牛羊奶酪占有重要地位；在湖泊较多的南方及沿海地区，水产品所占比重较高。不过，随着改革开放，经济水平的提高，传统的食物结构已有所改变，尤其是经济条件较好的居民，肉食比重已有明显增加。

3. 饮食特点

中国家庭的传统是主妇主持中馈，菜品多选用普通原料，制作朴实，不重奢华，以适合家庭成员口味为前提，家常味浓。讲究吃喝的殷实之家，或达官显贵、名门望族，则多成一家风格，如“谭家菜”“孔府菜”等。

日常饮食，不受繁文缛节的束缚，气氛宽松自由，亲情浓郁，其乐融融。中国有尊老爱幼的传统美德，通常情况下，老少优先。某些特殊情况下，也有额外照顾，如病人、孕妇以及承担重要任务、为家庭赢得荣誉的成员。平日里若有客人到来，则要盛情款待。讲究主以客尊、客随主便、礼尚往来，习惯上老敬烟、少倒茶、男斟酒、女上菜。

4.1.3 年节食俗

中华传统节日，都有其特定的风俗习惯和活动内容。其中，饮食是中华传统节日文化的主体内容和重要组成部分。我国传统节日，几乎每个都有相对应的特定的饮食内容，春节吃团圆饭、元宵节吃汤圆、龙抬头节吃龙须面、“三月三”吃荠菜煮鸡蛋、端午节吃粽子、中秋节吃月饼、重阳节吃重九糕、冬至节吃饺子、腊八节喝腊八粥……饮食成为传统节日一道靓丽的民俗风景线。

1. 春节食俗

春节，民间俗称过年，是我国最隆重、习俗最多、时间最长，也是最具有喜庆气氛的传统节日。每当节日来临，城乡各地，放爆竹、贴春联、舞狮子、玩龙灯、喝春酒、吃年饭……男女老少，喜气洋洋，充满节日的欢乐气氛。

汉代崔寔的《四民月令》载：“正月元旦，是谓正日……各上椒酒于其家长，称觞举寿，欣欣如也。”南朝宗懔《荆楚岁时记》说：“正月一日……进屠苏酒，胶牙饧，下五辛盘。”如今，每逢春节，无论男女老少，即使平日不饮酒，也要在这天喝一杯“团圆酒”，可见传承几千年的春节饮酒习俗至今古风犹存。

在我国多数地区流行的春节食俗中，最有代表性的春节食俗是包饺子、蒸年糕和吃团圆饭。

春节包饺子多流行于北方地区。饺子有的地方也叫“角子”“扁食”“水点心”。据文献记载，最初饺子也叫“馄饨”，北齐颜之推说：“今之馄饨，形如偃月，天下通食。”可见，远在公元5世纪，饺子已是黄河流域的普通面食。

饺子在明代以前，还没有作为春节食品，明中期以后，饺子逐渐成为北方的春节美食。究其原因，一是饺子形如元宝，人们在春节吃饺子，取“招财进宝”之意。二是饺子有馅，便于人们把各种吉祥的东西包进馅里，以寄托人们对新岁的祈望。如包进蜜和糖，希望来年日子甜美；包进枣子，表示来年“早生贵子”。还有故意在个别

饺子里包进一枚“制钱”，谁得到这个饺子，谁就财运亨通。可见，饺子不单是供人们食用的美食，同时也是寄托人们理想与希望的意念之物。此外，还由于春节第一顿饺子必须在旧年最后一天夜里十二时包完，这个时辰也叫“子时”，此时食“饺子”，取“更岁交子”之义，寓意吉利。

春节吃年糕，在我国南方比较盛行。“糕”谐音“高”，过年吃年糕，除了尝新之外，恐怕主要是为了讨个口彩，意取“年年高”。正如清末一首阐发年糕寓意的诗所说：“人心多好高，谐声制食品，义取年胜年，借以祈岁稔……”新年吃年糕之俗，反映了人们对美好生活的向往和追求。在湖北、湖南、江西、海南等地，每年一进腊月，家家户户便开始制作年糕，年糕成为春节重要的食品和礼品。

春节饮食活动的高潮是吃“团圆饭”。在民间，人们对吃团圆饭十分重视，羁旅他乡的游子，除非万不得已，再忙也要赶回家吃顿年饭。

吃团圆饭之俗，至迟在晋代已经开始，《风土记》说：“酒食相邀，称曰‘别岁’”，可见，当时在除夕之夜，要举办丰盛的筵宴，辞旧迎新。所谓年饭，顾名思义，它是一年中最丰盛的一顿饭，其准备之充分、物料之丰富、菜肴之精美，是平常饮食无法相比的。其次，年饭安排在除夕这样一个新旧年更替的特定时刻，它关系到来年的生活好坏，因此，无论是菜品的安排，还是人们进餐的言谈举止，都必须特别讲究。比如在菜肴安排上，菜肴数量要成双，不能出现单数，最好是能包含一定寓意的数字，如十道菜，取“十全十美”之意，十二道菜，取“月月乐”之义，十八道菜，取“要得发，不离八”的吉祥俚语。筵宴菜肴的内容在不同地区各不相同。江汉平原地区，除夕年夜饭必有一道全鱼，谓之“年鱼”，意取“年年有余”。年鱼一般是不能吃的，虽然个别地方可以吃，但鱼头、鱼尾不能吃，谓之“有头有尾”，来年做事有始有终。圆子菜在许多地方的年宴上是少不了的，因“圆子”正好合“团圆”之意，所以，鱼圆、肉圆或藕圆便成宴席上的必备菜。在广东、香港等地，年宴上发菜是颇受人们欢迎的菜肴，因发菜谐音“发财”，于是精于经商的广东人、香港人，总要在年宴上吃一些发菜，希望来年能发财。总之，年宴上一般要有一至两道包含吉祥寓意的菜肴，以此表达人们对未来生活的美好祝愿。

2. 元宵节食俗

元宵，是岁首的第一个月圆之夜。“一年明月打头圆”，所以，古时人们称其为“上元”。上元之夜也叫元夕、元夜、元宵，所以元宵节也称作“上元节”。

元宵佳节，家家户户都要煮食元宵。过去有“上灯元宵落灯面”之说。元宵也叫圆子、团子。因煮熟后浮在汤面上，故又称“汤圆”“浮圆子”。吃元宵是取“团”和“圆”之音，寓意团团圆圆。

元宵节食元宵这一习俗，是从宋代开始的。古时元宵节除吃元宵之外，还有吃豆粥、科斗羹、蚕丝饭等的习俗。

我国不同地区，元宵节饮食习俗不尽相同，各有千秋。上海、江苏一些农村，元宵节吃“荠菜圆”，陕西人元宵节有吃“元宵菜”的习俗，即在面汤里放各种蔬菜和水果。河南洛阳、灵宝一带，元宵节要吃枣糕；云南昆明人多吃豆面团；云南峨山

一带，元宵之夜全寨人要聚在一起举办“元宵宴”。吉林朝鲜族地区，元宵节这天要吃“药饭”或“五谷饭”。药饭以江米、蜂蜜为基本原料，掺大枣、栗子、松子等煮成。因药饭原料较贵，不易凑齐，一般以大米、小米、大黄米、糯米、饭豆五种做的“五合饭”代替，意在盼望当年五谷丰登。

3. 清明节食俗

4月5日（有时为4日）是中国传统的清明节。清明一词有“物至此时，皆以洁齐而清明矣”之意。每到清明，春光明媚，布谷声声，神州大地到处是一派欣欣向荣、生机勃勃的景象。

清明食俗是伴随着清明祭祀活动而展开的。是日家家要准备丰盛的食品前往本家祖坟上祭奠，祭祀完毕，所有上坟的人围坐在坟场附近食用各种食品。在江南水乡，尤其是江浙一带，每逢清明时节，老百姓总要做一种清明团子，用它上坟祭祖、馈送亲友或留下自己吃。

4. 端午节食俗

农历五月初五，是中国传统的端午节。“端”为开始，一个月中的第一个五日称为“端五”。五月初五，二五相重，也称“重五”。又因我国习惯把农历五月称作“午月”，所以又把端五称为“端午”。

端午节吃粽子是最有代表性的节令食俗。魏晋《风土记》载：“仲夏端五，烹鹜进筒粽，一名角黍。”可见早在一千多年以前就有了粽子。至唐代，食粽之风已很盛行。端午食粽的来由，有多种说法。但民间最普遍的说法还是与纪念战国时期楚国的爱国诗人屈原有关。

粽子，又名角黍，其风味、形状、大小等各地不尽相同。北方以北京的江米小枣粽子为最佳；南方则以苏、杭一带的豆沙、火腿粽子闻名。其形制有的呈三角形、四角形，比馒头还小；有的呈长条形，足有一尺多长。

端午节除吃粽子之外，各地应节食品种类颇多。江西萍乡一带，端午节必吃包子和蒸蒜；山东泰安一带要吃薄饼卷鸡蛋；河南汲县一带吃粽子和油果；东北一些地方节日早晨由长者将煮熟的热鸡蛋放在小孩肚皮上滚一滚，而后去壳给小孩吃下，据说这样可以免除日后肚疼；江南水乡的孩子们胸前都要挂一个用网袋装着的咸鸡蛋或咸鸭蛋；福建晋江地区，每逢端午节有“煎堆补天”的风俗。

在我国许多地方，流行有端午节食“五黄”的习俗。这“五黄”是指：雄黄酒、黄鱼、黄瓜、咸蛋黄和黄鳝（有的地方也指黄豆）。现代，饮雄黄酒之俗逐渐消亡。

5. 中秋节食俗

民间另一隆重的“节”是中秋节。农历八月十五日，秋已过半，是为中秋节。中秋时分，五谷杂粮相继成熟，因此中秋节是庆丰收的节日；中秋节之夜月亮最圆，因此中秋节又叫团圆节。中秋赏月，思亲会友，借景抒情，成为中国民间风雅之举，开心之事。古往今来，莫不如此。明月下，清辉中，诗人的感情潮水特别汹涌。唐代李白月下独酌时“举杯邀明月，对影成三人”；出门在外时“举头望明月，低头思故乡”。宋代苏轼在月下“把酒问青天”“但愿人长久，千里共婵娟”。这些优美的诗句，不仅在中国文学史上成为千古绝唱，而且也说明我国早在唐宋时就有赏月的习俗。

中秋节的特色食品，主要是月饼。此外还有应时瓜果、桂花酒等。这些食品成为中秋节特有情调的一部分。

月饼是一种形如圆月，内含佳馅的面点。与一般饼不同，月饼的面上，通常印有嫦娥奔月、白兔捣药等美好神话或花好月圆、年丰人寿为内容的纹饰图案。

但是，吃月饼和送月饼，并非自古以来就与中秋节有关。初唐时，原来农历八月只有初一是节日，而无十五这个节日。相传，后来唐明皇曾于八月十五夜游月宫，这样民间才把八月十五这天作为中秋节。到了中唐，人们开始在八月十五之夜登楼观月，而当时还没有月饼出现。

月饼的制作技术，在明代已达到很高的水平，在当时一些月饼的饼面上，已出现“月中蟾兔”之类的装饰图案。其设计之精良，构图之美妙，花纹之灵细，使人获得一种艺术享受，既充分体现了月饼制作者的匠心独运，也反映了我们伟大中华民族的灿烂文化。

元朝末年，月饼已成为家家户户中秋节必备的节日食品。相传元朝末年，人们为反抗统治者的奴役，利用中秋节家家皆食月饼的机会，将写有起义的纸条夹在月饼馅中，约好在中秋之夜，家家户户动手消灭元朝统治者。

月饼作为节令食品，代代沿袭，发展至今，品种更加繁多，风味也因地而异。在诸多品种、风味的月饼中，京式、苏式、广式和潮式四种月饼名气较大。京式月饼多施素油、素馅，多为硬皮。苏式月饼则多为酥皮，油多糖重，层酥相叠。广式月饼多为提浆，重糖轻油，多以豆蓉、柳蓉、五仁等为馅。潮式月饼重油重糖，馅心类似广式月饼。

4.1.4　礼仪食俗

“礼仪”在这里有两层含义：一是指礼仪规范，二是指人生礼仪。

礼仪规范简称为“礼”，它是我国数千年历史的核心，具有我国一切文化现象的特征。礼的中心内容和基本原则，是充分承认存在于社会各个阶层的亲疏、尊卑、长幼有别的合理性。礼要求每个人都严格地遵循由自身的社会地位决定的规范，包括饮食规范，亦即饮食之礼。

人生礼仪是指人在一生中几个重要环节上所经过的具有一定仪式行为的过程，包括诞生礼、成年礼、婚礼和葬礼。此外，生日庆贺活动和祝寿仪式也属人生礼仪的范畴。人生礼仪中的饮食活动，即为礼仪食俗。

1. 生育食俗

生育是人类繁衍后代的手段。人们在长期的生育实践活动中，因信仰、认识的不同，产生了种种生育习俗，在这些纷繁的生育习俗事象里，有不少饮食活动的内容。生育礼仪活动中的饮食习俗，是饮食民俗的一个重要组成部分，我们透过生育礼仪食俗，可以窥见中国饮食民俗之丰富多彩，中国饮食文化之辉煌灿烂。

（1）求子食俗。

求子食俗由来已久，《诗经·周南》中有一首《芣苢》，歌谣中反复咏唱车前子，是因为她们采到了可以促孕的车前子。可见，早在先秦时期，人们就已经知道用某种食物促孕求子了。

民间各地，有许多以吃某一食物来促孕祈子的习俗。贵州一带，死了人时，要在死者近旁盛饭一碗，谓之“倒头饭”。据说不孕的妇女如果吃了这饭，即可望怀孕。有的地方，孕妇临盆后，要敬供“送子娘娘”“催生娘娘”各一碗饭，民间谓之“娘娘饭”，传说不孕者吃了这碗饭即可怀孕。我国民间，许多地方把蛋视为灵验的促孕食品，认为某些具有特殊意义的蛋，具有奇特的促孕功能。山东黄县，每逢正月初一，长期不孕的妇女都要藏在门后吃一个煮鸡蛋，以求怀孕。在江南一带，小孩出生后第三天，父母必须以煮熟的鸡蛋一个在其身上滚过，俗称此蛋为“三朝蛋”，当地人认为，不孕者吃了此蛋即可怀孕。在长江中下游地区，嫁女儿的嫁妆里有一个朱漆“子孙桶”，桶里要放上若干个煮熟染红的喜蛋。嫁妆送到男家后，男家亲友中如有不生育的女人，便会向主人讨子孙桶里的喜蛋吃，据说吃了这种蛋很快就会有喜。除吃蛋外，民间还有吃瓜求子的习俗。鸡蛋、南瓜、莴苣、子母芋头、枣、栗子、花生、桂圆、莲子、石榴、葫芦等常作为求子之用。

有些地区还有意不将食物煮熟，以示“生”，如满族人的新婚之夜，新娘要吃煮得半生不熟的“子孙饽饽”，当闹新房的人们问新娘饽饽“生不生”时，新娘自然会脱口说“生”。在山东滕州，有些老太太盼望早抱孙子，便在除夕之夜煮一个溏心鸡蛋给媳妇吃，讨媳妇口中吐一个“生”字。

（2）怀孕时的食俗。

妇人怀孕，民间俗称“有喜”，被认为是家庭中的一件大事。一般家庭，都强调给孕妇增加营养。一些地区忌食部分食物，如认为孕妇不可吃兔肉，以免胎儿破相，生豁唇；不可吃生姜，以免胎儿生六个指头；有些地区不许孕妇吃狗肉、骆驼肉、葡萄等。有的根据孕妇的饮食嗜好判断生男与生女，民间有“酸男辣女”之说。当然，许多饮食禁忌并无科学根据。中国更有注重胎教的优良传统，如要求孕妇行正坐端，多听美言，不生杂秽之念，不动气，不出秽语，有的还令人诵读诗书、陈以礼乐。

（3）诞生后的食俗。

妇女生育之后，随着婴儿的呱呱坠地，一系列的诞生礼仪便正式开始了。这些礼仪大都含有为孩子祝福的意义。民间流行的生育礼仪最常见的有“三朝”“满月”“抓周”等，产妇的饮食也有一番讲究。

孩子出生后，女婿要到岳父岳母家“报喜”。因地域不同，具体做法稍异。湘西一带，小孩出世后，女婿要备上两斤酒、两斤肉、两斤糖、一只鸡到岳母家报喜，送公鸡表示生男孩，母鸡表示生女孩，双鸡表示双胞胎。安徽淮北地区女婿去岳家时，要带煮熟的红鸡蛋，生男，蛋为单数；生女，蛋为双数。

产妇的娘家则要送红鸡蛋、十全果、粥米等。送粥米也称送祝米、送米、送汤米。礼品中多有米，故名。有的还要送红糖、母鸡、挂面、婴儿衣被等。婴儿出生三

天，要“洗三朝”。洗三朝也称三朝、洗三。唐代即已盛行。是日，家人采集槐枝、艾叶、草药煮水，并请有经验的接生婆为婴儿洗身，唱祝词。洗毕，以姜片、艾团擦关节，用葱打三下，取聪明伶俐之意。在浙江，民间浴儿时，还配以草药炙婴儿肚脐；在山东，产儿家要煮面送邻里，谓之“喜面”；在安徽江淮地区，则要向邻里分送红鸡蛋；在湖南蓝山，要用糯糟或油茶招待客人。

婴儿诞生后，民间要举行一种别开生面的“开奶”仪式。所谓开奶，即第一次给婴儿喂奶。正因为是第一次，所以也格外讲究。民间认为，首次给孩子喂奶，宜喂别家妇女的奶，如果是男孩，则要吃生女孩妇女的奶；如果是女孩，则要吃生男孩妇女的奶。说是这样做，下一胎便可以换胎生。

开奶仪式各地也不尽相同。苏北民间的“开奶”仪式颇为特殊。其做法是：母亲把奶汁挤在汤匙里，再在奶水里挤上两三滴用香墨磨成的墨汁，给婴儿喂下去，这样做是希望孩子以后有文才。上海崇明地区的开奶习俗也很有特色。当地给婴儿开奶第一次喝的是黄连。东家请来一位能说会道的妇女把黄连汤蘸儿滴于婴儿嘴上，边蘸边说道：“乖乖吃得黄连汤，来日天天吃蜜糖。”然后把肥肉、状元糕、酒、糖、鱼等食品分别做成汤水，用手指蘸些涂在婴儿唇上，并随口唱道：“吃了肉，长得胖；吃了糕，长得高；吃了酒，福禄寿；吃了糖，日后生活似蜜甜；吃了鱼，日日有富余。”最后让婴儿尝一口从其他妇女那里讨来的乳汁，开奶仪式就算结束。

2. 婚姻食俗

我国各地民间婚俗，都离不开饮食活动的内容，从恋爱相亲到赠送聘礼，从姑娘出嫁到催妆迎亲，从举办婚礼到三朝回门，“吃”贯穿婚嫁过程的始终。

婚嫁食俗在具体表现形式上具有隆重、吉祥的显著特点。婚嫁是人生大事，不隆重无以表达人们的喜悦之情，故大凡婚宴，都具有喜庆、热闹、隆重的特点。

婚嫁又是人生的新起点和里程碑，它预示着一种崭新生活的开始，因此显得特别重要。既然是人生大事，人们当然希望有一个好的开端，因此，人们往往在婚嫁饮食活动中，通过多种表达方式（如食物、口彩等）来表达吉祥的心愿，寓示美好的未来。

(1) 出阁食俗。

姑娘出嫁称为“出阁”。按照我国传统思想，结婚是为了生儿育女、传宗接代，因此各地的婚嫁活动大多包含有“早生子、多生子”的意义，嫁妆中的食品多含此意。

陕西一些地方，姑娘出阁时，要在陪嫁的棉被四角包上四样东西——枣子、花生、桂圆和瓜子，名义上是给新娘夜间饿了便于取食，实际上是借这四种食品的名字的组合谐音，取意早（枣）生（花生）贵（桂圆）子（瓜子）。鄂东南地区，姑娘出嫁时，母亲要为女儿准备几升熟豆子（常用黄豆和芝麻炒制而成），装在陪嫁的瓷坛中，新婚翌日用来招待上门贺喜的亲朋。在当地，“豆”与“都”同音，“豆子”有“所生都是儿子”之意。

在我国各地，鸡蛋是嫁妆中常见的一种食品。鸡蛋有的地方也叫鸡子，江浙一带，嫁妆中有一种“子孙桶”，桶中要盛放喜蛋一枚、喜果一包，送到男方家后由主婚太太取出，当地人称此举为“送子”。嫁妆的两只痰盂里分别放有一把筷子和五个染红

的鸡蛋，寓意“快（筷子）生子（蛋）”。

岭南地区，嫁妆中少不了要放几枚石榴，因石榴多籽，用石榴，自然是取其“多子多孙”之义。

女子出阁，民间还有“饿嫁”之俗。姑娘于嫁前要断食一昼夜，到婚后第二天早晨才能吃饭。清代有一首诗：“翠绕珠围楚楚腰，伴娘扶腋不胜娇。新人底事容消瘦，问道停餐已数朝。”就是这种饿嫁习俗的形象描绘。新人为什么要饿嫁呢？分析起来可能有这样几个原因：一是为了表示离开娘家的悲伤；二是为了体态窈窕；三是婚礼期间，新娘不能随便离开，不吃饭，也就不用去“方便”了。

与饿嫁相反，许多地方，姑娘嫁前有吃“别亲饭”“辞家宴”的习俗。江浙一带，姑娘出嫁前一天晚上，父母要为女儿准备一桌丰盛的酒席，俗称“辞家宴”。届时红椅披垫，花烛齐燃，佳肴满案。嫁女坐在首席位置上，平辈及后辈子女陪宴。就座之后，母亲要为女儿斟酒，并对女儿进行训诫，其词多为教导女儿到婆家做人的道理。训诫完，女儿接过酒一饮而尽，并感谢母亲的养育之恩。

旧时民间娶亲多用轿子，新娘上轿前要行一系列的礼仪，其中也不乏饮食礼仪。

浙江一些地方，新娘上轿前，要换上男方准备的小衫裤，然后立在蒸桶上。女家事先准备好十二个红鸡蛋，鱼、肉、糖、盐、炭、鸡肉各两包，还有米三升三合，将这些东西从新娘上身裤腰里一一放下去，由裤脚拿出来，喜娘在一旁念念有词：“将来生儿生女如鸡下蛋快。”新娘吃过“辞母饭”，还要在嘴里留一颗肉圆子，不能吞下，直到花轿抬到男家时才能吃下。

（2）婚宴食俗。

婚宴也称“吃喜酒”，是婚礼期间为贺喜宾朋举办的一种隆重的筵席。如果说婚礼把整个婚嫁活动推向高潮的话，那么婚宴则是高潮的顶峰。

我国民间非常重视婚礼喜酒，把办喜酒作为婚礼活动中一个重要甚至唯一的内容。旧时结婚可以不要结婚证，但不可不办酒席，婚宴成了男女正式成婚的一种证明和标志。即使现在，这种旧俗依然存在。在一些地区，婚宴大于证书，积习大于法律。

婚宴一般在新郎、新娘拜堂仪式完毕后举行。如果宾客较多，则分两天举办。第一天迎亲日，名为“喜酌”，第二天名为“梅酌”。喜酌的赴宴者都是三亲六戚，梅酌的赴宴者皆为亲朋好友。之所以叫梅酌，因为古时婚礼，宾客来贺，需献上一杯放有青梅的酒，因此酬谢宾客的喜酒也就叫梅酌。

民间婚宴，礼仪烦琐而讲究，从入席到安座，从开席到上菜，从菜品组成到进餐礼节，乃至席桌的布置、菜品的摆放等，各地都有一整套规矩。

“香菇上桌，新娘敬酒”，是浙江丽水（古称处州）婚宴中特有的习俗。此俗与香菇有关，因为香菇是“无芽、无叶、无花，自身结果；可食、可药、可补，周身是宝”的皇家贡品，而香菇又是丽水的皇封特产，因而民间把香菇视为“皇封圣品”“菜中之王”，倍加珍爱。在“新娘为大”的隆重婚宴上，把香菇列为筵席“主菜中的主菜”，在新娘未敬酒前，其他菜可以随意吃，而香菇不能触动，否则，有失礼貌。

在浙江诸暨的婚宴上，有一道特殊的菜——豆腐。诸暨人对豆腐的喜爱，简直到

了令人费解的地步：婚宴上的第一道菜不是开心果、海蜇头之类的冷盘，而是一大碗热气腾腾的煎豆腐。在浙江其他地方，只有丧宴才吃豆腐；所谓“豆腐饭”，就是丧宴的代名词。婚宴上吃豆腐，实在少见，如果是在别的地方，客人是要摔家伙起哄的。但诸暨是个例外。诸暨人吃豆腐，不分喜事丧事，过年过节更是大吃特吃。诸暨农家过年，猪可以不宰，年糕可以不轧，而这豆腐却不能不做。诸暨人常以豆腐的口味来评论一个主妇的烹调技术，一些相亲的小伙子也往往从这碗煎豆腐中吃出姑娘过日子的本领来。煎豆腐之所以能从众多的菜肴中脱颖而出登诸暨宴席的大雅之堂，是有其很科学的道理的。客人入席，大多空了肚皮，空肚喝酒易醉易伤胃。好客的诸暨人便用三海碗点心作先导，主要是猪肝面、牛血粉丝和煎豆腐。因此，婚宴上吃豆腐，不是厨师忙昏了头，也不是主人家有意触人霉头，而是诸暨地方婚姻食俗的独特之处。

（3）洞房食俗。

新郎新娘拜堂后，进入洞房喝“交杯酒”。在绍兴，喝交杯酒的程序是：由喜婆先给一对新人各喂七颗小汤团；然后由喜婆端两杯酒，新郎新娘各呷一口，交换杯子后各呷一口；最后，两杯酒混合后再一分为二，让两位新人呷完。喝完交杯酒，新娘还要吃生瓜子和染成红红绿绿的生花生，寓早生贵子之意。在婚床的床头，预先放了一对红纸包好的酥饼，就寝前，由新郎新娘分食，表示夫妻和睦相爱。在金华，新郎新娘就寝前要吃由喜婆送上的蛋煮糖茶（俗称“子茶”），寓生子之意。

我国北方地区，饮交杯酒仪式完毕后，紧接着便是吃“子孙饽饽”。新郎、新娘各夹一个由女家包制、在男家蒸煮的半生半熟的饺子吃。这种半生半熟的饺子就叫“子孙饽饽”。当新娘吃饺子的时候，要让一个男孩在一旁问：“生不生?”新娘满脸涨红，羞羞答答地说：“生。”由此可见当地人求子心切。

各种仪式完毕后，便是小伙子闹洞房的时候了。闹洞房的方式多种多样，其中也不乏饮食的内容。譬如，有的小伙子取来一个圆圆的苹果，用红线把苹果的一端系上，然后要新婚夫妇张嘴把苹果吃掉。还有的将筷子头上插一个肉圆，要新郎、新娘同时张嘴去吃。更有甚者，将一颗糖放在新郎的嘴边，再叫新娘张嘴伸舌去吃这颗糖。其实这些都是变相地要新婚夫妇公开接吻。

3. 寿庆食俗

生日即人的诞辰，做生日就是庆祝诞辰的活动。生日庆祝免不了吃喝，长期以来，我国的生日庆祝形成了相对固定的传统和习惯，它也成为中国饮食文化的组成部分之一。

当一个婴孩分离母体时，地球上多了一个生命，家族增加了一位成员，生日确实是欢欣鼓舞的时刻。但是，母亲分娩时必须忍受巨大的疼痛，在医学不发达的古代，母亲还可能为之献出生命，所以古代把孩子的生日当作“母难日”，生日不仅不搞庆祝活动，有时还进行“母难”纪念。据《隋书·高祖纪》中记载，六月三日是隋文帝杨坚的生日，他下令天下在他母亲元明皇后的“母难日”这天禁止屠杀一切牲口和家禽。

大概到唐代才开始出现生日庆祝活动。按古代风俗，小孩初生时只用乳名（即奶

名），到小孩周岁时才由父亲或祖父（不识字者则请他人帮忙）给小孩取名。这种仪礼主要借以表明儿童已脱离婴孩的难养阶段，并已正式成为家庭和家族中的一员。周岁取名须邀请家族成员和亲朋好友到场，主人一般以“汤饼”宴客，所以小孩的周岁生日就被称作“汤饼筵”或“汤饼会”。宋代以后生日庆祝蔚然成风，汤饼又成为生日宴客的必备食品。今天，我们生日中以面条相馈称之“生日面”或“长寿面”，即古代汤饼宴客之延续。

古代，男子二十岁生日被视为大生日。按旧制“女子十五及笄，男子二十而冠”，意即女子十五岁、男子十六岁已是成年人了，这一天男子须行“冠礼”，标志男子已成为家族的成年者，这一天也必须大摆酒席，宴请宾客，以示庆贺。

人们把一般的诞辰称为“生日”，又把特别的生日称为“寿辰”，这时的庆祝则称为“做寿”。如三十（四十、五十……）岁生日可以称为“寿辰”或“寿诞”。做寿的规格超过一般生日规格。

献寿的食品也有传统的约定，最普遍的要数“寿桃”和“定胜糕”了。

桃树是我国种植最普遍而又最神秘的植物，传说度朔山的桃树上住着叫神荼和郁垒的兄弟二人，他们能“日啖百鬼”，所以民间用桃木制成桃印挂在门上以驱鬼，这种桃印就演变为现在的门符和门联，桃木辟邪在我国至少已有几千年的历史。宋代以后民间又出现西王母吃桃而长寿的传说故事，可见祝寿献桃实际上包含二层意义，即辟邪和祝贺长寿。以前在摘桃子季节献寿是用新鲜桃子的，新鲜桃子受季节和地区的限制，于是又产生了用粉面制作的寿桃。直至今天，献寿用“寿桃”仍是普遍流行的风俗。

定胜糕是一种用米粉制作的糕点食品。中国称为“定胜”的物品甚多，如春节时长辈分赐给小孩的果盘称为“定胜盘”，现在仍盛传的压岁钱旧时也称为“定胜钱”。实际上“定胜”是古代方胜辟邪之变，方胜就是一种以两个菱形组成的图案（现在它还是中国传统的主要图案），以前是道士的重要驱魔镇妖法器，所以过去的定胜糕都为两个菱形，献定胜糕祝寿的风俗意义也在于辟邪，当然，“糕”音谐“高”，因此，定胜糕又含有“祝贺高寿”之义了。近代以后定胜糕的形制发生变化，一般两头制成“如意”形，故而馈赠定胜糕又含有“万事如意”的含义了。

我国的特殊生日还有特殊的饮食风俗。民间谚语有“三十三，乱刀斩”之说，意即人在三十三岁那一年是厄运之年，行动语言稍有不慎将有灭顶之灾，于是在三十三岁生日时，必购大肉一方，由家人以刀乱斩，这肉即生日者的替身，替身已经乱刀斩，真身即可消灾免祸了。

寿宴菜品多扣“九”“八”，如“九九寿席”“八仙菜”。除上述面点外，还有白果、松子、红枣汤等。菜名讲究，如“八仙过海”“三星聚会”“福如东海”“白云青松”。鱼菜少上，不上西瓜盅、冬瓜盅、爆腰花等。长江下游一些地区，逢父或母66岁生日，出嫁的女儿要为之祝寿，并将猪腿肉切成66小块，形如豆瓣，俗称“豆瓣肉”，红烧后，盖在一碗大米饭上，连同一双筷子一并置于篮内，盖上红布，送给父（或母）品尝，以示祝寿。肉块多，寓意老人长寿。青海河湟等地流行“八仙菜”。

一般为全鸡、韭菜爆肉、八宝米合以糖枣、莲藕炒肉、笋子炒肉、葛仙汤、馄饨、长寿面等。八仙菜并无固定成例，因地因人而异，但均有象征寓意。

4. 丧事食俗

人们在举行丧葬仪式时，也有其特定的食俗。《西石城风俗志》载："（葬毕）为食用鱼肉，以食役人及诸执事，俗名曰'回扛饭'。"这是流行于江苏南部地区的旧时汉族丧葬风俗。安葬结束后，丧家要置办酒席感谢役人与执事。

汉族民间的一般俗规，是送葬归来后共进一餐。这一餐，大多数地方叫"豆腐饭"。根据儒家的孝道，当父亲或母亲去世后，子女要服丧。服丧期间以素食表示孝道，据说这是中国民间"豆腐饭"的由来。后来席间也有荤菜，如今已是大鱼大肉了，但人们仍称之为"豆腐饭"。

江苏南部流行"泡饭"之俗，即在抬出灵柩日的一种接待宾客的活动。《西石城风俗志》记载："出柩之日，具饭待宾，和豌豆煮之，名曰'泡饭'；素菜十一大碗、十三大碗不等……"

丧葬仪式中的饮食，主要是感谢前来奔丧的宾客。这些宾客中，有些人协助丧家办理丧事，非常辛劳。丧家以饮食款待之，一是表达谢意，二是希望丧事办得让各方面满意。至于丧家成员的饮食，因悲伤，往往很简单。陕西安康等地有"提汤"之俗。丧主因过度悲伤，不思饮食，也无心做饭。此时，亲友邻里便纷纷送来各种熟食，即劝慰主人进食，也用以待客，谓之"提汤"。

4.1.5 宗教食俗

在中华文化漫长的发展历程中，吸纳过多种来源于异国他邦的宗教。在它们当中，尤以来源于南亚次大陆的佛教和中国本土生长的道教对于中华文化的影响最为深远。

佛道不仅包含着深刻的哲理思辨、人生理想、伦理道德、艺术形式，就连人们日常生活中一天也离不开的饮食，也留下了佛道信仰的深深印迹。事实上，在世界各民族的历史上，成熟宗教的出现，无不给该民族的社会生活带来巨大的影响。

1. 佛教食俗

经过一千多年的发展，佛教寺院中的饮食已成为一种独特的文化现象，它所制作的素菜、素食、素席都闻名于世，这些素食常以用料与烹制考究，做工精细，菜肴的色、香、味、形独特和别具风味，深受民众的喜爱和赞赏。

谈到佛教寺院中的饮食生活，人们都会联想到素菜。素菜是中国传统饮食文化中的一大流派，悠久的历史使它很早就成为中国菜的一个重要组成部分，特殊的用料、精湛的技艺，使其绚丽多姿；清鲜的风味、丰富的营养，使它在中国菜中独树一帜。

早在东汉初年佛教传入中国之前，素菜就已出现，并得到了一定程度的发展。不过，随着佛教的传入，素菜开始在寺院中流行起来，并不断有所改进，促进了素菜制作日趋精湛和食素的普及。

早期佛教传入时，其戒律中并没有不许吃肉这一条。到了魏晋南北朝时，佛教盛行。这时，中国汉族僧人主要信奉大乘佛教，而大乘佛教经典中有反对食肉、反对饮酒、反吃五辛（葱、薤、韭、蒜、兴蕖）的条文。南朝梁武帝萧衍，以帝王之尊，崇奉佛教，素食终生，为天下倡。所以，赵朴初先生说："从历史来看，汉族佛教吃素的风习，是由梁武帝的提倡而普遍起来的。"

吃素经过梁武帝提倡以后，素菜在佛寺中得到了迅速的发展，其制作也日益精美。据《梁书·贺琛传》载，当时建业寺中的一个僧厨，对素馔特别精通，掌握了"变一瓜为数十种，食一菜为数十味"的技艺。由于佛寺中不断出现这种技艺高超的僧厨，这就给佛寺素食的发展，起到了推波助澜的作用。此后，佛寺素菜经过历代僧厨的不断改进和提高，不仅素菜品种增多，技艺也逐步完善，成为素菜中的一个主流。

佛寺僧人用膳一般都在斋堂进行，吃饭时以击磬或击钟来召集僧徒。钟声响后，从方丈到小沙弥，齐集斋堂用膳。佛寺饮食为分食制，吃同样的饭菜，每人一份。只有病号或特别事务者可以另开小灶。每天早斋和午斋前，都要念诵二时临斋仪，以所食供养诸佛菩萨，为施主回报，为众生发愿，然后方可进食。

佛寺僧人一般早餐食粥，时间是晨光初露、以能看见掌中之纹时为准。午餐大多食饭，时间为正午之前。晚餐即药食，大多为粥。本来药食要取回自己房内吃，但由于大家都吃，所以也在斋堂就餐。

在佛教戒律中，和素食一起奉行的还有一种"过午不食"的规定，即午后不吃食物。只有病号可以过午以后加一餐，称为"药食"。但中国汉族僧人从古时起就有耕种的习惯，由于劳动，消耗体力较大，晚上不吃不行，所以在多数寺庙中开了过午不食的戒，不过名称仍为药食。

2. 道教食俗

佛教是外来的，而道教却是中国土生土长的。史学界和道教界一般都认为道教形成于东汉顺帝（126—144）时期。道教以追求长生为主要宗旨，因此，它在饮食上有自己的一套信仰，其主要表现在以下两个方面。

（1）少食辟谷。

道教主张少食，进而达到辟谷的境地。所谓辟谷，亦称断谷、绝谷、休粮、却粒等。谷在这里是谷物蔬菜类食物的简称，辟谷即不进食物。

辟谷之术，由来已久。据说辟谷术源于赤松子，赤松子是神农时的雨师，传说中的仙人。道教为什么要回避谷物呢？这是因为道教认为，人体中有三虫，亦名三尸。《中山玉匮经·服气消三虫诀·说三尸》中认为，三尸常居人脾，是欲望产生的根源，是毒害人体的邪魔。三尸在人体中是靠谷气生存的，如果人不食五谷，断其谷气，那么，三尸在人体中就不能生存了，人体内也就消灭了邪魔，所以，要益寿长生，便必须辟谷。

辟谷者虽不食五谷，却也不是完全食气，而是以其他食物代替谷物，这些食物主要有大枣、茯苓、巨胜（芝麻）、蜂蜜、石芝、木芝、草芝、肉芝、菌芝等，即服饵。从现代营养学的观点看，要使身体健康，就得注重营养，不能使饮食单调，只吃某

一类食物。道教排斥谷物蔬菜，饮食单一。这只能起到摧残人体的作用，所以，辟谷术不值得提倡。

（2）拒食荤腥。

道教主张人体应保持清新洁净，认为人禀天地之气而生，气存人存，而谷物、荤腥等都会破坏气的清新洁净。道教把食物分为三六九等，认为最能败清净之气的是荤腥及“五辛”，所以尤忌食肉鱼荤腥与葱蒜韭等辛辣刺激的食物，主张“不可多食生菜鲜肥之物，令人气强，难以禁闭”。

古代道教的信仰饮食习俗，既有一定的科学内容，如主张节食、淡味、素食，反对暴食、厚味、荤食等，但也有许多迷信和无知的糟粕，这些精华与糟粕在道教追求长生的目的下得到了统一，并对后世产生了较大的影响。明清时，许多道教信徒就是遵循这种饮食规则。

3. 基督教食俗

基督教是信奉基督耶稣为救世主的各教派的统称，包括天主教、东正教、新教以及一些其他较小的教派。基督教曾分别于唐初（7世纪）、元代（13世纪）传入中国，后皆中断。天主教曾于元代一度传入，后又于明末（16世纪）传入，新教于清代传入中国。至中华人民共和国成立前夕，中国约有天主教徒300万人，新教徒70万人。1945—1951年，外国传教士从中国内地撤走，中国天主教与新教走上了自治、自养、自传之路。

基督教徒的饮食平时与常人一样，没有特别的讲究。《圣经》强调人们应当“勿虑衣食”，不要为衣食所累，并且反对荒宴和酗酒；认为上帝最悦纳的祭祀是爱，而不是别的（如食物）。《圣经》中也提到要为食物而劳力，但这种食物指的是“永生的食物”，是耶稣，而不是“必坏的食物”（即果腹之食物）。做弥撒时，由神父将一种无酵面饼和葡萄酒“祝圣”后，称它们已变成耶稣的“圣体”和“圣血”，并进行分食。教徒参加仪式，叫“望弥撒”。基督教徒每星期五“行小斋”，减食，不吃肉；在“受难节”和“圣诞节”前一日“守大斋”，只吃一顿饱饭。饭前要祈祷，感谢天主的恩赐。

4.1.6 少数民族食俗

千百年来各少数民族也形成了各具特色的饮食民俗。

朝鲜族　朝鲜族人的饮食分为家常便饭和特制饮食两大类。便饭类主要有米饭、汤、菜等；而特制饮食有打糕、糖果、冷面等。由于他们生活在海滨和多山的地区，就可吃到独特的“山珍海味”，有山菜、山果、山药、山兽及山禽等“山珍”，还有鱼贝类、海菜、紫菜等“海味”。朝鲜族人还喜欢吃的肉类有牛肉、鸡肉、海鱼等，不喜欢吃羊、鸭、鹅以及油腻的食物。他们还有家家酿酒的习俗，主要有米酒、清酒、浊酒。朝鲜族人的就餐方式是以炕为席而食。

满族　满族人的主食是小米，更喜欢吃黏食，春季吃豆面饽饽，夏天是苏子叶饽饽，秋季做黏糕饽饽。他们还喜吃发酵后的玉米面做成的带酸味的面条，猪肉和酸菜

下粉条，白肉血汤等，并且以煮为主。满族的点心种类繁多，其中“萨其玛”是人们最喜欢吃的，也是流行最广的一种；另外，满族人普遍有吸烟、饮酒的习俗，当然包括妇女在内。过去曾有“十七八的姑娘叼个大烟袋”的说法。

回族 回族人多信奉伊斯兰教，他们的饮食受此宗教的影响，以食牛羊肉为主，禁食《古兰经》中规定不洁的食物，也不饮酒。在煮饭时，回族人喜欢加入剁成小块的牛羊肉、萝卜块、土豆块、调料等合煮成熬饭；他们还爱吃油炸豆腐、打卤面、羊肉水饺、粉汤、羊油糖包等。特色风味食品有涮羊肉和用牛羊的头、蹄加调料煮成的杂碎汤。在伊斯兰教历 10 月 1 日的开斋节（中国新疆地区又称肉孜节）期间，回族人家家杀鸡宰羊，并备办炸馓子、油条、水果等食物。

维吾尔族 维吾尔族人以面食为主，喜食肉类，主要是羊、牛、鸭、鱼肉，忌食猪、狗、驴等。他们有喝奶茶、茯茶、红茶的习俗，瓜果、果酱、奶制品（黄油、酸奶、马奶）、糕点等为重要的副食。常见饮食有馕、清炖羊肉、拉面、面片汤、炒面、烤肉等。

俄罗斯族 俄罗斯族人以面食为主，有馅饼、薄饼、大圆面包及蜜糖饼干等。一日三餐中以午餐最为丰富，习惯分三道菜进餐，即一汤、一菜、一甜食，常见食物有黄油、酸黄瓜、鱼、肉等。他们爱喝加糖的红茶，男子多爱喝啤酒和白酒，妇女则多喝带色的酒，如葡萄酒。俄罗斯族人的特产饮料是“格瓦斯”，曾是在 20 世纪 80 年代初流行较广的饮品。

藏族 藏族人的主食以糌粑、肉和奶制品为主，手抓羊肉是主食之一。居住在城里的藏族人除吃糌粑外，还吃大米、白面、各种蔬菜，口味以辣味为主。他们的主要饮料是奶茶、酥油茶和青稞酒。

彝族 彝族的人主食是粑粑，即将玉米、荞麦、小麦磨成粉制成，再用火烧烤而食；还有大米、土豆，他们将燕麦制成炒面；蔬菜主要有各种豆类（黄豆、豌豆、胡豆、四季豆等）、青菜（白菜、南瓜、莴笋等）。肉食主要有牛肉、猪肉、羊肉、鸡肉等，并喜欢切成大块食用；大部分彝族人禁忌食用狗肉、马肉及蛙、蛇之类的肉。另外，他们喜食酸、辣，爱好喝酒。用高粱酿成的“杆杆酒”驰名西南地区。他们的餐具与汉族相同，只不过有些地区仍保留使用木制餐具的习惯。

白族 白族人以大米和小麦为主食，还有玉米、荞麦、薯类、豆类等。一年四季蔬菜、瓜果不断，肉食以猪肉为主，也吃牛羊肉，鲤鱼、鲫鱼和弓鱼也是常见的盘中餐；他们还善于腌制各种肉类，如腊肉、香肠、弓鱼等，口味以酸辣为主，特色菜是“砂锅鱼”，爱吃甩糯米饭加干麦粉发酵变甜的糖饭；喜欢用糯米酿制成甜酒喝，还爱喝烤茶，并配“三道茶”待客。

傣族 傣族人喜欢用糯米做成各种食物，爱吃香竹饭，菜肴以酸辣味为主，有酸菜、酸笋，还有酸鱼、酸辣味的蟹浆。他们还将青苔晒干后用油煎炸而食，香脆可口。

其他还有德昂族、侗族、黎族、土家族、壮族和布朗族，分别介绍如下：德昂族人喜欢喝浓茶，还有嗜好草烟和嚼槟榔的习惯。侗族人嗜好醋酸，俗语“侗不离酸”，有打油茶、吃烧鱼等风味菜肴。黎族人以稻米为主食，有的地区以番薯、玉米为主食，以渔猎所获的猎物、野菜、野果为副食，喜欢腌制菜肴，喜欢饮酒，喜爱嚼槟榔。土家族人喜吃糯米团饭和油炸粑粑；壮族人爱吃五色饭；布依族爱吃鸡肉稀饭。

另外，中国的一些少数民族还有食虫、蚁、鼠等物的习俗，如布朗族人有挖食黑蚁卵和食田鼠、家鼠、竹鼠的习俗，海南黎族人爱吃鼠肉，傣族人爱吃油炸竹用酥油、开水与面粉煮成糊状的“撰仁”，奶子面糊和用酥油加面粉放入油锅中搅成的“哈克斯”，也爱吃羊肉汤泡馕和奶制品。乌孜别克、塔塔尔等族人民以馕为日常主食。乌孜别克还有吃抓饭的民俗。居住于伊犁地区的锡伯族人以大米、面粉为主食，冬闲打野猪、野鸡、野兔、黄羊等，用野味制成佳肴。

西南地区的少数民族都有嗜酒习俗，如独龙族人每年收获的粮食中有近一半用来煮酒，连做菜也用大量的酒；傈僳族人也爱喝酒，常对酒当歌，跳舞助兴；彝族人讲究“有酒便是宴”“饮酒不用菜”的习惯。此外，不同民族的饮茶民俗也不同。中国汉族特有“清饮雅尝”的传统饮茶风俗。藏族同胞“宁可一日无粮，不可一日无茶”，三泡台碗茶是少数民族待客的传统饮料。云南哈尼族人有喝酽茶的民俗，彝族人爱喝烤茶，侗族人爱喝油茶等。

4.1.7　少数民族的食粽风俗

少数民族饮食风俗不是短短几千字可以说得清的，即使用一部专著也不可能完全讲完。我们仅以少数民族食粽风俗为例，来管窥少数民族丰富多彩的饮食习俗。

饮食不仅满足人们的生理需要，同时还满足人们的心理需要和社会需要。人具有社会性和文化性，人们在自己构建的社会环境中生产、生活并开展其他形式的社会活动。随着人们的活动融进了社会这一广阔而复杂的环境中，原先仅仅满足生理需要的饮食活动也自然而然地具有了社会的属性。饮食作为一种文化现象开始在社会生活中逐渐形成并发挥着越来越大的作用，从多个方面满足人们社会的不同需要。不同民族的不同食粽习俗实际上在不同的民族中起着不同的社会功能。各民族在长期的生活活动中对粽子这一特定的食物往往会产生一种特别偏爱的嗜好和兴趣，经过人们的思维活动赋予粽子一定的人性和相应的文化内涵，使得人们心中的各种愿望、情感和爱好能够在特定的条件下得以宣泄和表露出来，以调节人们的情绪和其他心理状态，并满足人们在审美、信仰和对理想目标的追求等精神方面的需要。

1. 祭祀祖先

广西东兰壮族七月十四吃粽节有来历。传说古时候世间没有人类，天地黑沉沉。后来壮人始母乜洛甲从岩洞里生出来并在岩洞里长大，得了风孕生下男女十二人，始有人类。乜洛甲在岩洞出生那天是七月十四，她要后人不忘岩洞恩德，特定这一天为“祭岩日”。因为岩洞多在高山险境，来往不便，乜洛甲就要人背粽子去祭岩，也可在神台上摆粽子，由祖宗代向岩洞送“粽气”。后来壮人便把七月十四定为吃粽节。

畲族以农历五月初五为“盘瓠忠勇王”的神诞。盘瓠的神话流传于畲族和瑶族中。在神话中，高皇张榜说谁获取敌方国王的首级，就把自己的女儿嫁给他。一只名为“盘瓠”的神兽依靠自己的特殊身份和技能叼来了敌国国王的脑袋，最后带走公主。他

们的后代即后来的畲族、瑶族等。这个节日成为他们一年当中第二个大节日，多于厅堂设案祭祖。祭品包括此节日专用的菅粽或横粑粽。

2. 团圆和睦

广西壮族除夕之夜，全家围坐一起吃年粽，表示在新的一年里，全家团结和睦。桂西南靖西县，包完这些粽粑后，按自家血缘亲戚人数多少最后包一个10斤至20斤糯米的大粽粑，当地称大年粽，也称“母粽”，放在大铁锅里煮熟。春节祭祖灵时，大年粽放在供桌中央，四周簇拥着小粽，象征家族团结致富奔小康。正月十五，出嫁的女子回娘家吃一顿大年粽饭。午时三刻，小孩放一串鞭炮，大女儿扶父母入席，按年龄和辈分坐定，老父或老母打开大年粽，用锅铲一节节截开，依辈分大小分给在座的亲人。亲人们吃这大年粽不能剩，这一餐也不吃别的食品。桂西许多县也有包大年粽全家共食的风俗。

事实上，许多民族在年节吃粽子的习俗都有团圆和睦的寓意在里面。

3. 生育繁衍

仫佬族新媳妇尚未落夫家，婆婆派人接儿媳妇第一次过社节，新夫妇第一次过性生活，仫佬族歇后语云：“新媳妇吃社——头一回。”节后转回娘家，婆婆送枕头粽给亲家。出嫁女儿生小孩后，春社前两三天带鸡、猪肉，背着小孩回娘家，过完社节回婆家，外婆送以枕头粽。除粽子有“种子”谐音外，粽子包裹的许多米粒也象征了多子致孕的意思。

广西罗城仫佬族无子夫妇过去常请道师做“添花架桥”求子法事，做法事时专用吊粽。吊粽的做法是：用洗净泡软的竹叶包浸透加盐的糯米，中夹一条禾秆芯，制成底呈三角的立锥形，扎紧煮熟即成。与普通三角粽不同的是吊粽的个儿特别小，只比脚趾稍大一些，除盐外不加其他馅料。做完法事后自家吃。

畲族人家还有做“儿子粽”的习俗。“儿子粽”是在粽子的中心包一个小粽子，专给少妇吃，寓意多生儿子。

4. 爱情婚姻

云南元阳乌河湾河坝的傣族农历五月初五过“粽包节”，吃粽包。粽包是用粽叶、竹叶或包茅草叶把掺拌有花生、腊肉、木姜细条的米或糯米包成三角形、圆柱形或雀鸟形，煮熟，其味美清香。相传，过去有一对傣家青年男女青梅竹马、真心相恋，但双方父母都不同意这门婚事，硬要把他们拆散。这对恋人忧郁成疾，双双死在大龙潭。为了纪念这对追求自由恋爱的青年男女，每年农历五月初五这天，当地傣族要在大龙潭的杧果树下举行粽包节，大吃粽包。

毛南族人过春节时吃“百鸟粽”，这也是有来历的。从前，毛南地方的峒荣有一个老法师，他的独生女会用竹叶编各式各样的鸟，和一个同样手艺出众的后生相好。后生向老法师求婚。除夕那天，老法师要考考后生的本领。他让后生在天黑前把误撒到田里的务银黏谷种全部拣出来，再撒上小米种。姑娘就让编制的百鸟把漫山遍野的谷种拣得一粒不剩，又撒上小米种。老法师见后生有本领，很高兴，同意了他们的婚

事，说：“让我们父女俩吃个团圆饭吧，正月十五那天送女儿出门。”后来，毛南族人就用在春节期间吃粽子来纪念百鸟姑娘的爱情。比起傣族的爱情传说来，这个故事充满了喜剧色彩。

5. 平安幸福

居住在重庆南川区南平镇孝子河两岸青山、罗家山一带的红花苗族食用粽子传说是为了纪念本族一位英雄和神灵的象征——大榕树。传说一株千年榕树是寨民心中之神，每年播种、收获或其他较大仪式，寨民均齐集树下，祈求神灵保佑。青山里住着一个蛇精变成的道士，以法术困住大榕树，并派人偷偷在榕树旁的泉水里下了毒药。山寨里有一个小伙子哈里代，是红花苗寨里最优秀的猎人，力大无穷，有一手好箭法。他带领全寨人，去找道士算账。寨民们举起火把，拿着用粽叶编成的绳子，封住了通往道观的全部山路。寨民们把粽叶绳绕成一个口袋的样子，留下一小口专等道士钻进去。道士变成一头大野猪，自然中了圈套。大伙收紧绳子捆住了野猪再一起用力，道士变的野猪成了肉粽子。他们把野猪切成几大块丢进盐水里浸泡，而后蒸熟了分食。人们又将泡野猪的盐水洒在大榕树身上破了道士的法术。从此以后，苗寨人便用包肉粽子的方法纪念大榕树和哈里代，并祈求生活平安、幸福。

贵州镇宁布依族制作的粽子据说是布依族姑娘楠竹妹发明的。相传在明朝末年，昏庸的皇帝横征暴敛，逼得百姓纷纷起来造反。为给造反的后生们做饭，而且做一次能吃几天不馊，聪明能干的楠竹妹经过多次试验，终于发现了用楠竹叶来包糯米煮成饭，既清香可口，又可几天不坏，这样就可以保证把守关卡的后生们不管在什么情况下都有喷香可口的饭吃。

6. 祈盼丰收

农历六月第一个亥日是云南师宗黑尔壮族的粽子节，人们都要包肉条粽子吃。这种粽子有糯米的清香和肉的鲜香，糯而不腻。相传，古时的黑尔到六月间害虫特别多，常把稻谷吃光。壮家人用棍子打不完害虫，只得背起大竹筒，把害虫一个个捡在竹筒里，努力从害虫口中夺回一点粮食。村里有一位孤寡老人，因敌不住害虫的侵害，终日坐立不安。六月亥日那天夜里，老人梦见一个须发皆白的仙翁在糯米中间放入小虫模样的肉条，用竹叶包起来放进大锅里煮吃。仙翁告诉老人，这样包粽子吃，庄稼就不会遭虫害。老人醒来后，照仙翁说的包粽子吃了。果然，稻叶上的害虫像在锅里煮过似的，掉在田里死光了。从那以后，黑尔壮族每年农历六月第一个亥日，家家户户包肉条粽子吃，祈求稻谷丰收。

4.2 外国饮食民俗

世界上除中国外，还有二百二十个左右的国家和地区，其饮食民俗的多样性和丰富性不胜枚举。由于篇幅的限制，我们只能做一简要的介绍。

4.2.1 亚洲国家的饮食民俗

1. 日本

日本人以最普遍的食鱼习惯而自豪，常称自己为“彻底的食鱼民族”。日本人的食鱼方式五花八门，有生、熟、晒干、冷冻、盐腌的鱼，还有经过烹制加工的鱼罐头以及鱼卷、鱼丸、鱼火腿、鱼香肠等鱼糜制品。在鱼类名菜中，最出名的是“沙西米”，即生鱼片。由金枪鱼制成的生鱼片现已被公认为日本最高级的生鱼片。食用时，可用酱汁等佐料拌着吃。也有喜鲜者，将粉红色的金枪鱼片拼摆在大瓷盘里，用纯白色的墨汁鱼片衬托，点缀三五片鲜紫苏叶。这种造型雅致、色彩和谐的名贵菜，让人见了很有食欲。金枪鱼还用来做“寿司”或食盒。“寿司”也叫“米饭团”，里面卷着鱼、虾、贝肉等东西，只是在饭团上面放一片或包一片金枪鱼片。

日本人在烹调食物时，喜爱添加食醋。他们认为，食醋能预防或治疗动脉硬化、高血压、呼吸道病以及皮肤病等，增加食欲，帮助消化，解酒抑醉。由于醋具有较强的杀菌力，可用醋渍肉、果蔬，防腐保鲜。餐馆也用醋进行消毒。

日本一日三餐，早餐匆忙，主食是米饭，另有酱汤咸菜、梅干等。但西餐化也较突出，早餐喝牛奶，吃面包，煎一两个鸡蛋，吃少许生菜等。午餐也较简单，吃面条、盒饭。盒饭种类较多，除米饭外，有肉类、烧鱼、蛋卷、咸菜等。鳗鱼饭盒也是受欢迎的，饭盒采用纸和可降解塑料制作。日本人最重视晚餐，全家团圆，晚餐内容丰富多彩。

日本人在接待至亲好友时使用传统的敬酒方式。主人会在桌子中央摆放一只装满清水的碗，并把每个人的酒杯在清水中涮一下，然后将杯口在纱布上按一按，使杯子里的水珠被纱布吸干。这时主人斟满酒，双手递给客人，并看着客人一饮而尽。客人饮完酒后，也要将杯子在清水中涮一下，杯口按在纱布上吸干水珠，同样斟满一杯酒回敬给主人。这种敬酒方式表示了宾主之间亲密无间的友谊。

日本人在斟酒时，酒杯不能拿在手里，要放在桌子上，右手执壶，左手抵着壶底，千万不要碰酒杯。主人给客人们斟的第一杯酒，客人们一定要接受，否则是失礼的行为。主人再斟的第二杯酒，客人可以拒绝。日本人一般不强迫人饮酒。

在宴会上饮日本茶时，入席要持“正坐”的姿势。因多在日式起居室内举行，当主人安排好座次并请客人入座时，男性可盘腿而坐，女士则须自始至终跪地而坐。进餐时送入口中的食物应以一次吃一片为宜，要尽量吃光属于自己的一份，吃好后略整理一下餐具。

日本人的一些饮食习俗及礼仪与中国相似，比如见面时女方先伸手后才能握手；元旦即正月初一为过年；过端午节吃粽子；新年吃年糕；一日有三餐；席间用筷子；以大米为主食。日本人喜欢饮用啤酒、中国的茅台酒、黄酒、日本的清酒等，早晨起床和餐前餐后有喝茶的习俗，而且一般喜欢喝绿茶。

2. 韩国

韩国人有一日四餐的饮食习惯，具体安排在早、午、傍晚和夜间。家庭日常饮食

是米饭、大酱、辣椒酱、咸菜、八珍菜和大酱汤。韩国人喜欢吃面条、牛肉、鸡肉和猪肉，不喜欢吃馒头、羊肉和鸭肉。普遍爱吃辣椒，日常家庭菜肴几乎全放辣椒。咸菜从色到味都很有特色，味辣，微酸，不很咸。比较知名的有泡菜、酸黄瓜、酱腌小青椒和紫苏叶、辣酱南沙参、咸辣桔梗及酱牛肉、萝卜块等。

韩国人的传统食品主要有酱白菜、泡菜及火锅、烤牛肉、生鱼片、冷面等。冷面味道很特别，正宗冷面的面条一般都是荞麦做成的，汤是冰镇的，汤里通常要加大量的辣椒和牛肉片、苹果片等。吃下去觉得很凉，但不一会儿，浑身就会发热。

在韩国，还有一种风味独特的菜叫“神仙炉”，与我国的什锦火锅很相似。它是以山鸡肉、鳆鱼、虾、竹笋、松蕈、蕨菜、水芹菜、白果等近30种菜为原料，佐以调味品，在锅中煮十几分钟后即可食用。当揭开刚刚煮熟的“神仙炉”时，呈现在面前的是一幅五彩缤纷的图案，红黄绿紫白各色菜漂浮在热气腾腾的汤中，品尝一下，鲜嫩可口，真是名副其实的色香味俱全。

韩国素以烧烤闻名于世。先吃几道朝鲜辣菜开胃，在桌子中央摆上酒精炉，上面盖上铁板，再将佐料腌制好的嫩牛肉均匀铺在板上。蓝蓝的火舌舔着板底，不一会儿，便有缕缕香味萦绕鼻间，将烤熟的牛肉片蘸上辣椒酱，用嫩绿的菜叶裹好送入口中，鲜美无比。

韩国的另一佳肴便是参鸡汤，此汤为各餐馆所必备，并号称“元祖”（即正宗之意）。这道汤的鸡要用半斤重的小鸡，参自然是闻名遐迩的高丽参了，再点缀以几颗红枣，盛入油黑锃亮的陶锅中用文火炖。这汤喝起来清香馥郁，营养价值从原料的配置上便可想而知。

3. 越南

在越南饮食结构中，蔬菜和水果仅次于大米。越南耕种发达，蔬菜和水果极为丰富、多种多样，热带的特产有甘蔗、咖啡、胡椒、椰子、槟榔、腰果等。一年四季水果不断，主要品种有：香蕉、菠萝、波罗蜜、荔枝、龙眼、柠檬、木瓜、榴梿、山竺、红龙、毛丹果等。对越南人来说，蔬菜和水果是生活中天天都要吃的东西，“饿吃蔬菜，病服药”“食无蔬菜如富翁死没有殡礼”，就是最好的写照。

越南人非常喜欢生吃蔬菜，这也是越南食文化的一大特色。越南人生吃蔬菜比较讲究，生吃的蔬菜主要有洗净的空心菜、生菜和绿豆芽，此外还有各种香菜，如芫荽、薄荷等，加上西红柿、黄瓜等。生吃的蔬菜要蘸佐料，佐料主要是鱼露加一些鲜柠檬汁和白糖。越南菜调料品异常丰富，有油、盐、酒、饴糖、花椒、蜜、桂、姜、葱、蒜、辣椒、芥、韭、薤、莴苣、紫苏、莳萝、茴香、高良姜、香花苣、鸭舌叶等，这些是越南人做菜中常用的。米粉与酸汤是越南两道特色菜肴，具有很高的综合性，原料是大米和蔬菜。米粉是发源于北方的汤面，通常在早餐时吃，但全天候都有供应，使用的餐具是筷子和汤匙。这两道菜肴跟鱼露一起用，味道极为鲜美，代表了越南的饮食文化。

越南是个海岸线很长、海域广阔的国家，河流、湖泊、水塘甚多，海产品十分丰富。越南人靠水靠海而活，他们用各种海产品加工制成一类极有特色和营养的调料

汁——鱼露、生鱼酱、虾酱、卤虾、卤虾油、卤螃蟹等。鱼露是一种黄澄澄的调料汁，吃起来十分鲜美。越南人说："缺少鱼露就不成一顿饭，没有吃过鱼露就没有真正到过越南！"

越南传统饮料、吸料有槟榔、哀牢烟、米酒、茶、果汁等，这些都是当地种植业的产品。越南的槟榔很多，吃槟榔是越南悠久的传统风俗，槟榔给他们的生活增添了色彩。越南妇女自古以来爱好嚼食槟榔，有的吃得上瘾。吃槟榔即吃槟榔片、蒌叶、蚌灰（也称石灰、白灰）三者之合称。他们将槟榔果切成小片，掺和藤类植物的蒌叶和蚌灰，卷成小卷作为嚼食槟榔的佐料，同时放到嘴中嚼，但不能吞，要将残渣吐出去。三样东西一经混合，立即会发生化学反应，变成血红色的汁液，久而久之牙齿会被染成黑色。他们津津有味、慢慢地嚼着槟榔直至面颊潮红。嚼食槟榔有解胸闷、消水肿、防口臭、防龋齿、泄唾沫、除山岚瘴气等益处。槟榔盘成为越南民族传统文化的特殊表象，被视为吉祥物。接待客人的时候，他们用槟榔来请客，"槟榔是话语的开头""一口槟榔是一剂哑药"，表示敬意。如去拜访长辈，最珍贵的馈赠礼品是一串槟榔。婚礼、葬礼、祭祀、喜庆，凡重大的礼仪，少不了槟榔。祭祀至少要一串槟榔。祭祀祖先神灵要一盘槟榔。按客人个人的尊卑地位，决定赠送或收受槟榔的多寡，送少了会惹麻烦。商人相见，有了槟榔就好谈生意。槟榔的名称与"宾郎"有关，所以它是恋爱、感情、男女定情的信物，也是婚姻的表象。"槟榔如铅那么重，吃了你给的，我怎么知道拿什么来还你！"新娘家要新郎家的几千颗槟榔，送给亲人好友。它还是表示感谢或道歉的意思。卷槟榔是妇女心灵手巧的价值尺度。嚼槟榔也成为计算时间的单位，如"嚼杂了槟榔渣"表示很快。

4. 泰国

世人称泰国为膏腴之邦。首都曼谷为美食之都。其中最著名的美食有糯米抓饭、粉绿粽子、油炸香蕉、炒玉米、地瓜羹、冰茶、椰壳冰激凌等。泰餐主食是米饭，菜则是以鱼为原料的酸辣菜，因海鲜产品丰富，海味成为其一大特色。

泰国大米晶莹剔透，蒸熟后有一种别致的香味，是世界稻米中的珍品。泰国人喜食辣椒，辣椒酱在泰国饭桌上是必不可少的食品。"咖喱饭"和"卡侬金米线"是泰国人最喜欢的食品。粉蕉糯米粽是用糯米、椰浆、粉蕉等做成，吃起来鲜甜可口，略带咸味，是一年一度解夏节时不可缺少的布施给僧侣的食品。酸辣汤是用鱼和菜、辣椒等做成的汤菜，具有酸辣、咸的味道，并略带甜味，是泰国人十分喜爱的汤菜。泰国人吃米饭用叉子和勺子，吃米粉时用筷子，泰餐西吃已成为今天泰国饮食中很普遍的一种现象。

粉绿粽子是用糯米粉做的，用一种专门的绿色粽叶包裹，包成立体多角形，仅有鸡蛋大小。因糯米粉是经几种绿色的花汁浸染过，所以蒸熟的粽子呈隐隐的淡绿色。泰国天气酷热，香蕉吃得过多易上火，而食油炸香蕉则能消暑祛火。其制法大致是：去皮后的香蕉肉裹上一层糖衣，放入油锅里炸成咖啡色即成。果肉中的甜汁经油炸后溢出，故甜中带酸，异常可口。泰国玉米也有米蕊、米粒，只是形体仅寸余长，是一种专门用作蔬菜的玉米。趁未老熟时采摘，不脱米粒，连同米蕊一起烹炒。食用时

用嘴啃米粒，丢掉米蕊。这是宴席上一道名菜。地瓜羹是宴席尾食的一道甜菜。地瓜羹的制作颇为讲究，先将瓜体切成条块，用糖汁沾渍后蒸熟待用。再将晒干磨成粉的椰子肉，作勾芡用。蒸熟的地瓜过油后，再稀稀地芡上椰子粉，放入香料和白糖，汤面上浇红绿椰丝，即可食用。这种粗食细作的妙品，色香味俱佳。

泰国的饮料以各种鲜榨果汁最为诱人，四季均可品尝。冰茶是泰国一种很有特色的饮料，即在茶中放冰。椰壳冰激凌利用椰子壳盛装掺有橘子、葡萄、红毛丹等果粒、果块的冰激凌，吃过多半时，可用汤匙将四壁椰肉刮下，拌进冰激凌中再细细品尝。

5. 印度

印度北方以小麦、玉米、豆类为主食，东部和南方沿海地区以大米为主食，鱼类为主要副食，中部德干高原以小米、杂粮为主食。严格的印度教徒为素食者，很多人吃素，有的连蘑菇、葱、蒜也不吃，有的人在特定的日子绝食。印度人普遍爱吃油炸、甜辣食物和奶制品，好用香料。常饮生水、冷水，无喝开水的习惯。喝红茶时，加糖和牛奶。大多数人爱喝酒，一般人吸烟。锡克教徒既不吸烟也不饮酒，吃饭时用右手的食指、拇指和中指抓着菜、饭吃，忌用左手接送礼物和食品，饭后喜嚼称为“旁”的槟榔叶卷。

在印度西北旁遮普地区，有道名菜叫作“坛多力”，可说是融合了印度香辛料文化与伊斯兰教肉食文化的烹调杰作。“坛多力”就是“烘鸡”，是使用一种陶制壶形烤坛烘制的，巨型烤坛仅壶口部分就可围坐几人。在壶底引火烧热，再将用凝乳、大蒜、生姜、辣椒等多种香辛料浸泡一天后的整鸡，穿插在铁杆上，放入烧热的烤坛内烘烤，烘熟的鸡油亮通红，香味四溢。

“咖喱”是由英文 Curry 音译而来的，意即“混合各种香辛料的粉末”。“咖喱”主要由生姜、茴香、圆佛手柑、郁金、可可、椰子等粉末混合而成。在印度，咖喱饭是人们普遍喜爱的便饭，而咖喱鸡、咖喱排骨等又是很下饭的菜。印度咖喱是厨师们在烹调中，根据不同的肉、鱼、菜等材料现场配制的，现调现用。调制咖喱是一种非常特殊的技术，不同地区有不同的调制方法，一般家庭也各有家传的方法。甚至判断家庭主妇是否心灵手巧也以其调制的咖喱来予以评价，是否精通咖喱烹调手艺已成为印度青年结婚的重要条件。

6. 蒙古人的奶茶

蒙古人好茶与好客一样出名。客人临门，他们一定会奉上蒙古奶茶来待客，客人也必须喝下，否则就失礼了。旅行疲乏的人喝下一杯味鲜香浓的奶茶，会感觉精神一振，困顿亦消。制作奶茶方法，是先将未经发酵的茶砖敲碎成小块，放入木制钵中研细，然后置于锅内煮沸，不能煮得过久，以防变味，并用木勺子不断搅和，使之煮浓后，再将牛奶或羊奶、马奶、骆驼奶倒入煮熟即可饮用。蒙古西部的人还在奶茶中加食盐，有的是放一种苏打，有的却加脱脂奶或奶油。蒙古东部的人则在奶茶中加些粟米类的谷物。蒙古人饭后必喝茶，也饮奶茶解渴，因此茶叶消费量很大。

7. 土耳其人的酒

“拉克”是土耳其语，阿拉伯语称为“阿拉克”，是指放有苦艾草的葡萄酒，这种

经过数次蒸馏的葡萄酒，酒精度相当高。拉克酒是无色透明的，如果稍加水，酒中的药草成分尤其是大茴香油，便会与之结合成胶质状，使酒变得混浊。如果加水较少，拉克酒则会变成粉红色，如多加水，则又变成纯白色，如再加水，就成了灰色。因此，在加水调酒时，可以边调边欣赏酒色变化，十分有趣。拉克酒的酒精度数少则40多度，高则70多度。它与威士忌酒一样，存放的时间愈长，味道就愈浓。土耳其人统治中亚时，只会酿造以马乳为原料的酒，后来从阿拉伯人那里学来将椰子酒加以蒸馏以提高酒精度并加入药草的方法，形成现在的拉克酒。初喝拉克酒的人，由于酒精和药草的刺激作用，喉咙仿佛要燃烧起来，但喝习惯了，便觉得喝这种烈性酒与油腻很重的土耳其食物正好相配。

8. 阿拉伯人的食俗

以阿拉伯民族为主体、以阿拉伯语为国语、绝大多数居民信奉伊斯兰教的那些地处西亚、北非的国家，通常被统称为阿拉伯国家，如伊拉克、叙利亚、约旦、沙特阿拉伯、埃及和利比亚等。阿拉伯国家有着悠久的历史和灿烂的古老文明。在漫长的历史中，阿拉伯的烹调艺术兼收并蓄，自成一体，成为阿拉伯国家文明的标志之一。

面粉是阿拉伯人重要的主食，一般是用来烤面包或做饼。饼的种类很多，把肉末、香芹菜末和其他作料和在面里制成的“基别”饼，是一种大众化的食品。黎巴嫩人吃的“基别”饼里，加的是鱼肉，别具风味。味美价廉的“萨里布萨”，和面时要加桃仁粉、花生粉，在煎锅里煎熟，再浇上糖和柠檬调的汁儿，焦黄酥脆，酸甜可口。在埃及，人们喜欢在面粉中加上糖和素油，制成各种甜食，有类似粉丝压成的糖糕，有用杏仁和花生做馅的油炸饺子等。

米也是阿拉伯人的主食之一。用小扁豆和大米熬的粥，淋上橄榄油吃，清淡喷香，是阿拉伯人的家常便饭。在伊斯兰教的创始人穆罕默德的诞辰，阿拉伯人都要吃姜黄煮成的米饭。姜黄是一种香料，加了豌豆、大葱的姜黄饭小山似的堆在托盘里，一家人围坐取食。

阿拉伯传统食品“古斯古斯”，既是饭又是菜。在小米饭上浇些用胡椒、辣椒、杏仁和花生炖的羊肉。这种食品最好趁热吃，又香又辣，吃得人大汗淋漓、通体舒畅。

不管做什么菜，都要把原料弄碎，是阿拉伯人食品的一大特点。“荷木司”是用豌豆泥加橄榄油和柠檬汁制作的。凉拌菜“塔布利”，用煮熟的麦粒儿、西红柿泥、香芹菜末，再淋上橄榄油做成的，清淡爽口。吃完油腻的烤肉后，再吃点“塔布利”最美了。“穆塔巴利亚”是在烤茄子上加些蒜、柠檬和麻油，搅拌而成，吃起来又酸又辣，使人胃口大开。有时，在“穆塔巴利亚”中拌些晶莹如珠的红石榴籽，色彩悦目，更能刺激人的食欲。

9. 其他东南亚国家的食俗

在东南亚国家和地区，有许多人嗜好奇特的“天然食物”。如老挝人，只要能吃的，他们都吃。除鸡、鸭、羊等家畜家禽外，松鼠、老鼠、金龟子也是很普遍的零食。在首都万象市到处可见出卖金龟子、黄丝蚂蚁、青蛙、蝌蚪等摊子。金龟子可生吃或与蔬菜拌炒而食。有人用蚂蚁做汤，虽有些酸味，但他们很爱吃。

马来西亚的沙捞越北部的岷那哈索地区，有吃老鼠的习惯。他们设下陷阱捕捉在椰子树上的老鼠，用来做下酒菜。

在菲律宾，有人把正在孵化的鸭蛋煮熟，吃那半成形的鸭胎，并有鸡汤、煎蛋混吃，当地人称为“巴罗”，是一种颇受欢迎的食物。

东南亚国家有许多古老而有趣的节日习俗。柬埔寨、新加坡等国都同中国一样，把“春节”作为一个辞旧迎新的重要节日。在新加坡，农历除夕时，人们有守岁习惯，长辈们要向晚辈们赠“压岁钱”。节日期间要燃放鞭炮，吃油炸糯米和红糖做成的年糕。在东南亚国家中，受西方习俗影响较大的菲律宾，虽然过公历新年，但是，仍按老规矩，从十二月二十三日（小年）开始“过年”。节日期间，也燃放鞭炮，家家户户用茶点、果品、瓜子招待客人。缅甸同中国的傣族一样，在公历每年的四月中旬，把泼水节和新年合在一起过，节日食品当然更是丰富多彩的了。

每年的 4 月 17 日，是新加坡的食品节，全国各地的市面上，到处都贴着五花八门的食品广告。食品店都拼命标新立异，制作精美的应时食品，并争相用“大减价”“大酬宾”来招徕顾客。人们纷纷到商店去购买自己喜爱的精制食品，或在家里制作富有民族特色的节日糕点，家家还要举行节日聚餐。

缅甸有二百多万掸邦人，盛行许多古老的传统习俗：不能用手指点树上的果实，也不能对个头特别大的果实表现出惊喜之色。他们认为，这样一来，那些果实就会停止生长，不能成熟。在把土地翻耕之后，农民们便在没有播种的耕地的四角放上宽阔的树叶，上面置一盛满大米的盘子，然后在地里种上一棵黄麻苗，再把一个甜米团放在地上，这才能开始播种插秧。

4.2.2　欧洲国家的饮食民俗

1. 俄罗斯

俄罗斯有一句家喻户晓的谚语：“稀饭加菜汤，我们的家常饭。”的确，菜汤在俄罗斯人的一日三餐中占有极为重要的地位，其品种之多，味道之复杂，在欧洲各国都是罕见的。菜汤和油煎薄饼是莫斯科人的家常便饭。在俄罗斯的北部和中部地区，最常见的菜汤就有六十多种。这些菜汤一般都用肉、鲜白菜、酸白菜及其他蔬菜制作，如酸馍青菜汤、酸白菜汤、冻菜汤、乌拉尔菜汤等。

红菜汤是用红甜菜、牛肉、洋白菜、葱头和土豆做成的，制法简单却能引起人们的食欲。高加索汤与红色的红菜汤相反，它呈奶白色，内有香菜末，味道鲜美而醇厚，被称为展览馆餐厅的“看家汤”。此外，用腌黄瓜和鸭、鸡或猪腰子做出来的俄罗斯黄瓜肉汤，也广为人知。冷杂烩汤是俄罗斯人夏季所特有的一种清凉解暑佳品，它是用一种叫作“格瓦斯”的饮料加上碎肉、新鲜蔬菜、煮鸡蛋及酸奶油冷冻后制成的。

各种鱼汤更负盛名。俄罗斯人很喜欢喝“三鱼汤”。所谓三鱼汤，并不是用三种鱼或三条鱼熬的汤，而是反复熬过三次的鱼汤。其用料最好是刚刚捕捞的鲜鱼，每当有人去水边垂钓时，必随身携带简单的炊具，钓上来的小鱼，可以就地熬制鱼汤。一般

是用三根木棍支的架子将锅吊起，锅里盛着湖水或河水，不放任何作料。待水一开，即把活蹦乱跳的小鱼放进去。等鱼煮透了就捞出去，再把另外一些活鱼放进去。这样连熬三次，那浓郁的鱼香，早已扑鼻而来，使人垂涎欲滴了。

在俄罗斯人的眼中，稀饭差不多同菜汤一样受到人们的重视。稀饭是俄罗斯人的传统食物，通常用大米和水、牛奶熬制而成，食用时盛到汤盘里，再加上些奶油。因此，人们又称它为奶粥。

俄罗斯乡村农民的代表性食物，一般是俄式面包、“卡夏”粥、“喜吉”汤及“库斯”饮料等。面包是农民最主要的食物，每到傍晚，农家在砖灶里升起柴火，然后用灰烬将火焰盖灭，将搅拌好的面粉埋进灶内灰里。经过整夜的火温发酵后，次日凌晨将其取出，放入铁锅里加火慢慢烘烤成外皮脆香、内质松软的面包。“卡夏”粥，主要是用面条、大麦、小麦、燕麦、稗子等谷物混合煮成。“喜吉”汤也为一般农民所喜爱，是以卷心菜为主的素菜汤，夏天使用新鲜卷心菜，冬天则使用盐腌卷心菜。

拥有众多民族的俄罗斯，各地饮食习惯区别较大。如有的地区农家还保留着这样的风俗：当有客人来访时，把面包和盐放在铺着白布的桌上与客人同享。食物虽然简陋但却实在，表现出一种淳朴、真诚的情意。

俄罗斯人喜爱喝红茶，先在茶壶里泡上浓浓的一壶，要喝时，倒少许浓茶在杯子里，冲上适量的温开水再饮。他们习惯以茶待客，所不同的是在红茶里加入果酱或蜂蜜，尤其是红茶加果酱是俄罗斯人特有的习俗。

2. 英国

英国人正餐时最习惯吃烤鸡、烤羊肉火腿、牛排和煎鱼块，一般都配料简单，味道清淡，油少。他们只是在餐桌上准备足够的调味品：盐、胡椒粉、芥末酱、色拉油、辣酱油和各种少司，由进餐的人自己选用。用多种方法烹制的牛排是比较常见的佳肴，原料采用牛背脊部的骨肉、肉质厚阔而肥嫩。牛排用处较广，制作起来也不复杂。它可分为带骨和不带骨两种，不带骨的牛排要在切成块后用刀拍松，制作前用盐和胡椒粉在牛排上撒匀，再放入油中煎黄，捞出后用文火烩至七八成熟，烩时只放入很少量的调料，如酒、辣酱油、清水等，吃的时候再浇上原汁。如果烩制时放入不同的蔬菜，如胡萝卜、小卷心菜、洋葱、香菜、蘑菇或芹菜，就可以烹出不同名称的牛排。需要说明的是，牛排一定不能烹制的烂熟，如果烂熟，那就成了俄式牛排了。

布丁是一种很甜的点心，英国人非常喜欢在正餐结束前吃水蒸的布丁。在很隆重的家宴上，主妇常以自己亲手做的布丁为荣。

3. 法国

法国是西方美食的代表。法国人历来都很讲究吃，视“美食”如艺术。烹饪不仅注重营养，而且非常讲究色、香、味的妙处。比如法国的面包就有 150 多种味道，有名的如“月牙油酥面包”“奶油鸡蛋面包”和“棍棒面包”。而奶酪也有约 360 种，形态各异，包装精美。法国人一般吃的是棒状面包，因为这种面包制作简单，价格便宜，所以成为普通的食品。法国各地出售的普通面包很少有包装，必须自带盛器购买。

法国菜的特点之一，是把酒当作必需的调料。常用的有红酒、白兰地、诺曼底酒、苹果甜酒、苹果烧酒等。做不同的菜，要采用不同的酒作调料，以便突出每一个菜的传统风味。如野菌烩牛腰用红酒作调料，酥炸田鸡腿用白兰地腌制，焗酿火腿则用红酒调制。

选料讲究，注意原料的质地，是法国菜的又一个特点。法国人喜欢吃略带生口的菜肴，因而用料多选活的和新鲜的。煎牛扒、烤羊腿，一般选用新宰杀的牛、羊肉，而且煎烤至七八成熟就吃。著名的鲁昂带血鸭子，只烧到半熟就吃。

法国菜做工精巧，注重原料的本色本味，讲究火候，讲究营养的合理搭配和色彩的搭配，菜肴成型时多呈鲜花和绿叶形。法国菜对烹调汁的做法也很重视，吃生蚝时加柠檬汁，吃杂沙拉时用核桃汁。法国青蚝本来味道就美，如果再配上咖喱等调料做的汁，就更加清香适口。在烤水鸭橘子沙司的基础上发展而来的“橘子烤鸭”，制作时，先将烤熟的鸭子去骨切片，再把橘子皮切丝制成沙司，浇在鸭肉片上。上桌前，将鸭片装盘，四周用橘子肉点缀。这个菜色泽橙红，有奇特诱人的甜香味。

用鹅肝、龙虾、田鸡腿制作的法国菜，食之爽嫩，香甜可口，风味独特，堪称一绝。法国人特别喜欢吃蜗牛，每逢喜庆节日，许多人家宴的第一道菜便是蜗牛肉。当然，做菜用的蜗牛并不是常见的那种，而是从山上捕捉的可以吃的蜗牛，肉越肥、个越大越好，做熟了还得趁热吃才行。吃蜗牛有一套专用工具，吃时一手持弧形钳子将蜗牛夹住，一手持小叉子，将肉从壳中挑出。

4. 意大利

意大利餐与中国餐、法国餐在世界齐名，各地都有自己的特色，名菜和特产很多，如墨西哥的剑鱼和地中海狼鲈鱼、佛罗伦萨的牛排、罗马的魔鬼鸡、米兰的利索托米饭、博洛尼亚的海鲜面条、帕尔米贾诺的奶酪、西西里的甜点以及佩鲁贾的巧克力糖等。

意大利的面条在世界上较著名，经济实惠，非常可口，来源于中国。面条的品种不下数十种，仅从形状上分就有通心的、实心的，粗的、细的，长的、短的，以及条形、块形、蝴蝶形、菠萝形、鱼形、蚕蛹形的。形状虽然不一，但吃法大都相同，煮熟后盛在盘子里，放上番茄沙司、奶油沙司或其他肉料，然后撒上一层干酪粉，趁热拌匀便吃。

5. 西班牙

西班牙菜融合了各种外族文化，充满独特的地方色彩，以“美酒佳肴”来形容西班牙的酒和菜，决不为过。按其地方特性，不难找到高质量饮食材料，并在高超烹调技术和专业大师的调配下，形成了菜种丰富、烹调可口和各具特色的优点。

“巴坎利亚”是起源于伊斯兰国家而发展成西班牙式的烩饭，以大米饭加蛤蜊、肉类等等混合烩炒，其味道十分鲜美，已成为西班牙东部城市瓦伦西亚的名菜。它的特色是配料中加进了番红花雌蕊的部分，将烩饭染成淡黄色，刺激食欲。番红花是被视为有镇静、止血作用的药草，用入饭菜则独具一种芳香。

西班牙素有“橄榄王国”之称，是世界最大的橄榄果、橄榄油消费国之一，每年消费橄榄果、橄榄油近百万吨。橄榄果无论是鲜的还是腌的，都是清香脆甜，回味无穷。用橄榄果榨出的橄榄油被誉为“油中之王”，不仅味道清香纯正，而且含有维生素D等多种维生素，长期食用，对于降低胆固醇、治疗胃溃疡和预防心脏病都颇具功效。西班牙是西方各国中胃溃疡、心血管病等发病率最低的国家之一，这与他们长期大量消费橄榄果、橄榄油有关。

6. 德国

世上没有其他国家比德国更侧重于猪肉。德国人最拿手的是德式烧猪排及德式烧猪手，其烹调特点为长时间烧焗，还把不断流出的油脂淋回肉上，使味道更加浓厚。

德国菜以猪肉为主要肉食，味重而浓厚，多用肝酱肉或以酥皮烧焗。烹调时以酒或淇淋同煮，并且使用蜂蜜焗烧。传统的德国餐分量足，肉与马铃薯更是餐单的灵魂，也会用少量香草入馔，目的是提升肉类和马铃薯的食味。此外，其甜点十分精彩。

7. 荷兰

荷兰人的饮食习惯十分有特色，去骨肉一般不炒、不烤，而是蒸、煨或煎；吃土豆时，一般情况下是加少许水慢慢烧干，再放在平底锅内压成薄片。荷兰人习惯于每天只吃一顿热饭，农民一般中午吃，其他家庭则把热饭安排在黄昏，饭前人们要喝上一杯冰镇的酒。这顿热饭总是从上菜汤开始，然后上茄汁对虾、鲱鱼之类。早午餐主食多为面包，配以冷肉、熏排骨、罐头鱼、奶酪、果酱。早餐饮茶，午餐喝加咖啡的奶或凉牛奶。甜食有牛奶蛋糊、炖水果加奶油、薄饼或苹果馅饼。

每年的10月3日是荷兰的解放纪念日，举国欢庆。这一天，每个家庭都要吃几道风味菜，以表纪念之意。一种菜是用豌豆、猪肉、火腿和腊肠做的汤；一种是用土豆泥和蔬菜配熏肠；还有一种是用土豆、洋葱和胡萝卜做的，被荷兰人尊为“国菜”。

8. 瑞士

瑞士不仅以秀丽的自然风景称著于世，而且其丰富的菜肴也极为闻名。其中最特殊的是传统名菜“乳酪煮蛋”。“乳酪煮蛋”并不是用乳酪煮的蛋，仅是一种称呼而已。其制法：先将陶器锅烧热，再用大蒜头涂抹陶器内壁防止黏糊，然后放入200克左右的薄片乳酪，接着再加入以淹盖乳酪为限的葡萄酒，然后升火加热，直到乳酪溶化为止，然后洒些胡椒粉或辣椒粉即可食用。这种“乳酪煮蛋”甜、辣并存，略带酸味，十分鲜美。可用叉子叉着撕成片状的面包蘸满“乳酪煮蛋”汁液而食，边蘸边吃，待面包吃完后，再将剩下的煮乳酪的葡萄酒饮完。

4.2.3 美洲国家的饮食民俗

1. 美国

美国人的一日三餐比较简单。早餐一般吃面包、牛奶、果汁、鸡蛋。午餐大多在外面吃，几片三明治、一杯热咖啡和几只香蕉，也算一顿饭。晚餐算是丰盛的，也就是炒一两道菜，加些点心、水果而已。因此，快餐便成了现代美国式饮食的典型特征。

美国人的快餐食品，最常见也最著名的是“汉堡包”“馅饼”“热狗”等。“汉堡包”是圆形面包中夹着牛肉或者鸡肉、火腿、鸡蛋等物的方便食品，其品种是以夹杂的食物不同而区别的。“馅饼”又叫意大利式烘馅饼。饼中馅一般是鸡肉、牛肉、火腿、香肠、香菇、葱头、奶油等拌成，经烘烤后皮脆馅美。“热狗”其实就是面包中夹有香肠，这种“热狗”香肠原是从德国传入美国的，大约在 19 世纪中叶，德国法兰克福屠宰工会首先创制狗形香肠，这种由牛肉和猪肉混做的香肠一直是德国人的传统名菜。后来，美国人嫌这种热香肠又烫又油，便用长形面包片将它卷起来吃。几年以后，有位漫画家给这种食品取名为“热狗”。目前，美国的“热狗”香肠制作方法是，以牛肉、猪肉混合绞烂并拌调料后溜进羊肠，经熏烤再放入水中煮沸，最后放入油锅里煎炸即可食用。

2. 加拿大

加拿大人以肉食为主，一日三餐，喜食牛肉、鱼、蛋及各种蔬菜。较有名的菜肴是传统牛排、浓汁豌豆汤等法国菜，以魁北克省、蒙特利尔市最突出。每当夏秋季节，许多人都喜欢到郊外或公园去野营和野餐，尤其喜爱“户外烧烤会”。这种聚餐往往几人、几十人甚至几百人在一起，在特制的炉架上烧烤牛排、鸡腿、鲑鱼等。烤牛排是加拿大人最喜爱的名菜，无论是盛大宴会还是家庭便宴，好客的主人都要以烤牛排款待宾客。外出郊游时也常带着一些生牛排和轻便的烤制工具，在野外烤制牛排。加拿大的牛排与众不同，是将重 0.25 千克左右、厚 6~7 厘米的牛肉里脊，不加任何佐料，直接放在下面生着火的铁架子上烤，两面稍加翻动即可。烤好的牛排盛在盘子里或放在一块专供切牛排的木板上，洒上适当的盐，蘸着适当的西红柿酱或其他佐料，用餐刀切成小块吃。民间的普遍吃法是，将牛排配上几个烤土豆同时吃，味道极其鲜美。为减少油腻，吃牛排时常常要喝大量的葡萄酒。在高级餐馆里，还有受顾客喜爱的“胡椒牛排”。它是把胡椒末拍在牛排上，放在平底锅上煎，厨师在顾客面前操作，不用很长时间就可吃到肉香味美的佳肴。一般人都喜欢吃嫩牛排，称之为“粉红色”牛排，实际上是半生半熟，当切开时牛肉上还带有血水。加拿大气候寒冷，在漫长的冬天里，人们酷爱体育活动，体力消耗大，因此需要含热量高的食物，牛排则是一种比较理想的食品。

3. 墨西哥

墨西哥盛产玉米。数千年来，玉米一直像乳汁一样，哺育着墨西哥人。作为一日三餐的家常便饭，许多墨西哥人喜欢喝用玉米面熬的“阿托菜”粥。用磨得细细的玉米面制成的“塔尔”薄饼，无论是穷人还是富翁，都视之为美味。不过，有钱人吃得要讲究些。吃这种小圆薄饼时，要先把它卷起来，里面裹上肉馅、奶酪和辣椒酱，外形有点像中国的元宝，吃起来也十分可口。

墨西哥还盛产辣椒，墨西哥人也特别能吃辣椒。还有臭虫、蝇卵、蚂蚁也是这个国家的上等名菜。在墨西哥城就有好几家餐馆供应用龙舌兰蠕虫等各类昆虫烹制的菜肴，而且生意十分兴隆。在墨西哥，可供食用的昆虫达 60 多种。一般昆虫菜的制作方

法是油炸烤制。龙舌兰蠕虫、蚱蜢、蚂蚁的味道与炸火腿相似，既香又脆。在墨西哥，有一道名菜称为“墨西哥鱼子酱”，就是以蝇卵为原料烹制的。蚂蚁则往往用来做夹馅小吃。但普遍食用的昆虫是龙舌兰蠕虫，这种虫寄生在仙人掌上，长4~5厘米。蚱蜢也是常吃的一道菜，但最吸引人的则是用活臭虫作佐料烹制而成的虫菜。在墨西哥的瓦哈卡州一带的印第安部落里，蚂蚁是一道名菜，并且只有在款待贵客时才会上一盘蚂蚁。

4. 秘鲁

鳃尾切是秘鲁的一种大众传统名菜。它是用生鱼片、鲜墨汁鱼丝、柠檬汁、橄榄油、洋葱丝、味精、胡椒粉及食盐等拌匀后炒制即成。这种风味菜不仅色、香、味俱全，还因柠檬、洋葱等拌料具有杀菌消毒作用而不必有腹患之虞。

挂炉四烤是挂炉烤肉的烹调技术，在秘鲁城乡颇为普及，绝大多数家庭都会烹制。将鸡、猪、牛排和羊腿4种肉类，挂在火炉中熏烤，烤肉用的炉子，可以是铁皮炉、砖砌炉、土垒炉等。炉内两边支起铁架，一根铁杆横搁其上，铁杆摇把伸出炉外，将被烤之肉吊挂在铁杆上，在熊熊燃烧的木炭火上，一边转动铁杆摇把，使烤肉均匀熏烤，一边往烤肉上涂抹油酱料酒之类。当烤肉表皮被熏烤得油光发亮，到了焦黄香脆之时，便取出切割盛盘，即可食用。

帕青曼卡是流行于秘鲁的一种野餐名菜。它是将切割成块的猪、牛、羊、鸡等熟肉涂上佐料，连同马铃薯、玉米、豆荚及其他素菜等一起盛入铁盘内，再把铁盘放进地下的土坑内，坑底铺有一层烧红的鹅卵石，并在表面盖上几层芭蕉叶，然后加盖密封熏蒸约1小时左右，取出时热气腾腾，香味扑鼻，别具风味。

5. 其他拉美国家

拉美国家的烹调讲究精雕细刻，以追求色味俱佳的效果。他们大量使用的原料和调料有大蒜、葱头、番茄、青椒及各种肉类、禽类和鱼类，番红花也被各国广泛采用。所谓精雕细刻，主要表现在烹调的准备工作上，即特别注意对肉类天然质味的处理，往往要花很长时间做肉的肥膘镶嵌、调味、渍浸等工作，讲究刀工。在加工番茄、青椒等蔬菜时，也要花费很多时间。他们去番茄和青椒的皮不用开水烫泡，而是用火烤。在选料和烹饪时，他们都重视菜肴的色彩。辛勤、精细的准备工作，再加上烧制时的高超技术，使菜肴既鲜嫩味美，又色彩艳丽。有一道名叫烘“鳖鱼”的菜，用黄褐色的鳖和红鲷鱼配以番红花制作。古巴人要是看到汤菜的颜色不够红丽，不管味道如何鲜美也不满意。

拉美人的口味，大多喜欢清淡。他们普遍喜欢吃黄米饭。这种兼有主副食的食物是用稻米、鸡肉和番红花在砂锅内焖成的，连同砂锅一起上桌，不仅味道鲜美，而且有舒筋活血之功能。委内瑞拉人喜欢味道浓重的食物，爱吃鱼、羊肉、火腿、香蕉和核桃。巴拿马在印第安语中是“渔乡”的意思，这个国家的渔业资源极为丰富，海产品在人们的食物中占有很大的比重。用猪蹄、杂碎和黑豆在砂锅中炖成的“烩豆”，是巴西的“国菜”。黑豆在拉美各国都是一种日常食品，古巴人对它有特殊的嗜好，而大多数巴西人每天都至少吃一顿黑豆。但是，巴西人不吃形状怪异的水产品和两栖动物。古巴人对饮食就比较随便，没什么忌讳。

4.2.4　非洲国家的饮食民俗

1．埃及

开罗名菜“哈妈妈”是阿拉伯语烤鸽子的意思。在埃及的乡村原野，到处可见锥形的泥塔，塔上砌有许多小孔，上面盘桓着成十上百只鸽子。他们将一只或半只鸽子经浇油烤制后，肥腴适度，酥脆可口，可连肉带骨一起吃下。人类与鸽子的关系历来就很亲密，因此吃鸽子的习惯并不普遍。

2．喀麦隆

喀麦隆人食用玉米的方式很独特，尤以“西红柿玉米羹”和“花生玉米糕”两种传统食品风味别致。“西红柿玉米羹”是将几个西红柿去皮，切成块，放入锅内，用植物油、香菜、蒜末、盐等煎煮 10 分钟左右；再将 250 克左右的煮沸午奶倒入锅内，然后将新鲜的玉米粉慢慢倒入锅内并不断搅拌，煮至稠糊状，即可趁热食用，其羹色浅红，滋味鲜香微酸。“花生玉米糕”是取几个新鲜玉米棒子、花生酱半碗、香蕉叶一张，先将玉米脱粒碾碎，拌入花生酱，做成面团，用香蕉叶包成长方形，并用针线缝合后，放入锅内蒸 1 小时左右，即可取出。打开蕉叶，趁热食用，清香可口。

3．卢旺达

“在每棵香蕉树下，就有一个卢旺达人。”这句谚语夸张地表现了这个人口密度最大的非洲国家盛产香蕉的景况。卢旺达由 2000 多个山头组成，土地肥沃，气候湿润，雨量充足，适宜种植香蕉。种植面积占总耕地的 20%左右，年产 200 多万吨，占全国粮食作物总产量的 50%，因此被称为“香蕉之国”。但因交通不便，大量的香蕉无法出口，卢旺达人只好把它当口粮或酿酒的原料，绝大部分就地消费。用香蕉制作食品和饮料，有其独特方法。他们将碧绿的香蕉送入烤炉烤成黄熟，压榨成香蕉汁；再用香蕉汁酿成香蕉露、露酒、烈性酒等各种饮料。或将香蕉制成淀粉，再用香蕉淀粉制成面包，作为大多数卢旺达人的主要食品。

4．其他非洲国家

埃塞俄比亚在非洲东北部，濒临红海。“提夫”是这个国家的主要粮食作物。提夫又名画眉草，是籽粒最小的一种禾本科植物。埃塞俄比亚人吃饭时一家子围坐在用芦苇编的大篓子周围，而不用桌子。

尼日利亚靠近赤道，南方盛产薯类、香蕉、柑橘、菠萝。北方的主要粮食作物有黍子、高粱、豆类、玉米和稻米；主要蔬菜品种有西红柿和葱。南方的汤菜十分有名：“埃古西”汤甜中有辣，是用炸甜瓜干或西葫芦干，加西红柿、鱼或鸡做的。味道鲜美的“阿卡拉”汤，是用油炸过的豆子、西红柿丁、干鱼和小虾熬成的。用肉末、香蕉煮汤，香而不腻；用胡桃仁、花生、鲜菜煮的汤，清爽适口。

尼日利亚北方的主食花样较多。用黍粉、玉米粉烘烤的“维伊纳”，有的成饼

状，有的像面包。如果在面里加些鱼、肉末、葱、胡椒粉和盐，就更好吃了。要喜欢吃甜的，就在面里加上蜂蜜、糖和奶油。用黍米熬的粥“布拉布斯科”，吃时要淋上些熟油。用大米、西红柿、胡椒粉和肉做的“加洛夫饭”，吃起来味道辛香。

在中部非洲，人们爱吃木薯。方法主要是两种：一种是把木薯加工成淀粉，即是先把木薯用凉水泡几天，去皮筋，晒干磨碎；边搅边用开水冲木薯面，揉成面团，切成块吃。还有一种方法类似中国制年糕：把用水泡过、去掉皮筋的木薯熟煮，再捣碎，用芭蕉叶包成团状或条状，再煮，就成了味道清香的木薯糕了。

马萨伊族是东非著名的游牧部族，主要聚居在坦桑尼亚和肯尼亚两国交界的山林区，长期过着原始游牧生活，具有坚韧粗犷、勤劳勇敢的性格。马萨伊人主要放牧牛羊以及少量的骆驼、毛驴，以吃牛羊肉、喝牛血为主。他们把牛血当作早点，在生牛血里加些鲜奶后饮用。每天清晨，把牛牵至篝火旁，将牛脖子用皮条勒紧，对准凸起的静脉，猛刺一箭，并插入细竹管或芦苇管，鲜红的牛血随即喷射而出。每次放血一升左右，用牛皮罐盛着加入一倍的鲜牛奶不断搅动，便成了乳状的粉红色的液体，再用牛角杯盛着血乳痛饮。一头牛每隔 30 多天可抽一次血，每抽血一次可供 5~6 人饱餐一顿。

思　考　题

1. 什么是饮食民俗？
2. 什么原因促使饮食民俗的形成？
3. 举例分析我国少数民族中的特殊饮食民俗。
4. 分析一下我国有哪些节日食俗。

第5章 饮食礼仪

5.1　中国饮食礼仪

5.1.1　夫礼之初，始诸饮食

《礼记·礼运》说："夫礼之初，始诸饮食。"这就是说，我国的礼仪风俗是从饮食活动中发端的。"礼"字的本义就是证明。"礼"字的原意也就是把食品放在豆这一食器里供奉给神的意思，"禮"（礼）与"醴"本为一字，同为"豊"，像两玉盛在器内之形。古人在饮食中讲究敬献的仪式，敬献用的精美食品便为"醴"。后来才进而把所有各种尊敬神和人的仪式都一概称之为"禮"。再后推而广之，把生产中和生活中所有的生活习惯和需要遵守的规范，都称之为"禮"。礼从饮食行为中发生，又反过来规范饮食行为。正如王国维所说："推之而奉神人之酒醴亦谓之醴，又推之而奉神人之事通谓之礼。其初当皆用曲若礼之字，其分化为醴、礼二字，盖稍后矣。"

《礼记·乡饮酒义》有"尊让絜敬"之言，《韩非子·有度》中有"贵贱不相逾"之语，都是要求人们遵照礼的规定秩序去进行饮食活动，以保证上下有序、老幼分明。当然，中国古代的礼并不局限于饮食活动中，人们日常生活的方方面面，都有礼仪在规范、在约束。但是，饮食是礼最外在、最普遍的表现形式。如祭祀之礼、筵宴之礼，都是古代重要的礼之一。

人要吃喝，所以认为神也离不开食物，所以要将自己的食物也毫无保留地奉献出来。《诗经·小雅·楚茨》中"神嗜饮食，卜尔百福"，便是先民心态的写照。当然，这种"污尊而抔饮，蒉桴而土鼓"（礼记·礼运）之类的仪式是十分简陋的，中国先民们想通过这种简陋的仪式向神灵表达虔诚的崇拜心情，而这种纪念仪式逐渐定型化，并取得较为固定的社会意义时，原始的礼便从这里形成了自己的雏形。这里，我们将污尊而抔饮之类的仪式称之为原始的礼，主要是肯定了一种客观存在的事实。正如陈效鸿所云由于礼的概念要到商朝时才出现，而我们又没有理由否认原始人这种出于宗教意识的纪念方式正是后来形成礼的生活基础，因此最好把它们看作是正在形成，但尚未成熟的礼的雏形。

这种源于饮食的祭礼，是中国先民顺应自然生活的文化创造，中国先民是按照人要吃饭穿衣的观念来构想诸神灵界生活的，以为祭祀就是让神吃喝，神吃好以后才能保证大家平安。所以，"礼"与解为甜酒的"醴"字，音相同，意义也有相通之

处，亦非巧合。人们通过饮食来祭祀神，表现了中国先民重视现实和生命的原初心理。

饮食中的礼仪，上行下效，由宫廷、贵族逐渐影响民间。如宴会排座次，民间至今仍以长幼、尊卑、亲疏、贵贱而定。又如，古代的男女不同席这一礼仪至今仍使得许多妇女不能在家宴上就座。而尊人立莫坐的规矩，在今天仍起作用：首席的尊者没有入座前，其他人是不能入座的。

清代以来，宴席的座位一般是男坐于东，女坐于西，以北为上座，席首坐亲戚，席次坐邻友，再次坐宗族。有一亲、二友、三本家之说。

餐桌上，礼仪规范着每一位客人。按《礼记·曲礼》的记载，客人不能大口喝汤，进食时口中不要发出声响，不要把咬过的鱼肉放回盘中，不要啃骨头，不要把骨头扔给狗吃，不要在餐桌上拨弄牙齿等。如有违犯，就是失礼，会惹得主人反感、生厌。直到今天，民间宴客依然讲究礼节。一些民谚、俗语道出了这种种“礼”，如：“主不喝，客不饮”“先喝为敬”“舍命陪君子”指的就是宴席上饮酒之礼；“来客不筛茶，不是好人家” “饭要盛满，茶要斟浅” “一杯苦、二杯补、三杯洗肠肚”，说的是来客斟茶之礼；“办酒容易请客难，请客容易款客难”，说的是请客之难；“坐有坐相，吃有吃相”，说的是做客也不易……汉语中的“客气”一词，如今被广为运用，但追根溯源，是当时古代人们请客做客都不敢透大气的简称或缩写。以致今天人们请客，都要声明一句：“别客气！”然而，一如“人在江湖，身不由己”，人既为客人，岂能不客气?！这并非矫情，而是几千年来饮食之礼规范、束缚人的结果。

当然，凡事都有它的另一面。饮食礼仪在使人感到不自由、少情趣的同时，也遏制了人的贪婪、自私和非理性、不文明行为。礼仪，毕竟是人类通往文明的桥梁。民间饮食礼仪在中国食俗中的地位和作用，是不能一笔勾销的。

5.1.2 分餐与合食

一般人认为，中国传统的宴席方式是共享一席的合食制。遇有喜庆，无不是以大宴宾朋来表示，其特征可用“食前方丈”来概括。这种“津液交流”的合食制虽然显得热烈隆重，但从卫生的角度来看并不妥当，所以，这种在一个盘子里共餐的合食传统，确实有必要改良。然而，这种传统在中国并不古老，存在的历史也就只有一千多年，在商周时期，人们的饮食方式都是实行分食制。

1. 先秦时期的分食制

分食制的历史可以上溯到远古时期。在原始氏族社会里，人们遵循着一条共同的原则，这就是对财物的共同占有，平均分配。当时，氏族内食物是公有的，食物煮熟以后，按人数平均分配，一人一份。这时住所中既没有厨房和饭厅，又没有饭桌，一个家庭的男女老少，都围坐在火塘旁进餐。这就是最原始的分食制。

历史唯物主义认为，生活方式虽然受一定生产方式的制约，并且随着生产方式的变革或早或迟地相应发生变革，但是，生活方式一旦形成一种模式，它就具有一定的稳定性和相对的独立性，并不是生产方式变了，生活方式就马上发生相应的变化。

当历史进入殷商西周时，中华民族便从原始野蛮时代步入青铜时代的门槛，社会分工日趋细密、固定，物质生产方式也有了长足的进步，但是，人们的饮食方式却并未发生相应的变化，还是在实行分食制。

为什么在商周乃至汉唐这样一个很长的历史时期中国都盛行分食制呢？这个问题不仅与远古社会平均分食的传统饮食方式有关，而且，也由于这时能影响它发生变化的外部条件也不成熟，因为合食制、会食制的形成，是与新家具的出现以及烹饪技术的发展、肴馔品种增多有关的。

在先秦时期，中国先民习惯于席地而坐，席地而食，或凭俎案而食，人各一份，清清楚楚。中国先民为何要席地而食呢？郭宝钧先生说："原来殷周时代尚无桌椅板凳，他们还是继承着石器时代穴居的遗风（那时穴内铺草垫子），以芦苇编席铺在庭堂之内，坐于斯，睡于斯，就是吃饭也在席上跪坐着吃。"

殷周时期人们席地而食，除了当时无桌椅板凳这一因素外，更主要的原因恐怕还是由于当时大多数住房较为低矮窄小。正是因为房屋低矮而简陋，使得室内空间狭小，人们在室内只能席地坐卧、饮食。在新石器时代，所谓席地而坐，实际上就是坐在地上。当时人们在建造住房时，为了室内干燥舒适，就把泥土的地面先用火焙烤，或是铺筑坚硬的"白灰面"，同时在上面铺垫兽皮或植物枝叶的编织物。这些铺垫的东西，就是后代室内离不开的必备家具"席"的前身，当时人们饮食生活中常用的陶制器具都是放在地面上使用的。

进入殷商时期以后，随着生产力的发展，工艺技术水平的提高，必然引起人们日常生活的面貌发生一些变化。在室内用具上，席的使用已十分普及，并成为古代礼制中的一个规范。当时无论是王府还是贫苦人家，室内都铺席，但席的种类却有区别。贵族之家除用竹、苇织席外，还有的铺兰席、桂席、苏熏席等，王公之家则铺用更华贵的象牙席，工艺技巧已达到十分高超的地步。

2. 分食制的传承

到了汉代，家具与先秦相比，并未发生明显的变化，因此，分食制也得以传承沿袭。

唐代以前的分食制，我们可以从文字记录和绘画上找到根据。汉墓壁画、画像石和画像砖上，经常可以看到人们席地而坐、一人一案的宴饮场面。如在河南密县打虎亭一号汉墓内画像石的饮宴图上，宴会大厅帷幔高垂，富丽堂皇。主人席地坐在方形大帐内，其面前设一长方形大案，案上有一大托盘，托盘内放满杯盘。主人席位的两侧各有一排宾客席（如图 5-1）。成都市郊出土的汉代画像砖上，也有一幅宴乐图，在其右上方，一男一女正席地而坐，两人一边饮酒，一边观赏舞蹈。中间有两案，案上尊、盂，尊、盂中有酒勺（如图 5-2）。

《史记·项羽本纪》中描述的著名的鸿门宴也实行的是分食制，在宴会上，项王、项伯、范增、刘邦和张良一人一案，分餐而食。

图 5-1　打虎亭汉代画像砖宴饮图

图 5-2　四川出土的汉代画像砖宴饮图

3. 分食向合食的转变

西晋以后，居住在西北地区的匈奴、鲜卑、羌、氐等少数民族先后进入中原地区，出现了规模空前的民族大融合的局面，引起了饮食生活方面的一些新变化。同时，建筑技术的进步，特别是斗拱的成熟和大量使用，增高和扩展了室内空间，这也对传统低矮型的家具提出了新的变革要求。床榻、胡床、椅子、凳等坐具相继问世，逐渐取代了铺在地上的席子。发生在魏晋南北朝时期的家具新变化，至隋唐时期已达高潮。传统的床榻几案的高度继续增高，常见的有四高足或下设壶门的大床，案足增高；新式的高足家具品种不断增多，椅子、桌子均已开始使用。至五代时，这些新出现的家具日趋定型，在南唐画家顾闳中的《韩熙载夜宴图》（如图 5-3）中，可以看到各种桌、椅、屏风、大床等陈设在室内，图中人物完全摆脱了席地而食的旧俗。凡此种种，都不断冲击着传统席地而坐的饮食习俗。

随着桌椅的使用，人们围坐一桌进餐也就顺理成章了，这在唐代壁画中也有不少反映。在陕西西安市长安区南里王村发掘了一座唐代韦氏家族墓，墓室东壁绘有一幅宴饮图，图正中置一长方形大案桌，案桌上杯盘罗列，食物丰盛，案桌前置一荷叶形

5-3　韩熙载夜宴图

汤碗和勺子，供众人使用，周围有 3 条长凳，每条凳上坐 3 人，这幅图反映出分食已过渡到合食了。此外，在敦煌第 473 号窟唐代壁画中也可看到类似围桌而食的情景。

由分食制向合食制转变，是一个渐进的过程。在相当长的时期内，两种饮食方式是并存的。如在《韩熙载夜宴图》中，南唐名士韩熙载盘膝坐在床上，几位士大夫分坐在旁边的靠背大椅上，他们的面前分别摆着几个长方形的几案，每个几案上都放有一份完全相同的食物。碗边还放着包括餐匙和筷子在内的一套进食餐具，互不混杂，说明在当时虽然合食制已成潮流，但分食制仍同时存在。合食制的普及是在宋代，这是因为宋代的饮食市场十分繁荣，名菜佳肴不断增多，一人一份的进食方式显然不适合人们嗜食多种菜肴风味的需要，围桌合食也就成了自然而然的事情。

概而言之，汉唐时是中国饮食方式发生巨大变化的时期，这一变化是由于家具的革新而引起的，其中，桌椅的出现是这场变革的关键，没有这场家具变革浪潮的出现，显然不可能完成由分食制向合食制的转变。此外，也由于这一时期烹饪技艺有长足的进步，原来的小木案已远远不能承担一桌酒席上摆放菜肴的需要，人们也在考虑用新的家具来取代它，这样，桌子便应运而生。但是，如果还是像以往那样一人一案而一人一桌的话，一方面一般家庭承受不了，另一方面也显示不出宴会的气氛，而围桌共食的会食制正好适应了人们的需要。当然，一种新的饮食方式的出现，需要同传统的饮食方式进行一段时期的磨合，逐步进化，并不是一下子就能普遍推广开来的，汉唐时期由分食到合食的发展历史也证明了这一点，分食也好，合食也好，都是与当时的社会文化发展相适应的。

正如王仁湘先生说："分餐制是历史的产物，会食制也是历史的产物，那种实质为分餐的会食制也是历史的产物。现在重新提倡分餐制，并不是历史的倒退，现代分餐制总会包纳许多现代的内容，古今不可等同视之。"

5.1.3　中国古代的食礼

1. 进食之礼

饮食活动本身，由于参与者是独立的个人，所以表现出较多的个体特征，每个人

都可能有自己在长期生活中形成的不同习惯。但是，饮食活动又表现出很强的群体意识，它往往是在一定的群体范围内进行的，在家庭或在某一社会团体内，所以还得用社会认可的礼仪来约束每一个人，使每个个体的行为都纳入到正轨之中。

进食礼仪，按《礼记·曲礼》所述，先秦时已有了非常严格的要求，在此陈述如下。

（1）虚坐尽后，食坐尽前。

进食时入座的位置很有讲究，汉代以前无椅凳，席地而坐。“虚坐尽后”，是说在一般情况下，要坐得比尊者长者靠后一些，以示谦恭；“食坐尽前”，是指在进食时要尽量坐得靠前一些，靠近摆放馔品的食案，以免不慎掉落的食物弄脏了座席。

（2）食至起，上客起。让食不唾。

宴饮开始，馔品端上来时，做客人的要起立；在有贵客到来时，其他的客人都要起立，以示恭敬。主人让食，要热情取用，不可置之不理。

（3）客若降等，执食兴辞。主人兴，辞于客，然后客坐。

如果来宾的地位低于主人，必须双手端起食物面向主人道谢，等主人寒暄完毕之后，客人方可入席落座。

（4）主人延客祭，祭食，祭所先进，殽之序，遍祭之。

进食之前，等馔品摆好之后，主人引导客人行祭。古人为了表示不忘本，每食之前必从盘碗中拨出馔品少许，放在案上，以报答发明饮食的先人，是谓之“祭”。食祭于案，酒祭于地，先吃什么就先用什么行祭，按进食的顺序遍祭。如果在自己家里吃上一餐的剩饭，或是吃晚辈准备的饮食，就不必行祭，称为“饭馀不祭。”

（5）三饭，主人延客食胾，然后辩殽。主人未辩，客不虚口。

享用主人准备的美味佳肴，虽然都摆在面前，而客人却不可随便取用，须得“三饭”之后，主人才指点肉食让客人享用，还要告知所食肉物的名称，细细品味。所谓“三饭”，指一般的客人吃三小碗饭后便说饱了，须主人劝让才开始吃肉。实际上主要馔品还没享用，何得而饱？这一条实为虚礼。据《礼记·礼器》说：“天子一食，诸侯再，大夫、士三，食力无数。”这是说天子位尊，以德为饱，不在于食味，所以一饭即告饱，要等陪同进食的人劝食，才继续用肴馔。而诸侯王是二饭，士和大夫是三饭而告饱，都要等到再劝而再食。至于农、工、商及庶人，便不受此礼仪的约束，所以没有几饭而告饱的虚招，吃饱了才停止，合了“礼不下庶人”的道理。

宴饮将近结束，主人不能先吃完而撇下客人，要等客人食毕才停止进食。如果主人进食未毕，“客不虚口”，虚口指以酒浆荡口，使清洁安食。主人尚在进食而客自虚口，便是不恭。

（6）卒食，客自前跪，彻饭齐以授相者。主人兴，辞于客，然后客坐。

宴饮完毕，客人自己须跪立在食案前，整理好自己所用的餐具及剩下的食物，交给主人的仆从。待主人说不必客人亲自动手，客人才住手，复又坐下。其他的文献记载，如果用餐的是本家人，或是同事聚会，没有主宾之分，可由一人统一收拾食案。如果是较隆重的筵席，这种撤食案的事不能让妇女承担，怕她们力不胜劳，可以选择年轻点的男人来干。

进食时无论主宾，对于如何使用餐具，如何吃饭食肉，都规定有一系列的准则。这些准则有近 20 条之多，让我们接着看《礼记·曲礼》的记述。

(7) 共食不饱。

同别人一起进食，不能吃得过饱，要注意谦让。

(8) 共饭不泽手。

经学家们对此的解释是，古时吃饭没有匙箸，但用十指而已，而手摩挲，恐生汗污饭，为人所秽。这是一种误解。当指同器食饭，不可用手，食饭本来一般用匙箸。

(9) 毋抟饭。

吃饭时不可抟饭成大团，大口大口地吃，这样有争饱之嫌。

(10) 毋放饭。

要入口的饭，不能再放回饭器中，别人会感到不卫生。或者解释“放”为放肆而无所节制，那么这就是劝人不要放开肚皮吃饭。

(11) 毋流歠。

不要长饮大嚼，让人觉得是想快吃多吃，好像没够似的。

(12) 毋咤食。

咀嚼时客人不要让舌在口中做出响声，否则主人会觉得是对他的饭食感到不满意。

(13) 毋齧骨。

不要专意去啃骨头，这样容易发出不中听的声响，使人有不雅不敬的感觉；同时又会使主人做出是否肉不够吃的判断，致使客人还要啃骨头致饱；此外啃得满嘴流油，可憎可笑。

(14) 毋反鱼肉。

自己吃过的鱼肉，不要再放回去，应当接着吃完。已经染上唾液，别人会觉得不干净，无法再吃下去。

(15) 毋投与狗骨。

客人自己不要啃骨头，也不要把骨头扔给狗去啃，否则主人会觉得是看不起他筹措的饮食，以为只配给狗吃而已。

(16) 毋固获。

“专取曰固，争取日获”。不要喜欢吃某一味肴馔便独取那一味，或者争着去吃，有贪吃之嫌。或又说“求之坚曰固，得之难曰获”，指必欲取之。食案上目标专一，也是不好的，这规定并非出自营养角度。

(17) 毋扬饭。

不要为了能吃得快些，就用食具扬起饭粒以散去热气。

(18) 饭黍毋以箸。

吃黍饭不要用筷子，但也不是提倡直接用手抓。食饭必得用匙，筷子是专用于食羹中之菜的，不能混用。

(19) 羹之有菜者用梜，无菜者不用梜。

梜即是筷子。羹中有菜，用筷子取食。如果无菜，筷子派不上用场，直饮即可。

（20）毋嚃羹。

饮用肉羹，不可过快，不能出大声。有菜必须用筷子夹取，不能直接用嘴吸取。

（21）毋絮羹。

客人不能自己动手重新调和羹味，否则会给人留下自我表现的印象，好像自己更精于烹调。

（22）毋刺齿。

进食时不要随意不加掩饰地大剔牙齿，一定要等到饭后再剔。东周墓葬中曾出土过一些精致的牙签，剔牙并不是绝对禁止的，但要掌握好时机。

（23）毋歠醢。

不要直接端起调味酱便喝。醢是比较咸的，用于调味，不是直接饮用的。客人如果直接喝调味酱，主人便会觉得酱一定没做好，味太淡了。看到客人歠醢，主人可能会说出自己太穷，穷得连盐都买不起的话来。

（24）濡肉齿决，干肉不齿决。

湿软的烧肉炖肉，可直接用牙齿咬断；而干肉则不能直接用牙去咬断，需用刀匕帮忙。

（25）毋嘬炙。

大块的烤肉和烤肉串，不要一口吃下去，如此塞满口腔，不及细嚼，狼吞虎咽，仪态不佳。

（26）当食不叹。

吃饭时不要唉声叹气，唯食忘忧，不可哀叹。

这些有关食礼的规定，不可谓不具体。这样的细微之处，都划出了明确的是非界限，可见古人对此十分重视。同样，类似的礼仪也曾作为许多家庭的家训，代代相传。

当代的老少中国人，自觉不自觉地都多多少少承继了古代食礼的传统。我们现代的不少餐桌礼仪习惯，都可以说是植根于《礼记》，是植根于我们古老饮食传统的。

2. 筵宴座次

《史记·项羽本纪》中记载，西楚霸王项羽在鸿门军帐中大摆宴席招待刘邦。在宴会上，“项王、项伯东向坐。亚父南向坐，亚父者，范增也。沛公北向坐，张良西向侍”。在这里，项羽和他的叔父项伯坐的是主位，坐西面东，是最尊贵的座位。其次是南向，坐着谋士范增。再次是北向，坐着项羽的客人刘邦，说明在项羽的眼里刘邦的地位还不如自己的谋士。最后是西向东坐，因张良的地位最低，所以这个位置就安排给了张良，叫作侍坐，即侍从陪客。鸿门宴上座次的安排是主客颠倒，反映了项羽的自尊自大和对刘邦、张良的轻侮。

以东向为尊的礼俗源于先秦，在《仪礼·少牢馈食礼》和《仪礼·特牲馈食礼》中可以看到这样一种现象，周代士大夫在家庙中祭祀祖先时，常将“尸”（古代代表死者受祭的活人）的位置放置在室内的西墙前，面向东，居于尊位。此外，郑玄《禘祫志》中记载，天子祭祖活动是在太祖庙的太室中举行的，神主的位次是太祖，东向，最尊；第二代神主位于太祖东北即左前方，南向；第三代神主位于太祖东南，即右前方，北向，与第二代神主相对，以此类排下去。主人在东边面向西跪拜，这都反

映出室中以东向为尊的礼俗。

以上是先秦至汉唐时期室内尊卑座次的安排，而汉唐时堂上宴席尊卑座次则与此不同。

堂是古代宫室的主要组成部分。堂位于宫室主要建筑物的前部中央，坐北朝南。堂前没有门而有两根楹柱，堂的东西两壁的墙叫序，堂内靠近序的地方分别叫东序和西序；堂的东西两侧是东堂、东夹和西堂、西夹；堂的后面有墙，把堂与室、房隔开，室、房有门和堂相通，古人常有“登堂入室”的说法。由于当时宫室是坐落在高出地面的台基上的，所以堂前有两个阶，东面的叫东阶，西面的叫西阶。堂的这种格局，在古代并无多大变化。堂用于举行典礼、接见宾客和饮食宴会等，但不用于寝卧。

在堂上举行宴饮活动时，就不是以东向为尊了，这在《仪礼》中亦有充分反映，如《仪礼·乡饮酒礼》中，堂上席位的安排为：主人在东序前西向而坐，主宾席在门窗之间，南向而坐，介（陪客）席则在西序前，介东向坐，这里主宾为首席，主人席次之，介更次之。此外在《仪礼·少牢馈食礼》中记载，作为主人的大夫，在家庙的室内行祭之后，接着就到堂上对刚当过“尸”的人行三献之礼，“尸”的座席就在门窗之间的墙下，“尸”背北面南而坐。清人凌廷堪根据这些材料，在其所著的《礼经释例》中归纳为：“室中以东向为尊，堂上以南向为尊。”（如图 5-4）

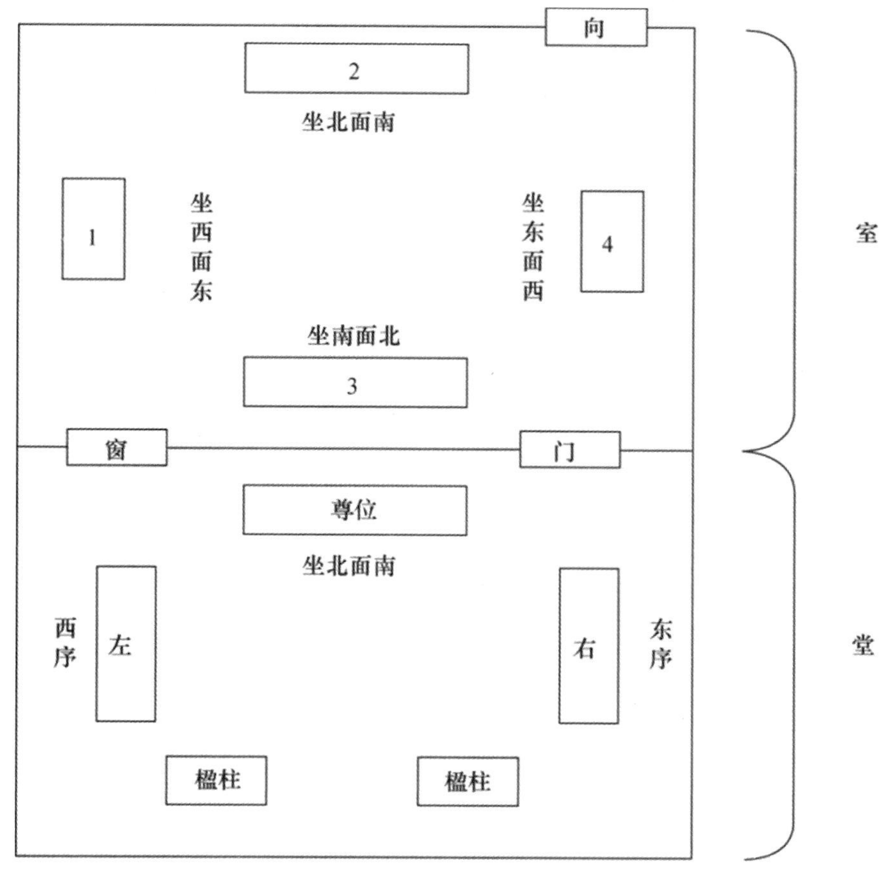

图 5-4　堂屋结构及方位尊卑示意图

中国古代社会长期沿袭这种礼俗，在汉唐时，若在堂上举行宴会，一般也是南向为尊。但因地域不同而有所差别，大致可分为南、北两种类型（如图5-5所示）。

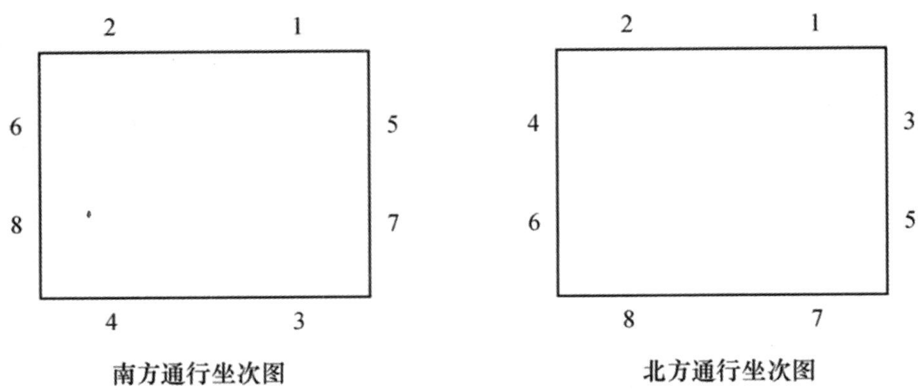

图5-5　宴会坐法的两种类型

宴席中一席人数并非定数，自明代流行八仙桌后，一席一般坐8人。但不论人数多少，均按尊卑顺序设席位，席上最重要的是首席，必须待首席者入席后，其余的人方可入席落座。中国宴席按入席者身份排座次的礼俗影响深远，直至今日。

3. 宴会礼仪

我国地大人众，历史悠久。由于时代、民族、阶级、地区、季节、场合、对象，以及其他条件的不同，导致了宴客礼俗的千变万化。我们无法就这些繁文缛节逐一细述，只就明清两代汉族地区常见的民间宴会礼俗作简单介绍。

邀客用请柬。请柬是邀请客人的通知书，以示对客人的尊敬。明顾起元《客座赘语·南都旧日宴集》写明代中期请柬的格式云："先日用一帖，帖阔一寸三四分，长可五寸，不书某生但具姓名拜耳，上书'某日午刻一饭'……再后十余年，始用双帖，亦不过三折，长五六寸，阔二寸，方书眷生或侍生某拜。"其实，请柬的格式在不断变化。现在发请柬之俗尚存，且有越来越华美之势。

客来先敬茶、敬烟、敬点心。《清稗类钞·宴会》："（客来）既就座，先以茶点及水旱烟敬客，俟筵席陈设，主人乃肃客一一入席。"这一风俗至今基本未变，唯有的省除了点心，水旱烟代之以卷烟。

桌席规格必与客人地位身份相称。明清两代，桌席有一人二人一桌的专席，有多人一桌的非专席，还有以碟子多少或馔肴珍贵华丽程度分成不同层次者，这都同客人的尊贵与否密切有关。清叶梦珠在《阅世编·宴会》中谈到的明清之交的宴会风俗，最为翔实。他说："肆筵设席，吴下向来丰盛。缙绅之家，或宴长官，一席之间，水陆珍馐，多至数十品，即士庶及中人之家，新亲宴席，有多至二三十品者，若十品则是寻常之会矣……顺治初……苟非地方官长，虽新亲贵友，蔬不过二十品，若寻常宴会，多则十二品，三四人同一席，其最相知者即只六品亦可……"这里特别重视"地方官长"，最堪玩味。《清稗类钞·宴会之筵席》又云："计酒席食品之丰俭，于烧烤席、燕菜席、鱼翅席、鱼唇席、海参席、蛏干席、三丝席各种名称之外，更以碟碗之多寡别之，曰十六碟八大八小，曰十二碟六大六小，曰八碟四大四小……”

入席时，以长幼、尊卑、亲疏、贵贱排座次，这是宴会礼仪中最重要的项目，也最费心机。《阅世编》说：“向来筵席，必以南北开桌（即两人一桌的专席）为敬，即家宴亦然。其他宾客，即朝夕聚首者，每逢令节传帖邀请，必设开桌，若疏亲严友，东客西宾，更不待言……近来非新亲贵友宴席，不用开桌，即用亦止于首席一人。送酒毕，即散为东西桌，或四面方坐，或斜向圆坐，而酬酢诸礼，总合三揖，便各就席上。”后来，开桌不用了，都多人一席。《清稗类钞》说：“若有多席，则以在左之席为首席，以次递推。以一席之座次言之，即在左之最高一位为首座，相对者为二座，首座之下为三座，二座之下为四座。或两座相向陈设，则左席之东向者，一二位为首座二座，右席之西向者，一二位为首座二座。主人例必坐于其下而向西。”今风俗以南向正中者为首座，其余就不太讲究了。若首座未经事先确定，则常常因互相谦让而耗费很多时间。

入座后，主人敬酒，客人起立承之。也有客人回敬之礼。《清稗类钞》：“将入席，主人必敬酒，或自斟，或由役人代斟，自奉以敬客，导之入座。是时必呼客之称谓而冠以姓字，如某某先生、某翁之类，是日定席，又日按席，亦日按座。亦有主人于客坐定后，始向客一一斟酒者。惟无论如何，主人敬酒，客必起立承之。”又，主人敬酒于客曰酬，客人回敬曰酢。《淮南子·主术训》：“觞酌俎豆酬酢之礼，所以效善也。”如此往返三次，曰酒过三巡。今宴会风俗，仍以先进酒于客为敬，且口称：“先干为敬。”也有集体起立，共同干杯，效西方风俗的。

端菜上席，必层层上传，如系家宴，则由贴身丫头或主人的晚辈把菜放在桌上。如《红楼梦》第四十回，“只见一个媳妇端了一个盒子站在当地，一个丫鬟来揭去盒盖，里面盛着两碗菜，李纨端了一碗放在贾母桌上，凤姐儿偏拣了一碗鸽子蛋放在刘姥姥桌上。”这种礼法也见之于《金瓶梅》。

上主菜时，客人有赏钱之俗。《金瓶梅》第 41 回，写乔大户娘子宴请吴月娘等人，“上了汤饭，厨役上来献了头一道水晶鹅，月娘赏了二钱银子；第二道是炖烂烧蹄儿，月娘又赏了一钱银子；第三道献烧鸭，月娘又赏了一钱银子。”

5.1.4　中国现代的食礼

中国现代的食礼是中国古代食礼的承续和演变发展。现代食礼既保留了古代食礼中彬彬有礼、长幼有序等中华民族优良的传统，又合理地摒弃了古代食礼中的一些繁文缛节。但是，食礼本身又是变化发展的，由于地区的差异，也显示出诸多不同。下面仅是现代食礼的一般状况。

1. 宴席座次与餐桌排列

（1）宴席座次。

以家宴为例，无论何种形式的家宴，在众多的来宾中，均有其宴请的主要客人，他们或是和主人感情较好的人，或是亲友中年长的人，或是社会地位较高的人等。

这就决定了座次安排会有主桌、主位、主宾等的一系列规定。座位安排得恰当与否，将是成功举办家宴的一部分。按中国习俗，面对房门的位置为上，紧挨房门处的位置为下。座次安排的方式如下所述。

安排两桌以上的家庭宴会要分出主桌来，安排主桌上宾客座次的依据应按照“面门、面南、观重点”的原则，也可将主桌安排在餐厅的重点装饰面前面。主人和副主人的座位要安排在能够纵观餐厅各桌的位置处，其他餐桌的主位应面对主桌的主位。副主人位应安排在主人位的对面，主宾位应安排在主人位的右边，因中国人通常以右为上，即主人的右手是最重要的位置。主宾夫人在主位左边，副主宾在副主人右边，如图5-6（a）所示。在没有副主人的情况下，可由男女主人招待宾客，座次安排，如图5-6（b）所示。除主宾和副主宾外，其他的客人为一般客人，他们虽占次要地位，但主人所做的一切决不可使他们感到宴会对自己毫无意义，所以应尽量让彼此熟悉的人坐在一起。另外，主人可找一些陪客，穿插于客人之间而坐，以便招呼客人。夫妇一般不相邻。按照中国的习惯，男人坐在一起，女人坐在一起，男女不会穿插而坐。

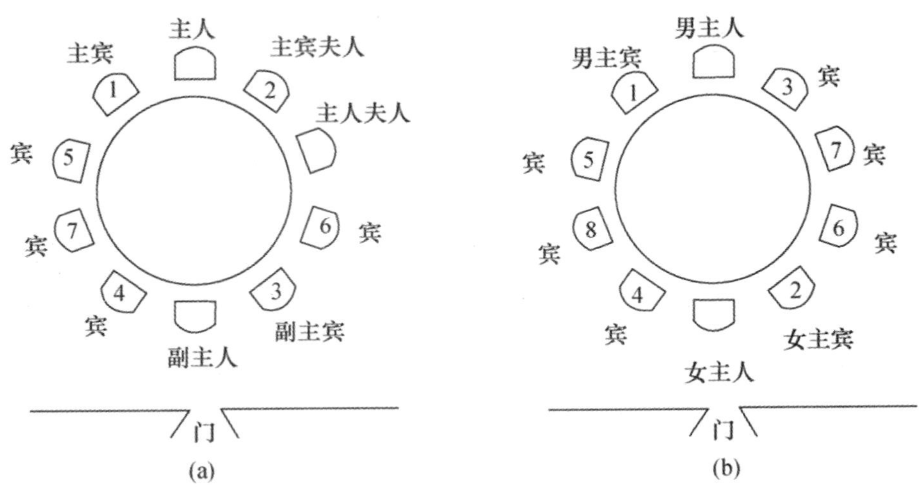

图5-6　家宴席位

入座时的次序，一般在客人到齐后，按照主人的安排，入座时遵从先里后外的习惯，主要的和先到的客人要在餐厅里边坐，以利于安排后来的客人。当然主人也可尊重宾客自己的选择，例如，关系亲密的可以自愿成为邻座；主动照顾长者的客人可以选择挨着长者的座位；同一行业的人因有共同的话题可相邻而坐；彼此交谈兴致高的客人可成为邻座……以上这些座次都是以宾客自愿选择为主。摆设家宴的主人最好尊重客人们的选择，这样有利于制造出欢乐的气氛，使客人有一种宾至如归和“酒逢知己千杯少”的感觉。

中餐在进餐时习惯固定座次，因此不要在席间相互挪位、换位。若有特别事宜需换位时，一定要有礼貌地征求所换座位上的客人的意见，如客人同意，要帮助他拿走其所使用过的餐具等东西，再调换座位。

（2）餐桌排列。

宴会场地的安排方式应根据其类型、宴会厅场地的大小、用餐人数的多少及主办者的爱好等因素来决定宴会场地的摆设规则。

宴会的摆设要选定是采用圆桌还是方桌。通常圆桌或方桌可方便宾客之间的交谈，常被应用。中餐上，一般不会使用长方形桌。在选定了餐桌的类型后，需决定如何安排主桌的位置。原则上，主桌应摆在所有客人最容易看到的地方。桌位多时，还要考虑桌与桌之间的距离，一般桌距最少为 140 厘米，而最佳桌距是 183 厘米。桌距应以客人行动自如和服务人员方便服务为原则，桌距太大会造成客人之间彼此疏远的感觉。餐桌排列方式如图 5-7 所示。

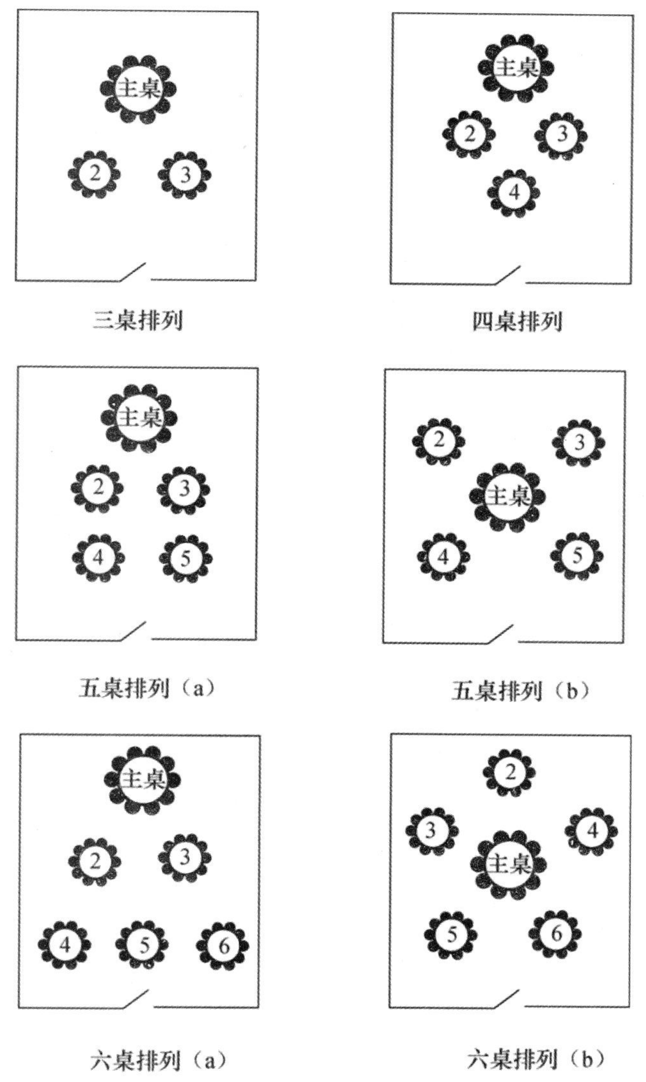

图 5-7　餐桌排列方式

2. 宴席上的礼仪

中国人在宴席中十分讲究礼仪。宴席中的规矩很多，各地的情形不尽一致，这里介绍一下宴席上的一般礼仪。

在接到请柬或友人的邀请时，能否出席应尽早答复对方，以便主人安排。一般来说，接到别人的邀请后，除了有重要的事情外，都应该赴宴。

参加宴会时应注意仪容仪表、穿着打扮。赴喜宴时，可穿着华丽一些的衣服；而参加丧宴时，则以黑色或素色衣服为宜。出席宴请不要迟到早退，若逗留时间过短，一般被视为失礼或对主人有意冷落。如果确实有事需提前退席，在入席前应通知主人。告辞的时间，可以选择在上了宴席中最名贵的菜之后。吃了席中最名贵的菜，就表示领受了主人的盛情。也可以在约定的时间离去。

赴宴时应“客随主便”，并听从主人的安排，应注意自己的座次，不可随便乱坐。邻座有年长者，应主动协助他们先坐下。开席前若有仪式、演说或行礼等，赴宴者应认真聆听。若是丧席，应该庄重，不应随意欢笑。若是喜宴，则不必过于严肃，可以轻松一点。

在宴客时，主人应率先敬酒。敬酒时可依次敬遍全席，而不要计较对方的身份和地位。敬酒碰杯时，主人和主宾先碰。人多时可同时举杯示意，不一定碰杯。在主人与主宾致辞、祝酒时，应暂停进餐，停止碰杯，注意倾听。席中，客人之间常互相敬酒以示友好，并活跃气氛。当遇到别人向自己敬酒时应积极示意、响应，并须回敬。要注意饮酒不要过量，以免醉酒失态。

宴饮时应注意举止文明礼貌。取菜时，一次不要盛得过多，最好不要站起来夹菜。如果遇到自己不喜欢吃的菜肴，上菜或主人夹菜时，不要拒绝，可取少量放在碗内。吃食物时应闭嘴咀嚼，嘴内有食物，不要说话，更不要大声谈笑以免喷出饭菜、唾沫。吃东西不要发出声响，喝汤不要啜响，如果汤太烫，可待其稍凉之后再喝。嘴内的鱼刺、骨头应放在桌上或规定的地方，不要乱吐。并且不要当着别人的面剔牙齿、挖耳朵、掏鼻孔等。

宴席食礼是食礼最集中、最典型，也是最为讲究的部分。我国的不同地区、不同民族在不同场合均有一些食礼食仪，有一些属于尊老爱幼、礼貌谦恭、热情和睦、讲究卫生等的内容，是中华民族的优良传统，也符合现代文明的要求，对此，我们应该继承和发扬。当然，也有一些不够合理、不够健康、不够文明的成分，如一些地区对客人强酒和饮酒必醉的习俗；一些地区男女不同席的礼俗或妇女不上正席的习俗；饮食器具共用的习惯；暴饮暴食的习惯，等等，则都属应当改革的陈规陋习。

5.2 外国饮食礼仪

5.2.1 国外对礼起源的认识

关于礼的起源，国外的一些学者对此也有浓厚的兴趣，他们也曾发表过不少论

述，其中以英国学者威廉·罗伯逊·史密斯（William Robertson Smith）的观点影响最大。他曾在 1889 年出版过一本书，名为《闪米特人的宗教》（*Religion of the Semites*），在这本著作中，史密斯认为，图腾制是由一种叫“图腾餐”（Totern Meal）的祭祀仪式发展而来的，而祭祀仪式的前提是假设神的存在。祭祀仪式中的祭献是古代宗教礼仪的主要形式，它几乎在所有古代宗教礼仪中都能找到，因此它的起源一定有一个共同的原因，而且在任何地方，这个原因都按照同一种面貌出现。

史密斯解释了“祭献”一词的原始意义和后来演变意义的不同之处，后来它是指向神灵供奉牺牲以便与神灵和解或获得恩赐；而在开始时，它只是指“神与膜拜者之间的一种友谊活动”。在人类尚未使用火之前或尚未有农耕知识以前，最古老的祭祀形式是用动物做祭献，这类祭献是一种公共的仪式，它是由整个氏族所参与的一种喜庆活动。

众所周知，宗教是一种社会行为，氏族成员所承担的宗教义务是其社会义务的一部分。任何祭献仪式都必然有盛大的庆典，任何有庆典的地方也必然有祭献仪式。祭献完后，一定还要共享祭品，以表示神与神的崇拜者之间“共餐”的亲密关系。

“共餐”的意思就是坐在同一桌子上进餐。人与神之间的共通关系就包含于其中。沙漠中的阿拉伯人仍然有此习俗，在共同进餐中把人们联系在一起的并不是宗教的力量，而是吃这种活动本身。谁只要能与贝都因人一起进餐，哪怕只吃一口食物或喝一口牛奶，谁就不必担心被视为敌人。因为你与他们一起共餐本身，就是一种礼貌的表现。

礼由饮食而起，由此达到了增进了解和友谊的目的。

那么，为什么共餐具有这种把人联系在一起的力量呢？这是因为，在原始社会中只有一种关系是绝对不可分离的，那就是血缘关系。血缘关系是指一群人非常紧密地联系在一起，以至于必须把它称之为是生命的整体。例如，在阿拉伯民族中，他们不说“甲或乙的血流出来了”，而是说“我们的血流出来了”。在希伯来人中，当一个人自称自己与对方是同一血缘关系时，常常说：“我是你的骨肉。”假如一个人和他信仰的神共餐，这就表示他们是一个实体。由此可知，祭献后的共餐最初是属于血缘氏族的庆典。依据法规，只有同一血缘关系的人才能共同进餐。

上引威廉·罗伯逊·史密斯的论述，足以证明，世界上许多民族礼的起源大都与饮食有关，这对于理解中国礼的起源具有一定的参考价值，可以说，《礼记》中“夫礼之初，始诸饮食”与史密斯的“共餐”制的说法有其相似之处。

“礼”起源于人对神的祭献饮食，目的在于从神那里获得实际利益。

5.2.2　亚洲国家饮食礼仪

亚洲人待客十分讲究。与亚洲人交往时，要记住不要使对方感到丢面子。名片在亚洲人的交往中被广泛应用。亚洲人的商业通用语是英语。下面列举几个亚洲国家的饮食礼仪。

1. 日本人的饮食礼仪

日本人相互拜访时，一定要打电话预先联系。他们一般不在家里宴请客人。如果应邀到日本人家中做客，一定要在门厅摘脱帽子、手套和鞋，在门口相互致意。走进房门后，男子坐的姿势比较随便，但最好是跪坐，上身要直；女子要正跪坐或侧跪坐，忌讳盘腿坐。告别时，应在离开房间后再穿外衣。日本人待客一般不用香烟，客人在交谈中想吸烟要征得主人同意，以示尊重。

到日本人家中做客要为女主人带上一束鲜花，他们忌选荷花和绿色的花，如果带的是菊花，应选有 15 片花瓣的菊花，同时还要带上一盒点心或糖果，最好用浅色纸包装，外用彩色绸带结扎。

日本料理进食时有不少规矩：不进食时，筷子需横放并且放在筷子座上；不可转换筷子；不可将筷子竖直插在白饭中央；不可用筷子传送食物给客人，因这些动作及行为与传统祭祀相类似；饮用清汤时，先打开碗盖，然后欣赏厨师之摆设，再拿起碗饮用；用汤完毕，将碗盖放回碗上，让侍应生取走；在寿司屋进食时，点选的寿司是以两件为一单位；若需要厨师代为点选，在需要停止前，应预早通知厨师。进食寿司，尽可能一口吃完，不可一边咬食，一边手持着交谈或传送给别人。蘸食山葵时，先将寿司表面的鱼片沾上酱油，再将所需山葵量放在寿司上，一同进食。不应将山葵及酱油混成糊状蘸吃。进食面类时，应发出“嘶”“嘶”声，以示美味及赞赏。当注茶或斟酒时，需显示友善态度，并且礼貌地拿起杯子配合，同时示意答谢。

2. 韩国人的饮食礼仪

在韩国吃饭时，主人总要请客人品尝一些传统饮料——低度的浊酒和清酒。浊酒亦称农酒，昔日是农家的自酿酒。韩国主人对于不饮酒的客人，多用柿饼汁招待。柿饼汁是一种传统的清凉饮料，把柿饼（亦可用梨、桃、橘、石榴等鲜水果）、桂皮粉、松仁、蜂蜜、生姜放在水中煮沸，待凉后滤去渣皮即可，味道甜辣清凉，常常在逢年过节时全家人一起饮用。有的人家还用油煎饼、松饼、油蜜果等传统食品来招待远道而来的客人。

与长辈一起用餐，应让长辈先动筷子，后辈再动筷子。汤匙与筷子不能叠放在碗上。进食时，汤匙与筷子不能同时取起，只能取其一；不能端起饭碗或汤碗，除了不礼貌外，还被视为“乞丐”取食的行为；先用汤匙喝汤，再吃别的饭菜；饭汤类食物以汤匙食用，别的食物则用筷子取用；不能发出任何声响。不要用汤匙或筷子翻腾饭菜，也不可以把不喜欢的食物挑出置一边；不可把食物残留在汤匙、筷子上；把公用的食物或酱夹到自己的餐碟上才能享用；遇有不能咽的骨头或鱼刺，应悄悄吐进纸巾内包裹，而不要胡乱吐在餐桌上；意欲打喷嚏或咳嗽，应转身用手绢或纸巾盖嘴，切勿打扰别人用餐；用餐进度与别人同时，须当长辈放下餐具后才可放下自己的餐具。进食后，食物吃完后，利用汤水把饭碗弄干净；餐具放回最初的位置；使用后的餐巾必须折叠放回桌上；使用牙签时，必须以手盖嘴，用罢后悄然扔掉。

主人在家中请客人吃饭，常用传统膳食招待。韩国人爱吃辣味，主食、副食里常常少不了辣椒和大蒜。韩国人的主食以大米和面食为主，最喜爱的传统面食是辣椒面

和冷面。韩国人制作冷面的面条是选用荞麦面制作的。韩国人每顿饭要有一碟酸辣菜，尤以辣白菜最为爽口。在正式宴会上，第一道菜是用九折板盛有九种不同食物，随后再上其他的菜，席上必须备有火锅。在家中请客，所有的菜均为一次性上齐。

韩国人在接待商务方面的客人时，多在饭店或酒吧举行宴请，以西餐形式招待，因此韩国拥有许多的西餐馆和日本餐馆。比较常见的西餐快餐食品有汉堡包、炸鸡、热狗等，很受人们的欢迎。这些食品使韩国人以鱼、蔬菜和米饭为主的传统膳食结构趋向了便捷化和多样化。韩国社会没有收取小费的习惯，客人无论进餐、购物或住宾馆等，均不必支付小费。

韩国餐馆的内部结构分成两种方式：即椅子式和脱鞋上炕式。前者的坐姿与中国人大致一样，这里重点谈谈炕上吃饭的礼仪。

在炕上吃饭时的坐姿：在炕上吃饭时，男人盘腿而坐，女人右膝支立——这种坐法只限于穿韩服时使用，现在的韩国女性平时不穿韩服，所以只要把双腿收拢在一起坐下就可以了。坐好点菜后，不一会儿，服务生就会端着托盘走来，其从托盘中先取出餐具，然后是饭菜。

吃饭时使用碗筷的礼仪：韩国人平时一律使用不锈钢制的平尖头儿筷子。中国人、日本人都有端起饭碗吃饭的习惯，韩国人却视这种习惯为不规矩。既然不端碗，左手没事做，就让它老实地藏在桌子下面，不让它在桌子上“露一手儿”。吃饭时右手一定要先拿起勺子，从水泡菜中盛上一口汤喝完，再用勺子吃一口米饭，然后再喝一口汤，再吃一口饭后，便可以随意地吃任何东西了，这是韩国人吃饭的顺序。勺子在韩国人的饮食生活中比筷子更重要，它负责盛汤、捞汤里的菜、装饭，不用时要架在饭碗或其他食器上。筷子只负责夹菜。如果汤碗中的豆芽菜用勺子捞不上来，客人也不能用筷子，这是食礼。筷子在不夹菜时，传统的韩国式做法是放在右手方向的桌子上，两根筷子要拢齐，三分之二在桌上，三分之一在桌外，这是为了便于拿起来再用。

总之，韩国人的食礼比较特殊，但在聚餐时常常也能得到其他民族的理解。

3. 朝鲜人的饮食礼仪

（1）朝鲜民间待客的传统食品。

朝鲜的待客食品具有鲜明的民族特色，如饺子汤、烤牛肉、脯食、冷面等都是待客的传统食品。

饺子汤是用牛肉、猪肉、蔬菜、麻油、辣椒等做成馅，用面皮包成饺子，放入用牛肉和各种作料熬成的汤中煮熟，食用时蘸上盐、胡椒面、芝麻面等，味道鲜美可口。朝鲜的烤牛肉制作方式独特，将牛肉片拍松，放入葱、姜、蒜、梨汁、香油、麻酱等作料浸泡，再放到炭火上慢慢烤，食时外焦里嫩、芳香诱人。脯肉是用鱼干、牛肉干、猪肉干、羊肉干、狗肉干制成的民间传统食品，香脆味浓，独具特色。朝鲜的冷面种类繁多，制作精细，面韧色鲜，汤清凉爽，酸辣适度，开胃提神，声名远扬。许多国家都开设朝鲜冷面馆，当然以朝鲜人制作的冷面为最正宗，平壤冷面尤为驰名。

另外，狗肉汤、打糕、甲皮饼、凉粉、生拌牛百叶、生拌鱼等也是朝鲜人常常用来待客的传统食品。朝鲜人的饭菜以米饭、泡菜、酱为主，菜肴味道清淡鲜辣，异国

他乡的客人品尝后，会留下难忘的印象。

（2）朝鲜朋友家的待客礼仪。

朝鲜素有“礼仪之国”的称号，朝鲜人对后代十分重视礼仪道德的培养，尊老敬长是朝鲜民族恪守的传统礼仪。

朝鲜民族热情好客，每逢宾客来访，总要根据客人身份举行适当规格的欢迎仪式。接待外国首脑来访，要按国际惯例举行盛大迎送仪式，数十万人夹道欢迎或送别，场面隆重。无论在什么场合遇见外国朋友，朝鲜人总是彬彬有礼，热情问候，谈话得体，主动让道，挥手再见。

应邀朋友到家中做客，主人事先要进行充分准备，并将室内院外打扫得干干净净。朝鲜人时间观念很强，总是按约定的时间等候客人的到来，有的人家还要全家到户外迎候。客人到来时，主人多弯腰鞠躬表示欢迎，并热情地将客人迎进家中，用饮料、水果等招待客人。朝鲜人素来待客慷慨大方，主人总要挽留客人吃饭，甚至许多人家还有挽留远道而来的客人在家中留宿几天的习俗，并用丰盛的饭菜款待客人。

（3）朝鲜人的饮酒礼仪。

朝鲜人家若有贵客临门，主人会感到十分荣幸，一般会以好酒好菜进行招待。客人也应尽量多喝酒，多吃饭菜，客人吃得越多，主人越发感到有面子。

在饮酒时，朝鲜人很讲究礼仪。酒席上按身份、地位和辈分的高低依次斟酒，地位高者先举杯，其他人依次跟随。级别与辈分悬殊太大者不能同桌共饮，在特殊情况下，晚辈和下级可背脸而饮。因其传统观念是“右尊左卑”，因而用左手执杯或取酒被认为是不礼貌的。

经允许，下级、晚辈可向上级、前辈敬酒。敬酒人右手提酒瓶，左手托瓶底，上前鞠躬、致辞，为上级、前辈斟酒，一连三杯，敬酒人自己不能饮酒。敬酒者离开时应鞠躬，被敬酒者则要说些感谢或鼓励的话。另外，当身份不同者在一起饮酒碰杯时，身份低者要将酒杯举得低，用杯沿碰对方的杯身，不能平碰，更不能将杯举得比对方高，否则是失礼。

饮酒时，人们从不自己斟酒，而是彼此斟酒，邻座酒杯一空，就应马上为他斟满。别人为你斟酒时，要举起自己的酒杯，如果你不要再加酒时，可在酒杯里留点酒。一般情况下，妇女给男人斟酒，但不给其他妇女斟酒。

4. 蒙古人的饮食礼仪

蒙古大多为喀尔喀蒙古人。蒙古人信仰喇嘛教，蒙古语是他们的国语。蒙古人性情豪放，在草原上形成了独特的接待宾客的礼节，具体待客礼仪如下。

蒙古人热情好客，有客来访时主人会用最好的食品如奶茶、酸马奶、奶酪、酒、牛羊肉等来招待，一个陌生人到蒙古游牧区，即使不带钱和食品也可以旅行几个月，好客的蒙古人会把陌生人当贵宾来接待。客人来临，主人首先问候来客的身体、亲眷和工作情况，客人进门入座后，女主人先端上一碗香喷喷的热奶茶，然后摆上各种奶制品。向客人敬酒和敬奶茶是隆重的礼节。为贵宾准备的盛奶茶的碗必定是银质的，还要与奶茶一起献上哈达。主人向贵宾递酒杯的动作也是有规矩的，一般为右手

举杯，左手托住右臂肘，恭敬地把酒杯交到客人手中。在喝奶茶或喝酒前，还会有人致祝词，祝愿完毕，其他人则答“愿祝此长存”的话语。除奶食外，还有糖果等食物。款待嘉宾最上等的菜肴是又肥又大的绵羊“背子肉”，即羊胸椎下面至尾部的那块肉。客人在进入蒙古包之前要将马鞭子放在门外，否则是对主人的不尊敬。客人进门要从左边进，入蒙古包以后坐在主人的右边。客人离开蒙古包之时要走原来的路线，出蒙古包以后不要急于上马，要走一段路，应等到主人进去后，再上马离去。

主人向客人敬鼻烟也是一种习俗，烟被装在约 16 立方厘米大小的精致小瓷瓶内，如果客人也有，就要互敬鼻烟。如果是同辈人相见，要用右手递壶，或双手略举，鞠躬互换，各自从壶内倒出一点烟，用食指抹在鼻孔上，吸入品闻烟味，然后再换回鼻烟壶。如果是长辈与晚辈相见，晚辈要跪下一足，再用双手递鼻烟壶，长辈则微微欠身用右手接鼻烟壶。

请吸烟也是一种待客礼仪，客人入蒙古包以后，主客要寒暄互问：“玛拉赛音努”（意为“牧畜好吧”），然后客人取出烟袋说：“塔玛哈塔塔”（意为“请吸烟”）。主人接过客人的烟袋，装入自己荷包里的烟草，点燃后用布擦一下烟袋子嘴，然后用右手或双手递给客人。客人接受后同样也取主人的烟袋，装入自己荷包里的烟草，点燃后递给主人。

5. 越南人的饮食礼仪

越南是个多民族共同生活的国家，各民族衣食住行保持了各自不同的风俗习惯。但是，从总的方面来说，越南人待人接物的礼仪还是大同小异的。

越南人很讲究礼节，多信佛教，一般不采用拥抱、接吻等礼节。客人进家要先向主人一家打招呼问好，点头致意或行握手礼均可。信仰佛教的人们相见时，一般行合十礼，即双手合十齐唇或齐额，向对方致意，双手不宜过高。一些少数民族见面也有行抱拳作揖礼的。主客之间见面说话时，要先称呼对方，尤其是对长辈更应如此，否则便被认为是没有礼貌的。

越南盛产大米，人们日常的主食是粳米，山区杂有玉米和薯类。副食品有各种蔬菜和肉禽蛋鱼等。调味品主要有盐、豆酱和鱼露。最普通的饭菜是米饭和白水焯过的蕹菜，即我们日常所称的空心菜，再伴以鱼露。此外，糯米饭也是受大众欢迎的食品，经常用来待客。越南最典型的糯米饭是用木鳖果汁搅拌而成，木鳖是一种蔬菜类植物，果实外皮带小刺，成熟时为红色，味甘，这种木鳖果汁拌成的糯米饭看上去晶亮鲜红，味甜而有滋补作用。在隆重的节庆和招待贵客时，主人也会制作大个的糯米粽子请人品尝。

越南人就餐一般用中式的碗、筷。做客时，客人在用水、用烟或用饭前要先向主人说一句“不客气了”或“您先请”等，以示礼貌。越南各族人常用他们最喜欢的酒和生冷酸辣食物待客，客人不应拒绝。

6. 老挝人的饮食礼仪

(1) 老挝人家中佛教习俗多。

老挝是一个多民族的国家，全国大体上可以划分为以老族、泰族为主的老龙族

（约占全国人口的五分之三），以老族、普囡族为主的老听族和以苗族、瑶族为主的老松族等。老挝是一个以佛教为主的宗教国家，全国居民85%以上信佛教，佛教的影响渗透到民众日常生活的各个方面，流行的风俗礼仪也多与佛教有关。

老挝人善良朴实，待人客客气气，彬彬有礼。无论在什么场合同老挝人相遇，即使互不相识，对方也总是报以微笑，亲切地说一声“沙拜迪”（您好），立即让人感受到一种真挚的友情。许多老挝人还要行传统的合十礼表示问候，鞠躬弯腰，双手合十，置于胸前。在老挝，行合十礼是相互表示敬意和问候的礼节，平辈人之间可以这样做，在晚辈给长辈行这样的礼后，长辈也会以同样的方式还礼。如果向僧侣行合十礼，对方可以不用同样的方式回礼，而以点头示意。在今天的老挝，社会交往中也流行握手礼，尤其同外国客人交往时多行握手礼。

在老挝人家中做客，要注意遵守当地的一些风俗习惯。老挝人忌讳摸头顶，平辈人之间不能摸对方的头顶，就是对小孩也不能为了表示喜爱而摸其头顶。老挝人十分忌讳生人进入内室，不经主人邀请或没有获得主人的同意，不得提出参观主人的庭院和住宅的要求，即使是比较熟悉的朋友，也不要去触动客厅里除书籍、花草以外的个人物品和室内的陈设。有些山和树被视为神山或神树，不可轻易进入这些山或用手触摸这种树。在一些村寨里，有的人家的门上或屋檐上画有特殊的符号，表示这座房子里闹鬼，不可擅自进入这样的房屋，要由主人带领下进入，进入屋内后不可乱坐乱摸，一切须听从主人的安排。老挝的民间传统节日大多与佛教有关系，一直持续四五天。佛教节日期间，老挝人不杀牲，市场上不售肉，家里也不能吃肉。

老挝人喜爱以传统饭菜招待客人，以辛辣和酸味食品为主，著名的饭菜有糯米饭、竹筒饭、腌鱼、“考本”汤、“拉”菜、酸笋、青苔、干牛皮、拌木瓜等。“考本”汤是用粉浇上肉末、椰汁和香料熬成的，味道鲜美。“拉”菜是生冷食品，将新鲜的牛肝、牛肚洗净后切碎，拌上香辣作料制成，吃到嘴里略带腥苦味，初次食用很不习惯，尽管主人并不强求，如果客人入乡随俗地多少品尝一些或夸奖味道不错，主人会感到格外高兴和亲切的。老挝人吃饭时习惯将鸡头或鱼头让给客人，以表示对客人的尊敬，客人应高兴地接受，并向主人致以谢意。

老挝民间还流行为远道来客举行拴线祝福的礼仪，亦称“巴喜”或“素宽”仪式，以表示诚挚的友情和良好的祝愿。主人将一缕用香水浸泡过的线拴在客人的手腕上，先拴左手腕，后拴右手腕，拴毕，双手合十，举到胸前，并说“愿您长寿、健康、幸福”，客人在3天后可解开。

（2）老挝民间待客，敬酒在先。

老挝人十分好客，每逢宾客临门，主人会显得格外高兴，除热情迎候外，还要用各种时令鲜果和自家酿制的美酒来招待，因而在老挝流行“主人引路，敬酒在先”的说法。应邀到老挝朋友家中拜访、做客时，应同主人事先联系约定，并准时赴约，主人会率家人按时恭候迎接。见面问候后，要在主人引导下进入住房，走进客厅之前，要自动脱鞋，因老挝人有进屋脱鞋的习惯；进入室内后要盘腿席地而坐，不可将腿往前伸，这是不礼貌的举动。客人坐定后，主人送上酒，先为自己斟满一杯一饮而尽，然后斟满一杯递给客人。客人要双手接过一饮而尽，并表示谢意，即使不喝酒的客人也应该多少尝一些，不然会使主人不高兴。

在老挝乡间做客，主人会热情地请客人饮坛酒。坛酒是老挝乡间款待宾客的必备之物，用糯米加其他原料制成，封入坛中。

宾客进门后，取出酒坛，放在客厅中央，众人围着酒坛席地而坐，主人当众取下坛口上的封泥，根据在场人数多少，向坛中插入一些细管，每人握住一根细管吸饮坛中的酒，大家边饮边谈，显得亲密无间。此为老挝民间的敬酒礼。

7. 柬埔寨人的饮食礼仪

柬埔寨人喜爱用传统的饭菜招待客人，主食是大米，副食以鱼虾、生菜和凉拌菜为主。待客的名菜有熏鱼、滑蛋虾仁、菜扒虾丸、素菜、凉拌菜等，凉拌菜是在蔬菜里放入葱、姜、蒜、辣椒、椰汁等作料，吃来酸咸适度，香辣可口，别有风味。

柬埔寨人吃饭时席地而坐，用手抓饭，将饭菜包在事先准备好的生菜叶里，蘸上作料往嘴里送。现在许多家庭也使用刀、叉、筷等餐具。吃完饭，客人要赞扬饭菜丰盛，味道好，感谢主人盛情款待。

（1）到柬埔寨人家做客的禁忌。

在柬埔寨人家做客存在着很多忌讳，客人须注意遵守。如柬埔寨人认为右手干净，左手污垢，进食用右手，递给他人物品要用右手或者双手，尤其是吃的东西，否则，弄不好对方会拒绝接受。不能用手随便摸小孩的头顶，信仰佛教的柬埔寨人认为这样会给小孩带来灾难；女孩子不能用脚踢赶猫，否则人们认为这个女孩会找不到婆家；几个人同住一间卧室，年轻者睡觉的地方不得高于年长者的床铺，脱下的鞋子，不能悬挂于他人的头上方；拜访僧侣，要将鞋脱在室外，然后进入屋里。柬埔寨天气炎热，当地人有冲凉的习惯，接待客人或者去拜访他人之前，要先冲凉，换上干净衣服。

（2）柬埔寨人的宗教礼仪习俗。

柬埔寨是一个信仰佛教的国家，佛教徒占全国居民的90%左右，少数人信奉伊斯兰教和天主教，风俗礼仪独特。

柬埔寨人注重礼节，讲话很有礼貌，见面时要行双手合十礼。如平辈朋友相见，左右合掌，十指并拢，置于胸前，表示相互亲切友好地问候；晚辈见到长辈，双手合十举至下颌，表示尊敬；百姓见到高僧，合十后举至眉宇，表示敬意；见到客人，弯腰鞠躬，双手合十举在胸前，并热情问候。

拜访柬埔寨朋友应事先约定时间，并按时赴约，届时主人会在家中恭候，客人要注意衣着清洁、整齐。宾主见面时，主人双手合十行礼，客人应双手合十还礼。在一般情况下，可称男主人为先生，称女主人为夫人，对其他女性可称女士、小姐。如果知道主人的姓名、职务、职业，可称为“毕江先生”“市长先生”“法官先生”“毕江夫人”“博士小姐”等；如果主人是部长以上的官员，则应称为“部长阁下”“大使阁下”等。宗教在柬埔寨占有重要地位，使得柬埔寨人的称谓很有讲究。富有高学位的贤士被人们称为“班洁”（柬埔寨语“博士”的译音），客人可称之为“班洁先生”。

全国最高僧侣首领被人们称为“僧王”，客人可称之为“僧王阁下”或“僧王先生”；省级的僧侣首领被称为“梅绲”，县级的被称为“梅丝娄克”或“阿努绲”，宗教仪式主持人被称为“阿夏”，客人可称之为“梅绲阁下”“梅绲先生”“梅丝娄克先生”“阿努绲先生”“阿夏先生”等。

在柬埔寨朋友家做客要注意尊重宗教方面的风俗习惯和民族礼仪。例如，许多佛教徒不吃荤；天主教忌讳“13”，尤其是“十三日星期五”这个日子；忌讳跷着二郎腿说话等。

8. 菲律宾人的饮食礼仪

菲律宾人在礼仪上受西方影响颇大，模仿美国人的生活方式，日常见面无论男女均以握手见礼，男人之间也可拍肩膀问好。菲律宾素有尊重客人、敬重长辈的习俗。重要的客人临门，主人多要行吻手礼表示欢迎。同客人谈话，多用恭敬的话语。家庭成员需要从客人面前经过时，总是弯着腰，两手垂下，嘴里说：“打扰您啦，我可以过去吗?”待客人答话后，才慢慢走过去，并不忘说一声：“谢谢您。”在日常生活中，家中的晚辈早晚都要对长辈行吻手礼。在菲律宾流行着这样一句话：“不懂得敬重长辈的人，是不会得到他人敬重的。”菲律宾人具体的待客礼仪如下。

（1）到菲律宾朋友家里拜访，客人最好准时赴约，以示对主人的尊敬。

许多菲律宾人的家庭有进门脱鞋的习惯，客人要注意主人的举动，主人脱鞋，客人便跟着脱鞋，主人会认为客人是注重礼节的人。拜访菲律宾朋友，可以适度地送些礼物，如菲律宾四季鲜花盛开，花卉品种多达上万种，菲律宾人喜爱鲜花，到菲律宾朋友家里拜访，送上一束鲜花，被视为高雅而有礼貌的举动，如果过后再给主人寄去一封表示感谢的短信，会更加赢得主人的欢心。

（2）菲律宾人待客实在，对来访者会先送上饮料和水果招待，因为很多菲律宾人有咀嚼槟榔的习惯，所以也有送上槟榔请客人咀嚼的。交谈中，主人会诚恳地询问客人有什么困难或需要帮助的事情，客人讲明后，主人会尽力帮助他们。不论客人带着什么目的来登门拜访，主人都会很有礼貌地接待，到临近开饭的时间要再三挽留客人吃饭。用餐时，上层人士家庭多用西餐待客，普通人家则用传统饭菜款待客人。菲律宾人的传统饭菜别具风味，待客的名菜有“烤乳猪”；用蘸醋的鸡肉或猪肉焖制而成的“阿道包”；用木瓜、洋葱、蔬菜加胡椒炒制的“阿恰拉”；用孵化到一半的鸡蛋或鸭蛋煮熟后制成的“巴鲁特”，以及咖喱鸡肉、虾子煮汤、肉类炖蒜等。主食有大米、玉米、米饼等，常用椰子汁煮的饭和抹上新鲜白干烙的米饼招待客人。饭后，主人还要用各种各样的水果招待客人。菲律宾盛产各种热带水果，素有“太平洋上的果篮”之称，椰子、香蕉、杧果、凤梨、榴梿漫山遍野，举目皆是。菲律宾人从来不用一种水果待客，习惯请客人同时品尝多种水果。

（3）忌讳。

菲律宾人忌讳“13”和“星期五”，认为这样的日子是不吉利的，如果遇上是13日又是星期五，便认为是大不吉利的日子，这一天不举行宴请、聚会等活动，提心吊胆地过日子，仿佛灾难随时都要降临似的。在菲律宾，旅馆没有13号房间，楼房没有

13 层的编号，居民区没有 13 的门牌号，公共汽车上没有 13 号座位，到商店购物不买 13 份，宴会上不送第 13 道菜，不安排 13 个人进餐，如果碰巧是 13 位进餐，便要增加一位或退出一位……总之，在菲律宾这个国家，凡遇到“13”这个数字，都要设法避开。

9. 马来西亚人的饮食礼仪

（1）在马来西亚人家做客的礼仪。

马来西亚人待客慷慨大方、谦恭礼貌，热情欢迎客人登门拜访，而且喜爱挽留客人在家中吃饭。在马来西亚人的传统观念中，如果不留客人在家中吃饭，别人会怀疑自己妻子的烹调水平不高。

应邀到马来西亚朋友家里做客，应按与主人事先约定的时间准时到达，且要衣冠整齐，进屋前先脱鞋，将两只鞋整齐地放在楼梯口或房门边，否则会被视为失礼行为。进入屋内，要向主人家的成员一一问候，特别要注意首先问候主人的父母亲和其他长辈。在主人的要求下，可以席地而坐，男性客人盘腿而坐；女性客人屈膝侧伸坐。不可歪戴帽子。在没有征得主人同意时不可吸烟。

马来西亚人不要求客人送礼，如果向主人赠送一些日常食品，如椰子、槟榔、香蕉、糕点、饼干、咖啡、糖果等，表示友好情谊，主人也会高兴地收下。主人送上来的饮料、水果、糕点等，客人一定要多少品尝一些，否则会被误认为拒绝主人的善待之情，引起主人的不快。

在马来西亚朋友家里做客，许多风俗需要注意遵守。马来西亚人认为自己的头部和背部是神圣不可侵犯的地方，尤其忌讳他人用手触摸自己的头部，认为这是对自己严重的人身侵犯和侮辱行为，弄不好会招来预料不及的恶果；不能用右手的食指指某个地方、某个人或某件物品，因为这是被视为会带来厄运的动作；除了阿訇，他人是不能随便触摸马来西亚人的背部的，他们认为这样做会带来灾难；马来西亚人认为左手是不干净的，忌讳用左手，尤其与人交往递送或接受礼品绝不可用左手，否则会被认为是严重的失礼行为。

（2）马来西亚人的待客礼仪。

马来西亚人热情好客，有客来访时，主人必用糕饼、点心以及茶、咖啡、冰水等来招待。客人应为受到的盛情款待表示感谢，不可过谦而不吃不喝，否则会招致主人反感。

马来西亚有几个较大的民族，各有其不同的宗教信仰和进食习惯。如印度教徒不吃牛肉；华人吃饭用筷子；马来人、印度人吃饭用手和勺子。到马来西亚人家中做客用餐时，应先看主人如何做，客人再见机行事。

10. 印度尼西亚人的饮食礼仪

印度尼西亚人非常友好，宾主初次见面要交换名片，拿取东西时要用右手而不能用左手，也不能用双手，他们认为左手是用来拿不干净的东西的。

印度尼西亚人爱吃大米饭，早餐一般喜欢吃西餐，副食喜欢吃牛、羊、鱼、鸡之

类的肉，还喜欢吃中国菜，如香酥鸭、宫保鸡丁、虾酱牛肉、咖喱羊肉、炸大虾等，饮料常喜好红茶、葡萄酒、香槟酒、汽水等，很少饮烈性酒。

11. 新加坡人的饮食礼仪

新加坡人十分讲究礼貌礼节，礼仪方面与中国相似。

新加坡人的主食是米饭和包子，早点多用西餐，下午常吃点心，副食品主要为鱼虾，如炒鱼片、炒虾仁、油炸鱼等。尤其偏爱中国的广东菜，喜吃桃子、荔枝、生梨等水果，居住在新加坡的华人和中国人一样过春节、元宵节、端午节、中秋节……节日饮食也同我国习俗。

新加坡人尤其讲究卫生，爱护环境。新加坡人见面忌讳说“恭喜发财”之类的话，他们认为此话意为得“横财”，存有损人肥己之意。

12. 泰国人的饮食礼仪

泰国人很讲究礼貌，晚辈对长辈处处表示尊重，所以泰国的“敬语”用得特别多，在待人接物中有许多约定俗成的规矩，下面谈谈泰国人的饮食礼仪。

泰国人相见时双手合十互致问候，晚辈向长辈行礼时，双手合十，举过前额，长辈也会合十回礼。双手举得越高，表示尊重的程度越深。当然视情况也有行跪拜礼的，若长辈坐着，晚辈只能坐在地上或蹲跪，不可高过长辈。

泰国人以大米为主食，副食是鱼和蔬菜。早餐吃西餐，如烤面包、黄油、果酱、咖啡、牛奶、煎鸡蛋等，午餐和晚餐则喜用中餐，如中国的川菜和粤菜。泰国人爱吃辛辣菜肴，不吃牛肉，不喜酱油，不爱吃红烧的和加糖的菜肴。特别喜欢喝啤酒，在喝咖啡和红茶时，喜欢配以小蛋糕和干点心，饭后有吃苹果、鸭梨的习惯，但不吃香蕉。另外，在递给别人东西时要用右手，不得已用左手时要说声“请原谅”。

泰国人经事先联系后，会准时赴约，进屋时先脱鞋。与泰国人交往，可以送一些小的纪念品和鲜花，送的礼物事先要包装好。

在泰国做客时，忌把脚伸到别人跟前，不能用脚踢门，就座时不要跷腿，把鞋底对着别人是一种对别人的侮辱性的行为。妇女就座时，双腿要靠拢，否则被认为缺乏教养。

13. 印度人的饮食礼仪

印度人称自己的国家为“婆罗多”，意为月亮，这是一切美好事物的象征。主客见面时，都用双手合十于胸前致意。晚辈为表示对长辈的尊敬，行礼时要弯腰并触摸长者的脚。印度人的具体饮食礼仪表现如下。

印度人的饮食由于民族和历史文化的影响，南北差异很大。北方饮食中有许多肉、谷物和面包；南方多素食，吃米饭和辛辣咖喱。所有印度菜肴中，唯一的共同点是喜欢辣味。印度人家庭的基本食品是米饭、家常饼、作料和两三碟小菜用来蘸面包吃，普通的佐餐品是干青酸辣菜和香菜叶。印度人的正餐常以汤菜开始，通常是稀薄咖喱，其余菜肴同时送来，不是逐道上。正餐之外有辅佐食物，最普通的是色拉和酸奶。正餐之后的甜食通常是冰淇淋、布丁、鲜水果等。

客人到印度人家后，要向主人和其家人问好，饭前和饭后要漱口和洗手，因印度人就餐不用餐具，一般用右手吃饭，用右手递取食物，敬酒敬菜。尤其在印度的北方，人们要用右手的指尖来拿东西吃，把食物拿到第二指关节以上是不礼貌的。而在印度的南方，人们却用整个右手来搅拌米饭和咖喱，并把它们揉成团状，然后拿着食用。印度人用手进食时，忌讳众人在同一盘中取食。不得用手触及公共菜盘，不得去公共菜盘中取食，否则将被共同进餐的人所厌恶。就餐时常用一个公用的盛水器供人饮用，喝水时不能用嘴唇接触盛水器，而要对准嘴往里倒。

在印度人的餐桌上，主人一般会殷勤地为客人布菜，客人不能自行取菜。同时，客人不能拒绝主人给你的食物和饮料，食品被认为是来自上天的礼物，拒绝它是对上天的忘恩负义。吃不了盘中的食品，不要布给别人，食品一旦被触及过，将被视为污染物，许多印度人在就餐前很在意他们的食物是否被异教徒或非本社会等级的人碰过。餐后印度人通常给客人端上一碗热水放在桌上，供客人洗手。

在传统的印度人家庭或农村中，还存在如下习俗：通常客人与男人、老人、孩子先吃，妇女则在客人用膳后再吃。不同性别的人同时进餐时，不能同异性谈话。

作为客人，餐后要向主人表示敬意，即应当赞扬食品很好吃，表示自己很喜欢。一般不要说“谢谢你”等致谢的话，否则被认为是见外。

14. 巴基斯坦人的饮食礼仪

巴基斯坦全称是巴基斯坦伊斯兰共和国，是世界上第一个以伊斯兰命名的国家，全国居民97%信奉伊斯兰教。巴基斯坦人的风俗礼仪主要来自于伊斯兰教的一些规定，也保留着一些传统的风俗习惯。

巴基斯坦人热情好客，讲究礼节，待人诚实。对于久别重逢的朋友，巴基斯坦人总要热情拥抱，而且反复三次以上，随后双方手拉着手道安问好，一方说“真主保佑你平安”，另一方回答说“真主也保佑你平安”。相互问候的内容很广泛，从身体到事业，从家庭到业余爱好，寒暄的时间很长。同外国朋友见面时，巴基斯坦人会热情与之握手，表示欢迎，对于尊贵的朋友，常常要献上用鲜花制成的花环。在公开场合，女性是不会同男性客人握手或拥抱的，只是通过微笑、鞠躬、问好表示欢迎，男性客人也不能主动上前与女性握手。巴基斯坦人注重衣着得体。到巴基斯坦朋友家做客要服饰整洁，男性要穿长衫、长裤，即使天气再热，也最好穿西服，系领带，女性不要穿裙子。

巴基斯坦人忌讳用手拍打对方的肩背，即使是同亲密的朋友见面拥抱时，也不要高兴得边拥抱边用手拍打对方的肩背，因为这在巴基斯坦被认为是警察拘捕犯人的动作。手帕不能作为礼品赠送给巴基斯坦朋友，巴基斯坦人认为手帕是用来擦眼泪的，赠送手帕带有悲伤之意。同巴基斯坦人交谈，要避免提及对方忌讳的话题，不要谈论敏感的政治问题，说话语气要轻，态度要谦虚，不可毫无顾忌地高谈阔论，不可忘乎所以地哈哈大笑。在巴基斯坦人看来，这些都是缺少修养的表现。

到巴基斯坦朋友家里做客，事先要预约。巴基斯坦人对时间观念要求不是十分严格，不准时赴约不会被认为是失礼行为，但最好还是按约定时间抵达，但不要提前

到，以免主人未做好准备而被弄得措手不及。在巴基斯坦，进餐时由男主人出面接待客人，妇女是不在男客面前露面的，宴请巴基斯坦朋友夫妇时，常常是男宾客欣然出席而其妻子不露面。巴基斯坦人多用奶茶和水果招待客人，有时在奶茶里放些巴旦杏、阿月浑子等干果，喝起来清香爽口。饭后，还要请客人吃梨、柑、橙、香蕉、葡萄等水果。巴基斯坦人对朋友总是显得慷慨大方，总要挽留客人吃饭，常常用丰盛可口的膳食来招待，因他们认为只有这样才算表达了对朋友的诚挚情谊。

心灵手巧的家庭主妇用香麻、黄油、咖喱、胡椒、辣酱等来调味，通过炒、煎、烧、烩、涮，制成各种各样富于民族特色的饭菜来待客。那些传统名菜，如咖喱鸡、涮羊肉、烧羊肉、煎牛排、鱼肚等，被异国客人食后赞不绝口。许多菜里因放入各种香料，有着一种特殊的香味，加上色泽淡雅，味道鲜美，令人食欲倍增。巴基斯坦人喜爱甜食，常用甜菜泥、西式点心、染色的甜米饭、甜发面饼招待客人。客人告辞时，主人要热情地送到院门外，把右手放在胸前，真诚地说“真主保佑你”，客人同样将右手放在胸前，回答说“真主保佑你”。当客人已走出很远时，主人仍会站在院门外目送。

15. 阿富汗人的饮食礼仪

阿富汗是一个拥有 30 多个民族的国家，居民多信奉伊斯兰教，风俗礼仪别具一格。下面是阿富汗人的一些礼节特点。

（1）做客之道。

普什图人是阿富汗境内人数最多的民族。普什图人热情好客，每逢异乡朋友临门，总是热情迎进家，用最好的食品款待，并诚恳挽留客人住下，两三天后才询问客人有什么要求，需要什么帮助，千方百计地让客人感到满意。在普什图人家里做客，要“一心一意，自始至终”，不可做客这家再访问另外一家，否则会使主人不愉快。比如客人在某家做客不满三天，又转到其他人家做客，这样主人会不高兴，认为自己受了轻视。

（2）赠礼与交往之道。

阿富汗人走亲访友有赠送礼物的习惯，但送礼要适度，以表示友好感情为宜，礼物太重会使人觉得送礼者有非分之念。到亲朋好友家访问，作为长辈，可适当送给主人家小孩一点零用钱，此举含有长辈对晚辈表示祝福的好意。到阿富汗朋友家拜访，衣装要整洁，以示对主人的尊重；谈话要用敬语，主动表示祝贺和祝福，谈话的内容要得体。拜访时间要尽量避开主人家吃饭之际，如特殊情况在主人盛情挽留用膳后，要夸奖饭菜的丰盛与口味的独到之处，并感谢主人的热情款待。

阿富汗人的膳食以牛肉、羊肉、蔬菜和大饼为主，多由家庭主妇烹调，常常用一种名叫“舒尔包”的菜来招待客人。“舒尔包”是阿富汗的一道名菜，用羊肉、蔬菜、葡萄等干品加入香菜和作料在砂锅内熬制而成，味道纯正鲜美，可用软饼夹着食用。有时主人甚至为客人做烤全羊，饭后还要送上甜食与水果。用膳时，客人在主人邀请之下，先讲几句客气的问候语，然后进餐。

阿富汗人在亲友、熟人相逢时，都要将右手按在胸前鞠躬，并说一句：“愿真主保

佑你”。晚辈见长辈、下级见上级尤其要行此礼。有修养的人们可以相互握手，热情问候，问候内容可涉及对方身体、家庭、事业等。男人见到不相识的妇女，不能主动与其谈话，因为阿富汗妇女不可以与陌生的男人讲话。

5.2.3　欧洲国家饮食礼仪

欧洲人比较讲究礼仪，在公共场合的私人交往中第一次见面要互换名片，朋友约会要准时，北欧各国更是如此。应邀到欧洲人家里吃饭时，在咖啡和白兰地酒未端上来之前，客人一般不要抽烟。到欧洲人家里做客，最受主人欢迎的礼物是一束鲜花。总之，欧洲人没有美国人随便，比较正统。下面介绍几个欧洲国家的饮食礼仪。

1. 英国人的饮食礼仪

英国人讲究文明礼貌，注重修养，时间观念强，无论参加宴会还是洽谈业务，必须准时。赴宴时不能早到，可以迟到 10 分钟，未受邀请而去拜访英国人的家庭是非常失礼的举动。请英国人吃饭，必须提前邀请，不能临时通知。

在英国，不是所有的人都是一日四餐的，90%的英国人家庭是一日三餐，由家中的女主人来烹饪，大多为早餐、正餐（午餐）和晚餐。英国人每餐吃水果，早餐喜欢吃麦片、三明治、奶油、橘酱点心、煮鸡蛋、果汁牛奶、可可，午餐、晚餐喜欢喝咖啡和吃烤面包。午餐为一天中的正餐，英国人把午饭作为主餐，餐间往往要饮酒，爱吃牛（羊）肉、鸡、鸭、野味、油炸鱼等。晚餐较简单，通常以冷肉和凉菜为主。餐间喝茶，但不饮酒。英国人做菜时很少用酒作调料，调味品大都放在餐桌上，由进餐者自由挑选。

英国人在平时的语言谈吐中，“请”与“谢谢”用得非常普遍，即使在家庭中也是如此。父母子女同桌吃饭时，父亲叫儿子把桌子上那瓶盐、酱油或其他东西拿过来，也得说声：“请把盐拿给我。”当儿子把父亲所要的东西拿过来后，父亲一定要说声：“谢谢。”夫妻、母女等之间也是如此。如若孩子在饭桌上向母亲要一片面包时，说：“给我一块面包。”母亲会回答他：“什么，给我一块面包?!”孩子得重新说：“请给我一块面包。”

另外，英国人不邀请因公事交往的人来家里吃饭，公务宴请大都在酒店或餐馆里进行。英国人爱喝茶，把喝茶当作每天必不可少的享受，尤其喜欢中国的“祁门红茶”，不喝清茶，茶中一般加放糖、鲜柠檬、冷牛奶等，即制成奶茶或柠檬茶再喝。

英国人忌用同一根火柴给第三人点烟。与英国人坐着谈话，忌两腿张得过宽，更不能跷起二郎腿，站着谈话不可把手插入衣袋内。英国人忌当着别人的面耳语和拍打肩膀。向英国人送花时忌送百合花，因他们认为百合花意味着死亡。

2. 法国人的饮食礼仪

法国人热情开朗，使用亲吻礼，初次见面后很快就能亲热交谈。与法国人约会，事先要约定时间，准时赴约是有礼貌的表示，但不能提前到达。法国的烹调技术在世界上闻名。下面来谈谈法国人的饮食礼仪。

法国人用餐讲究选料，花色品种繁多，其口味特点是香味浓厚，鲜嫩味美，注重菜肴的色、形和营养。法国人常对他们的烹调技术感到自豪。法国人的烹调技术也的确是一丝不苟。一般情况下，法国人不请人到自己家中做客。一旦被邀请赴法国人家做客，客人应对每一道菜表示赞赏。外国人到法国人家做客，不要讲蹩脚的法语，应讲英语。

早餐、午餐和晚餐是法国人日常饮食生活的重要组成部分，一般情况为：早餐一般爱吃面包、黄油、牛奶、浓咖啡等；午餐喜欢吃炖鸡、炖牛肉、炖火腿、炖鱼（忌食无鳞鱼）等；晚餐很讲究，大多吃猪肉、牛（羊）肉、鱼虾、海鲜、蜗牛、青蛙腿、家禽。牛排和土豆丝是法国人的家常菜。法国人喜欢吃冷菜，习惯自己切着冷菜吃。所以，若用中餐招待法国客人，应在摆有中式餐具的同时，再摆上刀叉等工具。

法国人烹调时用酒较重，肉类菜烧得不太熟，如水鸭三四分熟即可，其他肉最多七八分熟，牡蛎一般都喜欢生吃。配料爱用蒜、丁香、香草、洋葱、芹菜、胡萝卜等。

法国人爱喝葡萄酒、啤酒、苹果酒、牛奶、红茶、咖啡、清汤，喜欢酥食点心和水果，不吃辣的食品。

与法国人交往时忌送黄色的花，因为他们认为黄色的花代表不忠诚。法国人忌黑绿色和黑桃图案，因这些均被认为不吉祥。

3. 德国人的饮食礼仪

德国人勤勉、矜持、有朝气、守节律、好清洁、爱音乐；约会准时，时间观念强；待人热情，诚实可靠。在宴席上，男子坐在女士和地位高的人的左侧，女士在离开或离开后又返回饭桌时，邻座位上的男子要站起来以示礼貌。请德国人进餐，与他们交谈时最好谈原野风光，因为他们个人的业余爱好多为体育活动。德国人的具体饮食习惯为：早餐简便，一般只吃面包，喝咖啡即可；午餐是主餐，主食是面包、蛋糕、面条、米饭，副食为土豆、瘦猪肉、牛肉、鸡肉、鸭肉、野味、鸡蛋。晚餐一般吃冷餐，并喜欢以小蜡烛照明，在幽幽的烛光下，人们边吃边谈心。德国人不太喜欢吃羊肉、鱼虾、海味，菜肴宜清淡、酸甜，不宜辣；喜欢喝啤酒、葡萄酒。此外，德国人习惯在外聚餐，在事先没有讲明的情况下聚餐时要各自付钱。德国人忌讳茶色、红色和深蓝色，忌食核桃。

4. 意大利人的饮食礼仪

意大利人热情好客，待人接物彬彬有礼，在正式场合，穿着十分讲究，见面时握手或以手示意，约会时要注意准时，谈话时要注意分寸，一般谈论工作、新闻和足球等内容的话题。其具体的饮食礼仪如下。

意大利人的主餐是午餐，一顿午餐能延续两个小时，执意拒绝午餐或晚餐的邀请是不礼貌的。到意大利人家做客时，可以带葡萄酒、鲜花（花枝数要为单数）和巧克力作为礼物，但注意不要带菊花，因菊花被用于葬礼上。意大利人喜欢吃通心粉、馄饨、葱卷等面食，爱吃牛肉、羊肉、猪肉、鸡肉、鸭肉、鱼虾、海鲜等，菜肴特点是味浓，尤以原汁原味闻名，烹调以炒、煎、炸、焖著称。

意大利人有早晨喝咖啡、吃烩水果、喝酸牛奶的习惯。酒（特别是葡萄酒）是意大利人离不开的饮料，不论男女几乎每餐都要喝酒，甚至在喝咖啡时，也要掺上一些酒。每逢节日，意大利人更是开怀痛饮。

5. 俄罗斯人的饮食礼仪

俄罗斯人性格开朗、豪放，集体观念强，他们爱清洁，不在街上乱扔东西。俄罗斯人与外人相见时行握手礼，朋友之间为拥抱和亲吻面颊，公共场合处处尊敬女性。主人请客人吃面包和盐是最殷勤的表示，具体饮食礼仪如下。

俄罗斯人以面包为主食，肉、鱼、禽蛋为副食，喜食牛、羊肉，爱吃带酸的食品。口味较重，油腻较大，喜吃焖、煮、烩菜，也吃烤、炸菜。早餐简单，几片面包，一杯酸牛奶即可。午餐较讲究，爱吃红烧牛肉、烤羊肉串、红烩鸡、烤鸭等。晚餐也比较丰盛，对我国的糖醋鱼、辣子鸡、酥鸡、烤羊肉等十分喜爱。俄罗斯人特别喜爱吃青菜、黄瓜、西红柿、土豆、萝卜、洋葱、奶酪、水果。

俄罗斯人爱喝酒，且一般酒量较大，对名酒诸如伏特加、中国酱香型茅台等烈性酒也颇感兴趣，不爱喝葡萄酒、绿茶，喜欢喝加糖的红茶。俄罗斯人办宴会通常都用长桌子，男女间隔而坐。如果客人带夫人去赴宴，其夫人会被安排在别的男子身边入座，而客人身边坐的也必然是其他人的夫人。在用餐之前，客人面前的酒杯里通常已斟满了酒。“伏特加”是俄罗斯人最喜爱的烈性酒。热情的主人会一杯接一杯地劝酒，甚至硬灌。这样做在美国会被认为是不礼貌的，但在俄罗斯却被视为是好客的表现，不过现在俄罗斯有的地方已开始禁酒，宴会上一般只上少量的果酒或以各色的饮料为主。宴会开始，主人先致欢迎词，然后大家碰杯饮酒，随便选食。特别要注意：只有面包可以用手拿食，其他食品都要用刀叉，不过吃鸡也可以用手。

席间，客人不应有拘谨的表现，也不能只顾着吃，应同周围的人边谈边吃。当客人已吃够了，而主人还在不断地给其添菜时，客人就用右手平放在颈部，表示已不能再吃了。与俄罗斯人谈话，要坦诚相见，不能在背后谈论第三者，更不能说他们小气之类的言语。

6. 葡萄牙人的饮食礼仪

若应邀到葡萄牙人家里做客，见面时一般先行握手礼，亲朋好友相见时为拥抱礼，表现为男人之间互拍肩膀，妇女则互吻双颊。若被邀请在主人家吃饭，不一定非带礼物，如果送礼，就送鲜花或蛋糕、巧克力。如果不带礼物，可以再回请主人到餐馆吃一顿饭，也很常见。

与主人谈话时，关于旅行、风光、个人爱好、斗牛等内容都可以成为话题，对于政治和政府政策应避免谈及，也不要询问个人私事。

葡萄牙人在中午 12 时到下午 3 时不办公，外人不要在这段时间内和他们联系工作。

5.2.4　美洲和大洋洲国家饮食礼仪

美洲诸国大多数信奉天主教或基督教，口味一般爱好清淡，喜欢吃烤、煎、炸等

酥脆食品，调味多数不喜蒜味、辣味、酸味。澳大利亚人的饮食习惯与美国人相仿。

1. 美国人的饮食礼仪

美国人性情开朗，举止大方，乐于与人交往，不拘礼节，第一次见面只是笑一笑或说声“Hi”“Hello”等，不一定要握手。美国人在接到礼物，或应邀参加宴会，或得到朋友帮助时，都要写致谢信。在美国拜访亲友时，必须先打电话预约，名片一般不送人，只是在双方保持联系时才送出。当着美国人的面想抽烟，需先问对方是否介意，不能随心所欲。下面是其饮食方面的礼仪。

美国人的一日三餐为：早餐往往是果汁、鸡蛋、牛奶和面包；午餐较简单，多半在公司或单位享用工作快餐；晚餐是正餐，人们最爱吃的菜肴是牛排与猪排等，并以点心、水果配餐。口味特点是咸中带甜，喜爱生冷、清淡。煎、炸、炒食品一般均爱吃，但不喜欢在烹调时使用调料，而是把酱油、醋、盐、味精、胡椒粉、辣椒粉等放在餐桌上自行调味。对带骨的肉类，他们要尽量剔除骨后才做菜。美国人不喜欢奇形怪状的诸如鸡爪、猪蹄、海参等食品。不少美国人喜欢吃中国的川菜、粤菜。他们自己做冷菜时，多数用色拉油、沙司做调料。

美国人一般不爱喝茶，爱喝冰水、矿泉水、可口可乐、啤酒、威士忌、白兰地等。

美国人在餐馆里用餐比较节俭，往往把吃剩的食品包好带走。一般说来，美国人认为请客人到家里去是一种友好的表示。美国人在家请客，一般是以家庭式的聚餐方式，客人与主人会围坐在长方形饭桌旁，菜肴盛在盘子中，依次在每个人手中传递，或由男女主人依次为每人盛食品，大家需要什么就盛什么。

当美国人请你去做客时，一定要给人以明确回复并记清时间、地点，不可错过。若突然有事不去了，一定要打电话说明原因，好让主人早做准备。一般赴宴须准时到达，或者在约定时间的 5 分钟前后到达。

美国人虽不拘礼节，但赴宴时也要备好一束花或一瓶酒。在家宴中，最使主人高兴的礼物是充满友谊的祝酒词，这种礼物并非花钱可以买到。席间处处要女士优先。用餐完毕，不要保持沉默，要夸女主人的手艺，随后再寄去一封简短的感谢信。

同一般西方人一样，美国人忌讳数字“13”、星期五，忌问个人收入和财产状况，忌问女性婚否、年龄和服饰的价格等私事。美国的移民较多，日常生活中各有其独特的习俗。

2. 加拿大人的饮食礼仪

加拿大人因受欧洲移民的影响，饮食礼仪与英、法两国相似，见面时打招呼为握手，比较讲究个人仪表和卫生。被邀请到别人家做客时，送鲜花会令主人愉悦，不过不能送白色的百合花。赴宴要准时，具体饮食习惯如下。

加拿大多数人与英、美、法等国人相似，口味偏重甜酸，喜欢清淡，爱吃鸡鸭肉，炸鱼虾，煎牛排、羊排等。早餐爱吃西餐，晚餐爱喝清汤（加豆子、小萝卜等），点心喜欢吃苹果派、香桃派等，并喜欢喝各种水果汁、可口可乐、啤酒等，对威士忌、苏打、红葡萄酒、樱桃白兰地、香槟酒等也十分喜爱。忌食各种动物的内

脏，不爱吃肥肉。

3. 墨西哥人的饮食礼仪

墨西哥人以热情待客著称，对老人和妇女十分尊重。平时见面，大多以握手为礼，如遇熟人和好朋友还要拥抱亲吻。

在墨西哥，除上层官方人士外，一般都不说英语，因此，如果与墨西哥人交往，学会用西班牙语与之交流将被看作是一种礼貌。交谈时，墨西哥人喜欢谈及他们依靠自力更生所取得的成绩。

墨西哥人在与人告别时，常赠送一张弓、一支箭和几张象征神灵的剪纸，以表致意与祝福。其饮食习惯是大多数人吃西餐，早餐爱吃牛奶、烤面包和各种水果汁。口味喜爱清淡并咸中带甜酸味。烹调以煎、炒、炸为主，菜肴果品往往离不开仙人掌。仙人掌叶是墨西哥的蔬菜之一，也是酿造饮料和配制糖与酒的重要原料。仙人掌成熟果实的汁液清甜爽口，常被人们当作解暑佳品。在各种宴会上，仙人掌果汁常与西瓜、菠萝等一并受到欢迎。

在墨西哥，人们往往以昆虫烹制佳肴，主要烹调方法是油炸和烤制。有一道名菜叫“墨西哥鱼子酱”，就是以蝇卵为原料制成的。蠕虫、蚱蜢、蚂蚁经烹制后，其味道恰同油炸火腿。另外，蚂蚁还往往被用来做夹馅小吃，用活臭虫为原料烹制的“虫菜”亦很受欢迎。在墨西哥城，经营昆虫菜肴的餐馆生意十分兴隆。一些地区的印第安人只有在款待贵宾时，才会上一盆以蚂蚁烹制的菜。

墨西哥人还爱吃中国的粤菜，爱喝冰水、可口可乐、啤酒、威士忌、白兰地。墨西哥人忌送菊花，他们认为菊花是妖花，是人在死后，放在灵前作祭奠时用的；还忌送手帕和剪刀，因为手帕与眼泪联在一起，剪刀是友谊破裂的象征。

4. 澳大利亚人的饮食礼仪

澳大利亚人办事认真爽快，待人诚恳热情，见面时用握手礼，直呼对方名字。乐于结交朋友，即使是陌生人，也一见如故。他们不但有崇尚友善的精神，而且还有谦逊礼让的品质，重视公共道德，组织纪律性强，时间观念强。在澳大利亚与女性接触时要谨慎，因为女性较保守，做客时可送鲜花和葡萄酒。

澳大利亚人的饮食习惯和口味与英国人较相似，喜好清淡，不爱吃辣。家常菜有煎蛋、炒蛋、火腿、脆皮鸡、油爆虾、糖醋鱼、熏鱼、牛肉等，当地名菜是野牛排。餐桌上调味品种类多。

澳大利亚人食量较大，啤酒是最受欢迎的饮料。澳大利亚人酷爱体育活动，甚至有人认为，没有体育活动，生活就会空虚。游泳及日光浴是澳大利亚人的喜好。若有谁不会游泳，则不仅自以为耻，而且也必将成为众人讥讽的笑料。

5. 新西兰人的饮食礼仪

新西兰人同新结识的人见面或告别时，均为握手，对方如是位女士，那就应等她先伸出手后再与她握手。有的新西兰人还通行鞠躬昂首礼。

新西兰人时间观念强，赴约守时，交谈话题大都涉及天气和体育运动，不愿谈及

种族问题。

新西兰的毛利人善歌舞、讲礼仪，当远方的客人来访时，致以“碰鼻礼”，碰鼻次数越多，时间越长，说明礼遇越高。

新西兰人饮食与英国人大致相仿，喜欢吃西餐，特别爱喝啤酒。新西兰人还嗜好喝茶，一般每天需喝7次茶（早茶、早餐茶、午餐茶、午后茶、下午茶、晚餐茶和晚茶），很多机关、学校、工矿企业都有喝茶的专用时间，茶店和茶馆几乎遍及新西兰各地。

5.2.5 非洲国家饮食礼仪

非洲大陆各民族有着不同的语言、习俗和文化，即使在同一个国家里，各部落之间也是千差万别的。在非洲很多地方，人们吃饭不用桌椅，也不使用刀叉，更不用筷子，而是用手抓饭。吃饭时，大家围坐一圈，将一个饭盒和一个菜盒放在中间。每个人用左手按住饭盒或菜盒的边沿，用右手的手指抓自己面前的饭和菜，送入口中。非洲人抓饭吃时的动作干净利落。客人吃饭时要注意切勿将饭菜撒在地上，这是主人所忌讳的。饭毕，长者未离席时，晚辈要静坐等候；子女离席时，须向父母行礼致谢；客人则应等主人吃完后一道离开。

在非洲的不少地方，人们吃饭时遵守严格的礼仪，甚至连牛羊鸡鸭的每个部位归谁吃都有规定。如在马里，鸡大腿应当让年长的男人吃；鸡胸脯肉归年长的妇女吃；当家的人吃鸡的脖子、胃和肝；鸡的头、爪和翅膀则由孩子分食。在博茨瓦纳的公众大型宴会上，宾客和男人吃牛肉，已婚的妇女吃杂碎，两者分开煮，分开食，不得混淆。

以下来谈谈其主要国家的饮食礼仪。

1. 埃及人的饮食礼仪

埃及人正直、爽朗、宽容、好客，将这一特殊的个性通称为“埃及风格”。埃及人在打招呼时，往往以“先生”　“夫人”和头衔来称呼对方，见面介绍后往往行握手礼，有时见面也行亲吻礼。人们最广泛并随时使用的问候是“祝你平安”。当斋月来临时，人们常问候“斋月是慷慨的”，回答是“真主更慷慨”。埃及人都很和蔼，如果一方有什么差错，只要说声“很抱歉”即可。席间如果有人为了去祈祷而中途退席，客人要耐心等待，因为他们很快就会回来。进入清真寺要脱鞋。接送东西要使用双手或右手。浪费食物，尤其浪费面饼，被认为是对神的亵渎。

埃及人的主食为面饼，副食爱吃豌豆、洋葱、萝卜、茄子、西红柿、卷心菜、南瓜、土豆等蔬菜，忌食猪肉、海味、虾、蟹和各种动物内脏（肝脏除外）以及奇形怪状的食物。

他们喜欢甜食，爱喝红茶和咖啡，忌饮酒。埃及人有在咖啡摊上进午餐的习惯，他们买一杯咖啡和几块点心，边吃边喝，别有一番滋味。进餐时，如果没有必要，他们一般不与人交谈。

埃及人忌蓝色和黄色，因为他们认为蓝色是恶魔，黄色为不幸的象征，因埃及人

办丧事时穿黄色衣服。

2. 坦桑尼亚人的饮食礼仪

坦桑尼亚人爱好音乐，能歌善舞，待人诚恳热情，注重礼貌。在坦桑尼亚，无论被介绍给谁，都要与对方握手问好。客人和主人之间互称“某某先生”，不要称呼他们为“黑人”，而应称“非洲人”，否则是对他们的蔑视和不礼貌。他们生活在热带，衣、食、住都较简单，生活方式同其他国家也有较大的差别。

坦桑尼亚人一般食量较大，大多数坦桑尼亚人以羊肉为主要副食品，爱吃米饭、烤羊肉串、辣味鱼、咖喱、鸡肉等，有的人以吃鱼、虾为主，有的人则以香蕉当饭。坦桑尼亚人忌食猪肉及奇形怪状的食物。

思　考　题

1. 如何理解“夫礼之初，始诸饮食”？
2. 中国的分食是如何向合食转变的？
3. 结合实际谈谈如何弘扬中国饮食礼俗的优良传统？
4. 英国学者威廉·罗伯逊·史密斯是如何解释礼的起源的？

第6章 茶文化

6.1　中国茶文化

6.1.1　茶的起源

茶，原产于中国。中国人发现茶和利用茶的历史已经很久远了。中国人最早发现茶和利用茶的时间，大约可以追溯到中国的原始社会时期。中国的古书记载中有神农尝百草、用茶来解毒的传说，如中国第一部药物学专著《神农本草》中就有“神农尝百草，日遇七十二毒，得茶而解之”的记载。神农是中国古代部落首领，又称炎帝。《庄子·盗跖》说神农之世……只知其母，不知其父。也就是说，早在数千年前，我们的祖先还处于母系社会，由狩猎时代演变到养殖和耕种的时代，就已经发现和利用茶叶，距今已有近千年。这一传说表明中国人对茶的利用大约已经有五千年了，这几乎和中国的文明史一样长。虽无可稽考，但可说明知茶、用茶历史悠久。

中国是最早发现和利用茶的国家。茶的古称甚多，如荼、诧、荈、槚、苦荼、茗、蔎等，在古代有的指茶树，有的指不同的成品茶。至唐代开元年间（公元 8 世纪），始由“荼”字逐渐简化而成“茶”字，统一了茶的名称。

图 6-1　云南邦威大茶树

茶树起源于何时很难考证。唐代陆羽在其所作世界上第一部茶叶专著《茶经》中称：“茶者，南方之嘉木也，一尺、二尺乃至数十尺，其巴山、峡川有两人合抱者”，不但描述了茶树的形态，而且指出茶产于中国南方。根据现代植物学考察资料，今云南、贵州、四川一带古老茶区中，仍有不少高达数十米的野生大茶树，且变异丰富、类型复杂。例如，云南省西双版纳勐海县巴达山的大茶树，树高 34 米，树干直径 1.21 米，据专家测定，这棵大茶树的树龄已经超过 1700 年。云南省景谷县野生古茶树，树高 20 米，直径 4.51 米。1997 年 4 月 8 日，我国发行的以茶为题材的 4 枚邮票，第一枚是云南省邦葳的大茶树（如图 6-1 所示），树龄已超过 1000 年，它是人工栽培、经过修剪，后来人们放弃修剪，使其自然生

长，高 11.8 米，距地面 70 厘米处的干茎直径达 1.41 米。以上这批生长的大茶树存活到今天，仍然枝繁叶茂，是非常珍贵的历史遗产，也可以说是活文物、活化石。世界山茶科植物绝大部分分布于云贵高原边界山区等地，可以说明这里是茶的起源地。由于自然地理因素影响和人工选择的结果，才使同一茶属的野生茶树在系统发育中分化出不同的种类。现在云南西南地区大叶野生茶树分布相当普遍。而到了贵州、四川并进一步由西向东，由于人工干预的影响，茶树形态就由乔木变为灌木、叶形也由大变小，现长江中下游以南地区分布的主要是中小叶茶树。

6.1.2　茶树的种类

茶树是多年生、常绿的木本植物。它的品种很多，一般可分为三大类：第一类是小叶种茶树，叶片长 3 至 4 厘米，树型为灌木型；第二类为中叶种茶树，叶片长 5 至 8 厘米，树型为半乔木型，它比灌木型茶树生长高大，但比乔木型要小得多；第三类是大叶种茶树，它的叶片一般有 8 厘米，最长的达到 20 多厘米，这种茶树，树型高大，属于乔木型大茶树。

茶树尽管形态各异，叶片大小差异很大，但它们的基本形态和茶树叶片的基本成分，却是基本上一样的。最为显著的特点是，茶叶的边缘有明显的锯齿，有明显的叶脉，叶脉呈互生状，一般有主脉 7 至 13 对，它的花似白蔷薇，果实如栟榈。茶树叶片所含的物质多达 11 种，但是构成茶的特性的主要有两类：一类是“茶多酚”，约占总量 20%~30%，这是茶的主要物质，其中儿茶素又占茶多酚的 70%以上；另一类是生物碱，约占总量 3%~5%，其中主要是咖啡碱、茶叶碱和可可碱。如果没有这两类物质，那就不能称为茶了。

茶树是山茶科茶树中的一种，其学名为 Camellia sinensis（L.）O. Kuntze。我国茶区幅员辽阔，茶树广泛分布在山地、丘陵、平地，在长期的自然选择和人工选择下，在系统发育中，经历了漫长的演化，形成了许多种类，仅就我国已知的栽培种类就有 500 多个。依据刘祖生、陈文怀等提出的分类方法，我们将茶树分为以下几种（如图 6-2 所示）。

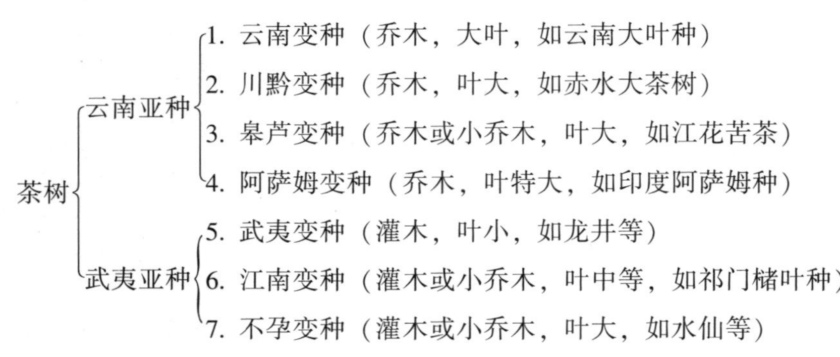

图 6-2　茶树分类

6.1.3　茶在我国的传播

中国是茶树的原产地，然而，世界上的茶树原产地并非只有中国一个，在世界上的其他国家也发现了原生的自然茶树。

但是，世界公认中国在茶业上对人类有着卓越的贡献，这主要在于：中国是最早发现并利用茶这种植物，把它发展成我国一种灿烂独特的茶文化，并且逐步地传播到周边国家乃至整个世界。

1. 秦汉以前——巴蜀是中国茶业的摇篮

顾炎武曾道自秦人取蜀而后，始有茗饮之事，认为饮茶是秦统一巴蜀之后才开始传播开来，肯定了中国和世界的茶叶文化，最初是在巴蜀发展起来的。这一说法，已为现在绝大多数学者认同。巴蜀产茶，可追溯到战国时期或更早，巴蜀已形成一定规模的茶区，并以茶为贡品。关于巴蜀茶业在我国早期茶业史上的突出地位，直到西汉成帝时王褒的《童约》，才始见诸记载，内有烹茶尽具及武阳买茶两句。前者反映成都一带，西汉时不仅饮茶成风，而且出现了专门用具；从后一句可以看出，茶叶已经商品化，出现了如“武阳”一类的茶叶市场。西汉时，成都不但已形成我国茶叶的一个消费中心，由后来的文献记载看，很可能也已形成了最早的茶叶集散中心。不仅仅是在秦之前，秦汉乃至西晋，巴蜀仍是我国茶叶生产和技术的重要中心。

2. 三国两晋——长江中游茶业发展壮大

秦汉时期，茶业随巴蜀与各地经济文化而传播。首先向东部、南部传播，如湖南茶陵的命名，就是一个佐证。茶陵是西汉时设的一个县，以其地出茶而名。茶陵邻近江西、广东边界，表明西汉时期茶的生产已经传到了湘、粤、赣毗邻地区。三国、西晋时期，随着荆楚茶业和茶叶文化在全国传播的日益发展，也由于地理上的有利条件和较好的经济文化水平，长江中游和华中地区，在中国茶文化传播上的地位，逐渐取代巴蜀而明显重要起来。三国时，孙吴据有东南半壁江山，这一地区，也是当时我国茶业传播和发展的主要区域。此时，南方栽种茶树的规模和范围有很大的发展，而茶的饮用，也流传到了北方豪门贵族。西晋时长江中游茶业的发展，还可从西晋时期《荆州土记》得到佐证。其载曰“武陵七县通出茶，最好”，说明荆汉地区茶业的明显发展，巴蜀独冠全国的优势，似已不复存在。

西晋之后，北方豪门过江侨居，建康（南京）成为我国南方的政治中心。这一时期，由于上层社会崇茶之风盛行，使得南方尤其是江东饮茶和茶叶文化有了较大的发展，也进一步促进了我国茶业向东南推进。这一时期，我国东南植茶，由浙西进而扩展到了现今温州、宁波沿海一线。不仅如此，如《桐君录》所载，“西阳、武昌、晋陵皆出好茗”，晋陵即常州，其茶出宜兴。表明东晋和南朝时，长江下游宜兴一带的茶业，也著名起来。三国两晋之后，茶业重心东移的趋势，更加明显化了。

3. 唐代——长江中下游地区成为茶叶生产和技术中心

六朝以前，茶在南方的生产和饮用，已有一定发展，但北方饮者还不多。及至唐

朝中后期，如《膳夫经手录》所载：“今关西、山东，闾阎村落皆吃之，累日不食犹得，不得一日无茶。”中原和西北少数民族地区，都嗜茶成俗，于是南方茶的生产，随之空前蓬勃发展了起来。尤其是与北方交通便利的江南、淮南茶区，茶的生产更是得到了格外的发展。唐代中叶后，长江中下游茶区，不仅茶产量大幅度提高，制茶技术也达到了当时的最高水平。顾渚紫笋和常州阳羡茶成为贡茶就是集中体现。茶叶生产和技术的中心，已经转移到了长江中游和下游，江南茶叶生产，集一时之盛。当时史料记载，安徽祁门周围，千里之内，各地种茶，山无遗土，业于茶者十之七八。同时由于贡茶设置在江南，大大促进了江南制茶技术的提高，也带动了全国各茶区的生产和发展。由《茶经》和唐代其他文献记载来看，这时期茶叶产区已遍及今之四川、陕西、湖北、云南、广西、贵州、湖南、广东、福建、江西、浙江、江苏、安徽和河南十四个省区，几乎达到了与我国近代茶区约略相当的局面。

4. 宋代——茶业重心由东向南移

从五代和宋代初年起，全国气候由暖转寒，致使中国南方南部的茶业，较北部更加迅速发展了起来，并逐渐取代长江中下游茶区，成为茶业的重心。主要表现在贡茶从顾渚紫笋改为福建建安茶，唐时还不曾形成气候的闽南和岭南一带的茶业，明显地活跃和发展起来。宋朝茶业重心南移的主要原因是气候的变化，长江一带早春气温较低，茶树发芽推迟，不能保证茶叶在清明前贡到京都。福建气候较暖，如欧阳修所说：“建安三千里，京师三月尝新茶。”作为贡茶，建安茶的采制，必然精益求精，名声也愈来愈大，成为中国团茶、饼茶制作的主要技术中心，带动了闽南、岭南茶区的崛起和发展。由此可见，到了宋代，茶已传播到全国各地。

宋代的茶区，基本上已与现代茶区范围相符，明清以后，茶区基本稳定，茶业的发展主要是体现在茶叶制法和各茶类兴衰演变。

6.1.4 茶的技术演变

中国古代很早就对茶树的生物学特性以及适宜的生态条件有所认识。东晋杜毓《荈赋》有：“灵山维岳，奇产所钟，厥生荈草。”唐、宋时期对宜茶之地、种茶方法等有许多记述。陆羽《茶经》记载种茶“法如种瓜”“其地上者生烂石，中者生砾壤，下者生黄土”，指出了土壤不同对茶树生长及品质的影响。古人还根据茶树性喜温湿环境的特性，总结出“名山出好茶”和“幽野产好茶”的实践经验。古茶书对茶树品种分类、茶叶采摘时间和标准都有不少记载，至今仍有参考价值。

茶叶最初是将鲜叶晒干或晾干后即“煮作羹饮”。秦、汉时采叶作饼，北魏时《广雅》中有“叶老者饼成，以米膏出之”的记载。唐代制茶技术大有改进，已能制造蒸青团茶。宋时制茶之法愈精，出现片茶和散茶两大类。随“斗茶”之风兴起，也产生了许多名茶。元明代以来，由于制茶技术不断改进，逐渐形成绿茶、白茶、黄茶、黑茶、乌龙茶和红茶 6 大茶类。

6.1.5 中国茶道

茶道发源于中国。中国茶道兴于唐，盛于宋、明，衰于近代。宋代以后，中国茶道传入日本、朝鲜，获得了新的发展。今人往往只知有日本茶道，却对作为日、韩茶道的源头、具有一千多年历史的中国茶道知之甚少。这也难怪，“道”之一字，在汉语中有多种意思，如行道、道路、道义、道理、道德、方法、技艺、规律、真理、终极实在、宇宙本体、生命本源等。因“道”的多义，故对“茶道”的理解也见仁见智，莫衷一是。笔者认为，中国茶道是以修行得道为宗旨的饮茶艺术，其目的是借助饮茶艺术来修炼身心、体悟大道、提升人生境界。

中国茶道是“饮茶之道”“饮茶修道”“饮茶即道”的有机结合。“饮茶之道”是指饮茶的艺术，“道”在此作方法、技艺讲；“饮茶修道”是指通过饮茶艺术来尊礼依仁、正心修身、志道立德，“道”在此作道德、真理、本源讲；“饮茶即道”是指道存在于日常生活之中，饮茶即是修道，即茶即道，“道”在此作真理、实在、本体、本源讲。下面分别予以阐释。

1. 饮茶之道

唐人封演的《封氏闻见记》卷六《饮茶》记载：“楚人陆鸿渐为茶论，说茶之功效并煎茶炙茶之法，造茶具二十四式以都统笼贮之，远近倾慕，好事者家藏一副。有常伯熊者，又因鸿渐之论广润色之，于是茶道大行，王公朝士无不饮者。”

陆羽（733—804），字鸿渐，又字季疵，号桑苎翁，唐代复州竟陵人（今湖北天门人）。陆羽著《茶经》三卷，分一之源、二之具、三之造、四之器、五之煮、六之饮、七之事、八之出、九之略、十之图十章。四之器叙述炙茶、煮水、煎茶、饮茶等器具二十四种，即封氏所说造茶具二十四式。五之煮、六之饮说煎茶炙茶之法，对炙茶、碾末、取火、选水、煮水、煎茶、酌茶的程序和规则作了细致的论述。封氏所说的茶道就是指陆羽《茶经》倡导的饮茶之道。《茶经》不仅是世界上第一部茶学著作，也是第一部茶道著作。

中国茶道约成于中唐之际，陆羽是中国茶道的鼻祖。陆羽《茶经》所倡导的饮茶之道实际上是一种艺术性的饮茶，它包括鉴茶、选水、赏器、取火、炙茶、碾末、烧水、煎茶、酌茶、品饮等一系列的程序、礼法和规则。中国茶道即饮茶之道，即是饮茶艺术。

中国的饮茶之道，除《茶经》所载之外，宋代蔡襄的《茶录》、宋徽宗赵佶的《大观茶论》、明代朱权的《茶谱》、钱椿年的《茶谱》、张源的《茶录》、许次纾的《茶疏》等茶书都有许多记载。今天广东潮汕地区、福建武夷地区的“功夫茶”则是中国古代“饮茶之道”的继承和代表。功夫茶的程序和规划是：恭请上座、焚香静气、风和日丽、嘉叶酬宾、岩泉初沸、盂臣沐霖、乌龙入宫、悬壶高冲、春风拂面、熏洗仙容、若琛出浴、玉壶初倾、关公巡城、韩信点兵、鉴赏三色、三龙护鼎、喜闻幽香、初品奇茗、再斟流霞、细啜甘莹、三斟石乳、领悟神韵。

2. 饮茶修道

陆羽的挚友、诗僧皎然在其《饮茶歌诮崔石使君》诗中写道："一饮涤昏寐，情思爽朗满天地；再饮清我神，忽如飞雨洒轻尘；三饮便得道，何须苦心破烦恼……熟知茶道全尔真，唯有丹丘得如此。"皎然认为，饮茶能清神、得道、全真，神仙丹丘子深谙其中之道。皎然此诗中的"茶道"是关于"茶道"的最早记录。

唐代诗人卢仝的《走笔谢孟谏议寄新茶一诗脍炙人口，流传千古，卢仝也因此与陆羽齐名。其诗曰："……一碗喉吻润，两碗破孤闷。三碗搜枯肠，唯有文字五千卷。四碗发轻汗，平生不平事，尽向毛孔散。五碗肌骨清，六碗通仙灵。七碗吃不得也，唯觉两腋习习清风生。……"唐代诗人钱起《与赵莒茶宴》诗曰："竹下忘言对紫茶，全胜羽客醉流霞。尘心洗尽兴难尽，一树蝉声片影斜。"唐代诗人温庭筠《西陵道士茶歌》诗中则有"疏香皓齿有余味，更觉鹤心通杳冥。"这些诗是说饮茶能让人"通仙灵""通杳冥""尘心洗尽"，羽化登仙，胜于炼丹服药。

唐末刘贞亮倡茶有"十德"之说，"以茶散郁气，以茶驱睡气，以茶养生气，以茶除病气，以茶利礼仁，以茶表敬意，以茶尝滋味，以茶可行道，以茶可雅志。"饮茶使人恭敬，有礼、仁爱、志雅，可行大道。

赵佶《大观茶论》说茶"祛襟涤滞，致清导和""冲淡闲洁，韵高致静""天下之士，励志清白，竟为闲暇修索之玩。"朱权《茶谱》记："予故取烹茶之法，米茶之具，崇新改易，自成一家……乃与客清谈欺话，探虚玄而参造化，清心神而出尘表。"赵佶、朱权以帝、王的高贵身份，撰著茶书，力行茶道。

由上可知，饮茶能恭敬有礼、仁爱雅志、致清导和、尘心洗尽、得道全真、探虚玄而参造化。总之，饮茶可资修道，中国茶道即是"饮茶修道"。

3. 饮茶即道

老子认为"道法自然"。庄子认为"道"普遍地内化于一切物，"无所不在""无逃乎物"。马祖道一禅师主张"平常心是道"，其弟子庞蕴居士则说："神通并妙用，运水与搬柴"，其另一弟子大珠慧海禅师则认为修道在于饥来吃饭，困来即眠。道一的三传弟子、临济宗开山祖义玄禅师认为佛法无用功处，只是平常无事，屙屎送尿，着衣吃饭，困来即眠。道不离于日常生活，修道不必于日用平常之事外用功夫，只需于日常生活中无心而为，顺其自然。自然地生活，自然地做事，运水搬柴，着衣吃饭，涤器煮水，煎茶饮茶，道在其中，不修而修。

道法自然，修道在饮茶。大道至简，烧水煎茶，无非是道。饮茶即道，是修道的结果，是悟道后的智慧，是人生的最高境界，是中国茶道的终极追求。顺其自然，无心而为，要饮则饮，从心所欲。不要拘泥于饮茶的程序、礼法、规则，贵在朴素、简单，于自然的饮茶之中默契天真，妙合大道。

4. 艺、修、道的结合

综上所说，中国茶道有三义：饮茶之道、饮茶修道、饮茶即道。饮茶之道是饮茶的艺术，且是一门综合性的艺术。它与诗文、书画、建筑、自然环境相结合，把饮茶

从日常的物质生活上升到精神文化层次；饮茶修道是把修行落实于饮茶的艺术形式之中，重在修炼身心、了悟大道；饮茶即道是中国茶道的最高追求和最高境界，煮水烹茶，无非妙道。

在中国茶道中，饮茶之道是基础，饮茶修道是目的，饮茶即道是根本。饮茶之道，重在审美艺术性；饮茶修道，重在道德实践性；饮茶即道，重在宗教哲理性。

中国茶道集宗教、哲学、美学、道德、艺术于一体，是艺术、修行、达道的结合。在茶道中，饮茶的艺术形式的设定是以修行得道为目的的，饮茶艺术与修道合二为一，不知艺之为道，道之为艺。

中国茶道既是饮茶的艺术，也是生活的艺术，更是人生的艺术。

6.1.6 中国茶馆文化

茶馆，又叫茶楼、茶亭、茶肆、茶坊、茶寮、茶社、茶室、茶居等，简而言之，是以营业为目的、供客人饮茶的场所。它与没有固定场所、担着茶担或小车卖茶的茶摊不同，茶摊具有季节性和流动性，茶馆则提供固定场所给人们品茗、休闲和交谈。从茶摊到茶馆，是从简单到复杂、从低级到高级的发展关系。茶馆一旦形成，人们就可以在这里休息，也可以在这里议事、叙谊，甚至做生意、打交道、叙家常、谈政治。在特殊时期，这里还可以刺探军情，交换情报。作为人类社会发展到一定阶段的一个社会产物，茶馆是一个小社会、小天地。这里三教九流，无所不有；天地玄黄，共存俱在。它可以折射或直射社会的各个层面。在中国古代社会错综复杂的层次结构中，由于社会发展程度的限制，茶馆成为社会的聚焦点，是浓缩了的小社会。

1. 茶馆的历史简况

我国茶馆，由来已久。《广陵耆老传》中曾谈到一个神话故事。晋元帝时（317—322），有老妪每旦独提一器茗，往市鬻之，市人竞买，自旦至夕，其器不减。这与现今的茶摊十分相似。南北朝时，又出现供喝茶住宿的茶寮，可以说是现今茶馆的雏形。而关于茶馆的最早文字记述，则是唐代封演的《封氏闻见记》，其中谈到“自邹、齐、沧、棣，渐至京邑城市，多开店铺，煎茶卖之，不问道俗，投钱取饮。其茶自江淮而来，舟车相继，所在山积，色额甚多。”自唐开元以后，在许多城市已有煎茶卖茶的店铺，只要投钱即可自取随饮。

宋代，以卖茶为业的茶肆、茶坊已很普遍。反映宋代农民起义的古典名著《水浒传》里，就有王婆开茶坊的记述。作为南宋京城的杭州，据宋人吴自牧《梦粱录》记载：“巷陌街坊，自有提茶瓶沿门点茶，或朔望日，如遇凶吉一事，点送邻里茶水。”专营的茶馆已经遍布全市。在闹市区清河坊一带，就有“清乐”“八仙”等多家大茶坊，其室内陈设讲究，挂名人书画，插四时鲜花，奏鼓乐曲调。在街头巷尾，还有担茶卖茶的。

明代，据张岱《陶庵梦忆》记载：“崇祯癸酉，有好事者开茶馆，泉实玉带，茶实兰雪，汤以旋煮，无老汤。器以时涤，无移器。其火候、汤候亦时有天合之者。”表明当时茶馆已有进一步发展，讲究经营买卖。对用茶、择水、选器、沏泡、火候等都有

一定要求，以招徕茶客。与此同时，京城北京大碗茶业兴起，并将此列入三百六十行中的正式行业。

清代，满族八旗子弟饱食终日，无所事事，坐茶馆便成了他们消遣时间的重要形式，因而促使茶馆业更加兴旺，在大江南北、长城内外、大小城镇，茶馆遍布。特别是在康熙至乾隆年间，由于“太平父老清闲惯，多在酒楼茶社中”，使得茶馆成了上至达官贵人，下及贩夫走卒的重要生活场所。

现代，在我国，东南西北中，无论是城市还是乡镇，无论是大道沿线还是偏远乡村，几乎都有大小不等的茶馆或茶摊。

2. 当代茶馆文化

当代茶艺馆是传统茶馆在市场经济下的延伸。茶艺馆出现在20世纪70年代末的台湾。台湾是产茶地，但自20世纪50年代到80年代间，传统茶业因产业结构调整呈现萎缩的迹象。同时，在台湾的经济快速发展后，人们不自觉地会去寻“根”，以慰藉心灵，但人们发现其文化根基却在松动，正受“欧美风雨”的冲击。于是，在寻求新的文化消费模式及留恋优秀的传统文化的摸索中选择了“茶文化”的市场行为。

20世纪90年代初，茶艺馆在大陆开始出现和发展。它既体现了中华民族茶馆文化的特色，又赋予了新的内涵。

茶艺馆“旨意”明确是恢复弘扬茶文化，振奋民族精神，调节身心，为人们提供高层次的精神享受。茶艺馆在形式上也不是老式茶馆的翻版，而是结合现代生活的演变和发展，富含时代气息。正如有人称赞它：入于古典出于现代，合东方时尚；不惟仿古，也不惟求新，是寻求精神食粮的良好媒体。它继承中华茶文化的主要精神，提倡茶德、修身养性；强调内在的文化韵味，提供一种精神享受；结合国情、民情，不惟雅、不媚俗，适合多层次的需要；它强调的是文化品位和特色，寻求其自身的内涵，更不去追求仿效西方茶文化；它是根植在中国传统文化上，结合现代文化生活的时代特征发展演变而成，从而形成它独具魅力的韵味。

休闲文化是都市茶艺馆的依托，茶艺馆经营的特色也在一个“闲”字上，追求闲趣、闲情和闲适。

闲趣——存乎泡茶品茗之中。茶艺馆名茶荟萃，会跳舞的绿茶，带点洋派的红茶，古董般的普洱茶，要花工夫的乌龙茶……尽可任你的爱好和心情去选择；又在静候“蟹眼”“鱼眼”和高冲低斟间，玩兴倍增，情趣盎然。

闲情——缘结琴棋书画百艺。茶艺馆除了以茶怡情之外，还可听音乐戏曲、看工艺美术、观棋赛、学陶艺，更有诗词吟唱、书画挥毫……于休闲中得到文化享受。

闲适——感受自然惬意环境。茶艺馆本着“我们营造环境，我们创造心情”的理念，从空间分隔、墙饰壁挂、植物配置、灯光设计到背景音乐，造就一个自然、轻松、惬意的闲适氛围，一个让人可以自由触摸、松弛灵魂的场所。

“此处有家乡风月，举杯是故土人情。”茶馆是一定时代和地域的产物，不同地域的茶馆都各自展示出自己异样的风采。

以杭州、苏州为代表的江南茶馆，多在水一方，青山如黛，园林秀美，绿茶素

瓷，清幽从容，简约可人如小家碧玉。

以成都、重庆为中心的巴渝茶铺，多取竹桌、竹椅和三位一体的盖碗，茶师身怀掺茶绝技，饮茶者有摆不完的龙门阵。巴渝茶铺亦像一位摆龙门阵的老者，健谈终日，而决不介意茶铺的简陋。

京城茶楼，曾以老舍笔下的《茶馆》和前门大碗茶闻名，如今时尚茶馆纷纷涌现，呈现出南北文化融合的新景观。不过，京腔京韵的传统茶馆仍有一席之地。京城茶馆是老北京与时尚的对话。

粤港茶楼，且饮且食，从容"叹"茶。自清代"二厘馆"以来，一直承袭"一盅两件"的传统。当然，还有潮汕的工夫茶，那是父老乡亲们的一种田园生活。

上海茶馆，秉承海派文化的特色，大气开放，海纳百川。江南味道的，粤港风格的，台湾样式的，欧美舶来的，兼收并蓄。恰似摩登的上海小姐，博采众长，雍容华贵。

茶馆是地域风情的徽记，她所映衬的地域生活习性、文化习俗和人文环境，成为城市的一个标志。

6.2　外国饮文化

6.2.1　外国茶文化

1. 中国茶叶向国外的传播

当今世界广泛流传的种茶、制茶和饮茶习俗，都是由我国向外传播出去的。据推测，中国茶叶传播到国外，已有两千多年的历史。

茶叶诞生于中国。而今日世界各地都在饮用的茶叶是通过怎样的途径传播的呢？想了解"茶叶之路"，一般人们是通过查阅各国的文献，按年代和区域，绘制出一幅茶叶传播之图，来解明它的传播之径的。

茶叶的发祥地位于中国的云南省，但茶叶之路却是通过广东和福建这两地传播于世界的。当时，广东一带的人把茶念为 cha；而福建一带的人又把茶念为 te。广东的 cha 经陆地传到东欧；而福建的 te 是经海路传到西欧的。

由陆地传播的"cha 之路"：广东 cha，北京 cha，蒙古 chai，西藏 ja，伊朗 cha，土耳其 chay，希腊 te-ai，阿拉伯 chay，俄国 chai，波兰 chai，葡萄牙 cha（注：后面的为茶在当地的读音）。由陆地传播的"cha 之路"如图 6-2 所示。

由海上传播的"te 之路"：福建 te，马来 the，斯里兰卡 they，南印度 tey，荷兰 thee，英国 tea，德国 tee，法国 the，意大利 te，西班牙 te，丹麦 te，芬兰 tee（注：后面的为茶在当地的读音）。由海上传播的"te 之路"如图 6-3 所示。

约于公元五世纪南北朝时，我国的茶叶就开始陆续输出至东南亚邻国及亚洲其他地区。

公元805、806年，日本最澄、海空禅师来我国留学，归国时携回茶籽试种；宋代的荣西禅师又从我国传入茶籽种植。日本茶业继承我国古代蒸青原理制作的碧绿溢翠的茶，别具风味。

10世纪时，蒙古商队来华从事贸易时，将中国砖茶从中国经西伯利亚带至中亚以远。

15世纪初，葡萄牙商船来中国进行通商贸易，茶叶对西方的贸易开始出现。

而荷兰人约在公元1610年左右将茶叶带至了西欧，1650年后传至东欧，再传至俄、法等国。17世纪时传至美洲。

印度尼西亚于1684年开始传入我国茶籽试种，以后又引入中国、日本茶种及阿萨姆种试种。历经坎坷，直至19世纪后叶开始有明显成效。第二次世界大战后，印度尼西亚加速了茶的恢复与发展，并在国际市场居一席之地。

18世纪初，品饮红茶逐渐在英国流行，甚至成为高雅的行为，茶叶成了英国上层社会人士用于相互馈赠的一种高级礼品。

1780年，由英属东印度公司向印度传入我国茶籽，并种植。至19世纪后叶已是“印度茶之名，充噪于世”。今日的印度是世界上茶的生产、出口、消费大国。

17世纪开始，斯里兰卡从我国传入茶籽试种，复于1780年试种，1824年以后又多次引入中国、印度茶种扩种和聘请技术人员。所产红茶质量优异，为世界茶创汇大国。

1880年，我国出口至英国的茶叶多达145万担，占中国茶叶出口量的60%~70%。

1833年，从我国传入茶籽到俄罗斯试种，1848年又从我国输入茶籽种植于黑海岸。1893年聘请中国茶师刘峻周和一批技术工人赴格鲁吉亚传授种茶、制茶技术。

1888年，土耳其从日本传入茶籽试种，1937年又从格鲁吉亚引入茶籽种植。

1903年，肯尼亚首次从印度传入茶种，1920年进入商业性开发种茶，规模经营则是1963年独立以后。

1924年，南美阿根廷的茶籽由我国传入，种植于北部地区，并相继扩种。以后旅居的日本与苏联侨民也辟建茶园。20世纪50年代以后茶园面积与产量不断提高，成为南美主要的茶生产、出口国。

20世纪20年代，几内亚共和国开始茶的试种。1962年我国派遣专家赴几内亚考察与种茶，并帮助设计与建设规模为100公顷茶园的玛桑达茶场及相应的机械化制茶厂。

1958年，巴基斯坦开始试种茶，但未形成生产规模。1982年，我国派遣专家赴巴基斯坦进行合作。

20世纪50年代，阿富汗共和国试种茶。1968年，应阿富汗政府邀请，我国派遣专家引入中国群体品种，成活率90%以上。

1962年，我国派遣茶专家赴位于撒哈拉沙漠边缘的马里共和国，通过艰辛的引种实验，取得了成功。1965年应该国总统的请求，我国政府分批派遣了茶农场专家帮助考察设计与建设附有自流灌溉设施的锡加索茶农场和经过热源改革具有国际水平的年产100吨的绿茶厂。此项目被农业部认定为我国援助亚非拉及南太平洋地区一百多个

农业工程项目中最成功的三个项目之一。

20世纪60年代，玻利维亚共和国最初从秘鲁引进茶籽试种。20世纪70年代，台湾农业技术团赴玻考察设计与投资，开始规模种植茶园。1987年应玻利维亚政府请求，我国派遣茶专家赴玻利维亚，帮助建设200公顷的茶场及相应的机械化制茶厂。

1983年，我国向朝鲜民主共和国提供茶籽试种，并在黄海南道临近西海岸的登岩里成功种植。位于朝鲜半岛南部的韩国，种茶起源可以追溯到9世纪20年代，经过千年沧桑，至今茶叶生产初具规模。

目前，我国茶叶已行销世界五大洲的上百个国家和地区，世界上有50多个国家引种了中国的茶籽、茶树，茶园面积247万多公顷，有160多个国家和地区的人民有饮茶习俗，饮茶人口20多亿。中国近年来的茶叶年产量达286多万吨，其中三分之一以上用于出口。

2. 日本茶道

日本茶道由我国唐、宋时代的茶宴、禅宗哲理与日本民族习俗融合而成，是日本人民以饮茶为形式蕴涵丰富的思想和文化内涵的一种社交礼仪。

日本茶道流派众多，最著名的是千利休。他集茶道美学之大成，提出“和、敬、清、寂”四个字是茶道的根本精神，即和以行之，敬以礼之，清以泊之，寂以思之。总之，茶道旨在帮助人们修身养性，规范德行，陶冶情操，从而人人相敬，社会和谐。

日本冈仓觉三在《茶之本》一文中指出：茶道作为一种仪式，以崇仰日常生活琐事中的美为基础，循循善诱地宣传纯粹与和谐，以及互爱的神秘和社会秩序的浪漫主义。并将茶道概括为卫生学、经济学、精神几何学。这就将茶道信徒，变成了趣味上的贵族，体现了东方人所崇尚的高尚精神。

茶道进行的地点是茶室，茶室多设在点缀着奇异山石和树木花草的恬静雅致的苑宅中。茶室是喝茶的地方，可以容纳5人左右，入口为活动格子门，高仅3尺，人须躬身而入，以保持谦逊态度。室内陈设简朴，铺以朴实的草席，悬有名贵字画，瓶花配合季节，供人欣赏。室之右角，设有小巧木架，挂着铜包锡的茶壶。茶碗各用饰盒储藏。环境具有艺术美与宗教、哲学、民族的文化气息。

宾客进入“茶室”之后，依序面对主人就座，宾主对拜称“见过礼”，主人致谢称“恳敬辞”。室内从此肃穆，宾主危坐，静看茶娘进退起跪调理茶具，并用小玉杵，将碗里的茶饼研碎。茶声沸响，主人则需恭接茶壶，将沸水注入碗中，使茶末散开，浮起乳白色饽花，香气溢出。将第一碗茶用文漆茶案托着，慢慢走向第一位宾客，跪在面前，以齐眉架势呈献。宾客叩头谢茶、接茶，主人亦需叩头答拜、回礼。如上一碗一碗注，一碗一碗献；待主人最后亦自注一碗，始得各捧起茶碗，轻嗅、浅啜、闲谈。仪式完毕，客人鞠躬告辞，主人跪坐门侧相送。

整个茶道洋溢着清茶美、环境美和人情美。杯杯清茶，浇灌出了人们心灵中的绿洲。

3. 韩国茶礼

韩国自新罗善德女王时代（632—646）即自中国唐朝传入喝茶习俗，至新罗时期

兴德王三年（828 年），遣唐使金大廉自中国带回茶籽，朝廷下诏种植于地理山，促成韩国本土茶叶发展及促进饮茶之风。

高丽时期（936—1392），是韩国饮茶的全盛时期，贵族及僧侣的生活中，茶已不可或缺，民间饮茶风气亦相当普遍。当时全国有庆尚道 6 个茶区、全罗道 28 个茶区等多个茶产地。当时的名茶有孺茶、龙团胜雪、雀舌茶、紫笋茶、灵芽茶、露芽茶、脑原茶、蜡面茶等。王室在智异山花开洞（今庆尚南道河东郡）设御茶园，面积广达四、五十里，此即为俗称的“花开茶所”，所产茶叶滋味柔美浓稠有如孺儿吸吮的乳汁，所以称为“孺茶”。

李朝（1392—1910）取代高丽之后，强调伦理儒学，提倡朱子之学，佛教、神仙思想及茶道等皆被排斥，于是茶荒。

韩国茶礼，又称茶仪、茶道，源于中国的古代饮茶习俗，并集禅宗文化、儒家和道家伦理以及韩国传统礼节为一体，是世界茶苑中一朵典雅的花朵。

韩国茶礼以“和”“静”为基本精神，其含义泛指“和、静、俭、真”。“和”是要求人们心地善良、和平相处；“静”是尊重别人、以礼待人；“俭”是简朴廉正；“真”是以诚相待、为人正派。茶礼的过程，从迎客、环境、茶室陈设、书画、茶具造型与排列，到投茶、注茶、茶点、吃茶等，均有严格的规范与程序，力求给人以清净、悠闲、高雅、文明之感。

中国儒家的礼制思想对韩国影响很大，儒家的中庸思想被引入韩国茶礼之中，形成“中正”的茶道精神。在茶桌上，无君臣、父子、师徒之差异，茶杯总是从左传下去，而且要求茶水必须均匀，体现了追求中正的韩国茶道精神。

4. 英国红茶文化

中国茶在向西方各国传播过程中，许多国家只传去了茶叶，在英国却形成了一种文化，这也许跟英国特有的文化和英国人贵族式的品位有关。英国人在日常生活中，经常饮用英国早餐茶及伯爵茶。其中英国早餐茶又名开眼茶，精选印度、锡兰各地红茶调制而成，气味浓郁，最适合早晨起床后享用。伯爵茶则是以中国茶为基茶，加入佛手柑调制而成。香气特殊，风行于欧洲的上流社会。英国的卡林娜皇后喜饮红茶，并说饮茶使她身材苗条，英国诗人由此作了一首题为《饮茶皇后》的诗，诗中写道：“花神宠秋色，嫦娥衿月桂。月桂与秋色，美难与茶比。一为后中英，一为群芳最。物阜称东土，携来感勇士。助我清明思，湛然去烦累。欣逢事诞辰，祝寿介以此。”

英国人热爱红茶的程度世界知名。在一天中许多不同的时刻，他们都会暂停下来喝杯茶。英国女皇安娜爱好饮茶并深深地影响了英国人喝早餐茶的风气。英国女公爵安娜·玛丽亚于 19 世纪 40 年代带动了喝下午茶的习惯；维多利亚女皇更是每天喝下午茶，将下午茶普及。

茶影响着英国的各个阶层。英国人在晨起之时，要饮早茶，他们早餐就以红茶为主要饮料。到了上午 11 点（相当于亚洲的上午 10 点钟），无论是空闲在家的贵族，还是繁忙的上班族，都要休息片刻，喝一杯午前茶。到了中午，吃了午餐之后，少不了

配上一杯奶茶。而后在下午 3 点半至 4 点左右还要来一杯下午茶。英国人在喝茶时总要配上小圆饼和蛋糕、三明治等点心。一般的家庭主妇都很擅长做这类糕点，正式的晚餐中也少不了茶。

英国人喝红茶常配有独特的、精美的茶具。茶具多用陶瓷做成，茶具上绘有英国植物与花卉的图案。茶具除了美观之外，还很坚固，很有收藏价值。整套的茶具一般包括茶杯、茶壶、滤杓、广口奶精瓶、砂糖壶、茶铃、茶巾、保温棉罩、茶叶罐、热水壶和托盘。

6.2.2　外国咖啡文化

1. 咖啡的起源

现在已成为我们生活中不可缺少的饮料咖啡，在它走过的漫长道路中经历了很多曲折。寂静的森林深处默默生长着的咖啡到底是怎样被人们发现的？怎样扩散到世界各地？又是怎样才开始栽种的呢？

关于咖啡究竟是怎样被发现的，主要有两大传说。

一个是“迦勒底人养山羊的故事”（起源于埃塞俄比亚）；另一个是“西库·奥玛尔僧侣的故事”（起源于阿拉伯）。前者是基督教国家流传的说法，后者是伊斯兰教国家的说法。

先介绍迦勒底传说。这是意大利人浮士德·内罗尼（1613-1707）的《不知道睡觉的修道院》（1671 年）记载的。6 世纪的埃塞俄比亚高原上，饲养山羊的迦勒底人发现羊群不分昼夜，一直都很兴奋。经过观察，原来这群羊总是到山庄中部去吃灌木上生长的红果实。他们将这件事告诉附近的修道僧，修道僧抱着试试的想法吃了那红果实，觉得心情一下变得很爽快，身体也充满活力。僧人将红色的果实带回寺院，劝其他僧人吃，从那以后，彻夜进行宗教法事时就再也没有困倦想睡觉的人啦。

另外一个是伊斯兰教徒阿布达尔·卡迪《咖啡的来历》（1587 年）记载的。事情发生在 13 世纪的也门山区，伊斯兰教僧人西库·奥玛尔因罪，从也门的摩加流放到欧撒巴。他在山中彷徨地走着，非常饥饿，这时看到一只鸟非常活跃地在啄食树上红色的果实，他也试着摘了一些用水煮起来。小红果实散发出一种美妙的香味，喝了以后，觉得疲劳消除，竟恢复了体能。后来他成为医生，使用这些果实救助了很多病人。因而他的罪被免去，又回到摩加，在那儿人们都称赞他为圣火。

野生的咖啡树是在埃塞俄比亚发现的。咖啡树可以说是在人类有史以前就生长在非洲大陆上。咖啡什么时候被人类利用也许考证不出，但最早利用咖啡的肯定是埃塞俄比亚。

2. 咖啡的传播

咖啡树源于埃塞俄比亚和非洲之角，在那里至今还广泛种植。苏丹黑奴经埃塞俄比亚被运到阿拉伯时，随身带了些带有红色果壳的咖啡豆在途中充饥，咖啡就是这样被带到阿拉伯的。另外，前往麦加的朝圣者也会带去些咖啡豆。

但是咖啡的推广和园艺业的普及则始于也门。一些权威人士说咖啡是 575 年在也

门开始种植的，但是直到15世纪咖啡种植业才获得较大的发展，而且从那里开始了周游世界的伟大航行。

早在1505年，阿拉伯人曾把咖啡豆带到锡兰（今斯里兰卡）。17世纪时，巴巴·布丹从麦加朝圣归来，将咖啡豆带回印度西南部的家中。

17世纪早期，德国人、法国人、意大利人，尤其是荷兰商人，都竞相把咖啡推销到他们各自的海外殖民地。1616年，一株咖啡树经由摩卡传到荷兰，到了1658年，荷兰人在锡兰进行多种咖啡的精心栽培。1699年，荷兰人在爪哇建立了咖啡种植园。1714年，法国从荷兰引种咖啡成功，之后，法国的海外殖民地广泛种植咖啡。1718年，荷兰人把一些咖啡带到南美洲东北岸的苏里南，咖啡才来到这个后来成为世界咖啡中心的地区。

1727年，在巴西的帕拉建立种植园，种植从法属圭亚那运来的树苗。1730年，英国人把咖啡引进牙买加，从而开始了一段漫长而又动人的牙买加蓝山咖啡的历史。1750年到1760年间，咖啡首次在危地马拉栽种。1779年，咖啡从古巴到了哥斯达黎加。1790年，墨西哥也开始种植咖啡。1825年，里约热内卢的咖啡种子被带到夏威夷——今天那里种植的咖啡是唯一真正的美国咖啡。

1878年，把咖啡树引进英属东非的英国定居者，建立了肯尼亚咖啡工业基地。1887年，法国人在越南建立了种植园。1896年，咖啡树开始在澳大利亚的昆士兰栽种。

据史料记载，1884年，咖啡树在台湾首次种植成功，从而揭开了咖啡在中国发展的序幕。大陆地区最早的咖啡树种植则始于云南，是在20世纪初，一个法国传教士将第一批咖啡苗带到云南的宾川县。在以后的近百年里，咖啡树种植在幅员辽阔的中国也只是“星星点点”。然而，近年来中国咖啡树种植和消费的发展愈来愈为世界所瞩目。麦斯威尔、雀巢、哥伦比亚等国际咖啡公司纷纷在中国设立分公司或工厂，为中国市场提供品种更优、价格更优的产品。作为西方生活方式的一部分，咖啡已正式进入中国人的家庭和生活。北京、上海、广州、杭州等大城市的咖啡馆伴随着咖啡文化的成长也如雨后春笋般出现，成为青年人新的消费时尚。

3. 咖啡文化

任何一种文化，都会有其特有的属性，这种属性是由它的载体、它的产生背景、它的民族特性，以及它的留存年代等诸多因素决定的，咖啡文化作为人类文化的一个分支，自然也承袭了这种文化现象的特殊的属性。

咖啡文化，从载体上来说是再简单不过了，它始终是依托于咖啡这种深受人类喜爱的饮料而产生和发展的。如果没有咖啡，自然不会有什么咖啡文化，这是世界上各个国家和民族的咖啡文化的共同之处。

但咖啡文化归根结底是一种文化，作为文化，它必定会受到不同国度、不同民族的传统文化形式和思维形式的制约，打上国家、地区和民族的烙印。所以咖啡文化，无论是从内涵上，还是形式上，都因地域和民族的不同而千差万别。

（1）古老的阿拉伯咖啡文化。

当欧洲人第一次接触到咖啡的时候，他们把这种诱人的饮料称为“阿拉伯酒”，当

保守的天主教徒诅咒咖啡为“魔鬼撒旦的饮料”的时候，他们绝不会想到他们从“异教徒”那里承袭来的是一种何等珍贵的东西。

作为世界上最早饮用咖啡和生产咖啡的地区，阿拉伯的咖啡文化就像它的咖啡历史一样古老而悠久。在阿拉伯地区，现在人们对于咖啡的饮用无论是从咖啡的品质，还是饮用方式、饮用环境和情调上，都还保留着古老而悠久的传统和讲究。

在阿拉伯国家，如果一个人被邀请到别人家里去喝咖啡，这表示了主人最为诚挚的敬意，被邀请的客人要表示出发自内心的感激和回应。客人在来到主人家的时候，要做到谦恭有礼，在品尝咖啡的时候，除了要赞美咖啡的香醇之外，还要切记即使喝得满嘴都是咖啡渣，也不能喝水，因为那是表示客人对主人的咖啡不满意，会极大地伤害主人的自尊和盛情的。

阿拉伯人喝咖啡时很庄重，也很讲究品饮咖啡的礼仪和程式，他们有一套传统的喝咖啡的形式，很像中国人和日本人的茶道。在喝咖啡之前要焚香，还要在品饮咖啡的地方撒放香料，然后是宾主一同欣赏咖啡的品质，从颜色到香味，仔细地研究一番，再把精美贵重的咖啡器皿摆出来赏玩，然后才开始烹煮香浓的咖啡。

（2）欧洲的咖啡文化。

在欧洲，咖啡文化可以说是一种很成熟的文化形式了，从咖啡进入这块大陆，到欧洲第一家咖啡馆的出现，咖啡文化以极其迅猛的速度发展着，显示了极为旺盛的生命活力。

在奥地利的维也纳，咖啡与音乐、华尔兹舞并称“维也纳三宝”，可见咖啡文化的意义深远。

在意大利有一句名言：“男人要像好咖啡，既强劲又充满热情!”把男人等同于咖啡，这是何等的非比寻常。意大利人对咖啡情有独钟，咖啡已经成为他们生活中最基本和最重要的因素了。在起床后，意大利人要做的第一件事就是马上煮上一杯咖啡。不论男女，几乎从早到晚咖啡杯不离手。

在法国，如果没有咖啡就像没有葡萄酒一样不可思议，简直可以说是世界的末日到来了。据说历史上有一个时期，法国由于咖啡供应紧张而导致许多法国人整日无精打采，大大影响了这个国家正常的生活。1991 年“海湾战争”爆发，法国人担心战争会给日常生活带来影响，纷纷跑到超级市场抢购商品，当电视台的采访记者把摄像机对准抢购商品的民众时，镜头里显示的却是顾客们手中大量的咖啡和方糖，一时传为笑谈。

法国人喝咖啡讲究的不是咖啡本身的品质和味道，而是注重饮用咖啡的环境和情调，表现出来的是优雅的情趣、浪漫的格调和诗情画意般的境界，就像罗浮宫中那些精美动人的艺术作品一般。

从咖啡传入法国的那一天开始，法国的文化艺术中就时时可见咖啡的影响和影子。17 世纪开始，在法国，尤其是在法国的上流社会中，出现了许多因为品饮咖啡而形成的文化艺术沙龙。在这些沙龙中，文学家、艺术家和哲学家们在咖啡的振奋下，舒展着他们想象的翅膀，创造出无数的文艺精品，为世界留下了一批瑰丽的文化珍宝。

（3）美国的咖啡文化。

美国是个年轻而充满活力的国家，这个国家的任何一种文化形式都像它自身一

样，没有禁锢，不落窠臼，率性而为，美国的咖啡文化也不例外。

美国人喝咖啡随意而为，无所顾忌，没有欧洲人的情调，没有阿拉伯人的讲究，喝得自由，喝得舒适，喝出自我和超脱。

美国是世界上咖啡消耗量最大的国家，美国人几乎时时处处都在喝咖啡，不论在家里、学校、办公室、公共场合，还是其他任何地方，咖啡的香气随处可闻。据说第一次载人登月的阿波罗十三号宇宙飞船，在返航途中曾经发生了故障，在生死关头，地面指挥人员安慰飞船上的宇航员说：“别泄气，香喷喷的热咖啡正等着你们呢!”

4. 咖啡馆文化

至于以卖咖啡为业的商店，传说始自伊斯兰教圣地麦加。大约 17 世纪左右，咖啡才经由通商航线，逐渐风靡意大利、印度、英国等地。1605 年，文艺复兴运动时期，部分基督徒认为咖啡是异教徒的饮料，称咖啡为“魔鬼撒旦的饮料”，并要求当时的教皇下令禁止教徒饮用，但试喝了“魔鬼撒旦的饮料”后的教皇，惊叹人间竟有此美味的饮料，因此安排了一项洗礼，正式将咖啡定为基督徒的饮品，使咖啡由伊斯兰教地区，扩展到其他地区。1650 年左右，英国牛津出现了西欧第一家终日弥漫着香味的咖啡店。

英国众多的咖啡店，成为绅士们的社交场所。男人们在这里议论政治、文学或洽谈贸易。当时在咖啡店里只有男人，其中有些人整天泡在那儿，连家也不回。1674 年，家庭主妇们发起要求关闭咖啡店的活动。

在法国，是从 1669 年土耳其大使向路易十四献上咖啡开始的。在上层社会建起了很多咖啡沙龙，也就是新文学、哲学和艺术的诞生地。然后波及普通市民，在街边也有了咖啡店。特别是在 1686 年，卢梭、巴尔扎克等文化人士相继参加，沙龙也随之兴旺起来。

不久后，在意大利有了蒸汽加压式咖啡壶，在法国有了滴落式咖啡壶的设想，喝咖啡的方式也就随之产生变化。

美国第一家咖啡馆是 1691 年在波士顿开业的伦敦咖啡馆（London Coffee House）。后来世界上最大的咖啡专卖店也诞生在波士顿，它成立于 1808 年，不幸的是 10 年之后毁于一场大火。

如今的美国咖啡馆有其独特的形式和氛围，像美国流行的快餐文化一样，美国的咖啡馆大多也体现了一种美国社会的快节奏的生活方式。

思 考 题

1. 茶在中国是如何传播的?
2. 试比较中国茶道、日本茶道、韩国茶礼和英国红茶文化。
3. 试述中国茶叶向国外传播的主要途径。
4. 试比较阿拉伯咖啡文化、欧洲咖啡文化和美国咖啡文化有何不同。

第7章 酒文化

7.1 中国酒文化

7.1.1 酒的起源

我国由谷物粮食酿造的酒一直处于优势地位，而果酒所占的份额很小，因此，酿酒的起源问题主要是探讨谷物酿酒的起源。

1. 酿酒起源的传说

在古代，往往将酿酒的起源归于某某人的发明，把这些人说成是酿酒的祖宗，由于影响非常大，以致成了正统的观点。对于这些观点，宋代《酒谱》曾提出过质疑，认为“皆不足以考据，而多其赘说也”。这虽然不足以考据，但作为一种文化认同现象，不妨罗列于下。酒之起源，说法众多，主要有以下几种传说。

（1）上天造酒说。

素有“诗仙”之称的李白，在《月下独酌·其二》一诗中有“天若不爱酒，酒星不在天”的诗句；东汉末年以“座上客常满，樽中酒不空”自诩的孔融，在《与曹操论酒禁书》中有“天垂酒星之耀，地列酒泉之郡”之说；经常喝得大醉，被誉为“鬼才”的诗人李贺，在《秦王饮酒》一诗中也有“龙头泻酒邀酒星”的诗句。此外如“吾爱李太白，身是酒星魂”“酒泉不照九泉下”“仰酒旗之景曜”“拟酒旗于元象”“囚酒星于天岳”等，都经常有“酒星”或“酒旗”这样的词句。宋代窦苹所撰《酒谱》中，也有“酒星之作也”的话，意思是自古以来，我国祖先就有酒是天上“酒星”所造的说法。不过就连《酒谱》的作者也不相信这样的传说。

《晋书》中也有关于酒旗星座的记载：“轩辕右角南三星曰酒旗，酒官之旗也，主宴飨饮食。”酒旗星的发现，最早见《周礼》一书中，距今已有近三千年的历史。二十八宿的说法，始于殷代而确立于周代，是我国古代天文学的伟大创造之一。在当时科学仪器极其简陋的情况下，我们的祖先能在浩渺的星汉中观察到这几颗并不怎么明亮的“酒旗星”，并留下关于酒旗星的种种记载，这不能不说是一种奇迹。至于因何而命名“酒旗星”，又认为它“主宴飨饮食”，那不仅说明我们的祖先有着丰富的想象力，而且也证明酒在当时的社会活动与日常生活中，确实占有相当重要的位置。

（2）仪狄酿酒。

相传夏禹时期的仪狄发明了酒。公元前二世纪史书《吕氏春秋》说仪狄作酒。汉代刘向编辑的《战国策》则进一步说明：“昔者，帝女令仪狄作酒而美，进之禹，禹饮而甘之，遂疏仪狄，绝旨酒，曰：‘后世必有饮酒而亡国者。’”此中有多处提到仪狄“作酒而美”“始作酒醪”的记载，似乎仪狄乃制酒之始祖。这是否是事实，有待于进一步考证。一种说法叫“仪狄作酒醪，杜康作秫酒”。这里并无时代先后之分，似乎是讲他们酿的是不同的酒。

（3）杜康酿酒。

另一则传说认为酿酒始于杜康。东汉《说文解字》中解释“酒”字的条目中有：“杜康作秫酒。”历史上杜康确有其人，《世本》《吕氏春秋》《战国策》对杜康都有过记载。杜康造酒的说法主要由于曹操的乐府诗《短歌行》而推广，诗中说：“慨而以慷，幽思难忘；何以解忧，唯有杜康。”在这里是酒的代名词，因此人们把姓杜名康的这个人当作了酿酒的祖师。

杜这个姓是周朝才有的。周武王灭纣建立周王朝后，把商代的豕韦氏封于杜（今西安市东南），这家的后裔在周宣王时做官，称杜伯，为周宣王所诛，子孙逃亡至晋国，才以封地杜为姓。因此，如果有杜康这个人，应该是春秋时代人，最早不会在周朝以前。

研究酒的学者认为杜康可能是周秦间一个著名的酿酒家，杜康家酿造的美酒名扬四方，因此一提起杜康，人们就意味着是讲酒。写过《酒谱》的宋代窦苹就是这样推论的。

（4）酿酒始于黄帝时期。

另一种传说则表明在黄帝时期人们就已开始酿酒。汉代成书的《黄帝内经·素问》中记载了黄帝与岐伯讨论酿酒的情景，《黄帝内经》中还提到一种古老的酒——醴酪，即用动物的乳汁酿成的甜酒。黄帝是中华民族的共同祖先，很多发明创造都出现在黄帝时期。《黄帝内经》一书实乃后人托名黄帝之作，其可信度尚待考证。

（5）猿猴造酒说。

唐人李肇所撰《国史补》一书，对人类如何捕捉聪明伶俐的猿猴，有一段极精彩的记载。大意是说，猿猴是十分机敏的动物，它们居于深山野林中，在巉岩林木间跳跃攀援，出没无常，很难活捉到它们。经过细致的观察，人们发现并掌握了猿猴的一个致命弱点，那就是“嗜酒”。于是，人们在猿猴出没的地方，摆几缸香甜浓郁的美酒。猿猴闻香而至，先是在酒缸前踌躇不前，接着便小心翼翼地用指蘸酒吮尝，时间一久，没有发现什么可疑之处，终于经受不住香甜美酒的诱惑，开怀畅饮起来，直到酩酊大醉，乖乖地被人捉住。这种捕捉猿猴的方法并非我国独有，东南亚一带的群众和非洲的土著民族捕捉猿猴或大猩猩，也都采用类似的方法。这说明猿猴是经常和酒联系在一起的。

猿猴不仅嗜酒，而且还会“造酒”，这在我国的许多典籍中都有记载。清代文人李调元在他的著作中记叙道：“琼州（今海南岛）多猿……尝于石岩深处得猿酒，盖猿以

稻米杂百花所造，一石六辄有五六升许，味最辣，然极难得。”清代的另一种笔记小说中也说：“粤西平乐（今广西壮族自治区东部，西江支流桂江中游）等府，山中多猿，善采百花酿酒。樵子入山，得其巢穴者，其酒多至娄石。饮之，香美异常，名曰猿酒。”看来人们在广东和广西都曾发现过猿猴“造”的酒。无独有偶，早在明代，这类的猿猴“造”酒的传说就有过记载。明代文人李日华在他的著述中，也有过类似的记载：“黄山多猿猱，春夏采杂花果于石洼中，酝酿成酒，香气溢发，闻娄百步。野樵深入者或得偷饮之，不可多，多即减酒痕，觉之，众猱伺得人，必嬲死之。”可见，这种猿酒是偷饮不得的。

2. 考古资料对酿酒起源的佐证

谷物酿酒的两个先决条件是酿酒原料和酿酒容器。以下几个典型的新石器文化时期的情况对酿酒的起源有一定的参考作用。

（1）裴李岗文化时期（约前5000—前4900）和河姆渡文化时期（约前5000—前3300）。

这两个文化时期，均有陶器和农作物遗存，均具备酿酒的物质条件。

（2）磁山文化时期

磁山文化时期距今7300年左右，有发达的农业经济。据有关专家统计：在遗址中发现的“粮食堆积为100立方米，折合重量5万千克”。还发现了一些形状类似于后世酒器的陶器。有人认为磁山文化时期，谷物酿酒的可能性是很大的。

（3）三星堆遗址

该遗址地处四川省广汉，埋藏物为公元前4800年至公元前2870年之间的遗物。该遗址中出土了大量的陶器和青铜酒器，其器形有杯、觚、壶等。其形状之大也为史前文物所少见。

（4）山东莒县陵阴河大汶口文化墓葬

1979年，考古工作者在山东莒县陵阴河大汶口文化墓葬中发掘到大量的酒器。尤其引人注意的是其中有一组合酒器，包括酿造发酵所用的大陶尊，滤酒所用的漏缸，储酒所用的陶瓮，用于煮熟物料所用的炊具陶鼎。还有各种类型的饮酒器具100多件。据考古人员分析，墓主生前可能是一名职业酿酒者。在发掘到的陶缸壁上还发现刻有一幅图，据分析是滤酒图。

在龙山文化时期，酒器就更多了。国内学者普遍认为龙山文化时期酿酒是较为发达的行业。

以上考古得到的资料都证实了古代传说中的黄帝时期，夏禹时代确实存在着酿酒这一行业。

3. 现代学者对酿酒起源的看法

（1）酒是天然产物。

最近科学家发现，在漫漫宇宙中，存在着一些天体，就是由酒精所组成的。它们所蕴藏着的酒精，如制成啤酒，可供人类饮几亿年。这说明什么问题？正好可用来说

明酒是自然界的一种天然产物。人类不是发明了酒，仅仅是发现了酒。酒里最主要的成分是酒精（学名乙醇，分子式为 C_2H_5OH），许多物质可以通过多种方式转变成酒精。如葡萄糖可在微生物所分泌的酶的作用下，转变成酒精，只要具备一定的条件，就可以将某些物质转变成酒精。而大自然完全具备产生这些条件的基础。

我国晋代的江统在《酒诰》中写道："酒之所兴，肇自上皇，或云仪狄，又云杜康。有饭不尽，委馀空桑，郁积成味，久蓄气芳，本出于此，不由奇方？"在这里，古人提出了剩饭自然发酵成酒的观点，是符合科学道理及实际情况的。江统是我国历史上第一个提出谷物自然发酵酿酒学说的人。总之，人类开始酿造谷物酒，并非发明创造，而是发现。微生物学家方心芳先生则对此作了具体的描述："在农业出现前后，储藏谷物的方法粗放。天然谷物受潮后会发霉和发芽，吃剩的熟谷物也会发霉，这些发霉发芽的谷粒，就是上古时期的天然曲蘖，将之浸入水中，便发酵成酒，即天然酒。人们不断接触天然曲蘖和天然酒，并逐渐接受了天然酒这种饮料，于是就发明了人工曲蘖和人工酒，久而久之，就发明了人工曲蘖和人工酿酒。现代科学对这一问题的解释是：剩饭中的淀粉在自然界存在的微生物所分泌的酶的作用下，逐步分解成糖分、酒精，自然转变成了香气浓郁的酒。在远古时代人们的食物中，采集的野果含糖分高，无须经过液化和糖化，最易发酵成酒。

（2）谷物酿酒起源于何时。

传统的酿酒起源观认为酿酒是在农耕之后才发展起来的，这种观点早在汉代就有人提出了，汉代刘安在《淮南子》中说："清醠之美，始于耒耜"。现代的许多学者也持有相同的看法，有人甚至认为是当农业发展到一定程度，有了剩余粮食后，才开始酿酒的。

另一种观点认为谷物酿酒先于农耕时代，如在 1937 年，我国考古学家吴其昌先生曾提出一个很有趣的观点，他认为我们祖先最早种稻种黍的目的，是为酿酒而非做饭……吃饭实在是从饮酒中带出来。这种观点在国外较为流行，但一直没有证据。时隔半个世纪，美国宾夕法尼亚大学人类学家索罗门·卡茨博士发表论文，又提出了类似的观点，认为人们最初种粮食的目的是为了酿制啤酒，人们先是发现采集而来的谷物可以酿造成酒，而后开始有意识地种植谷物，以便保证酿酒原料的供应。该观点的依据是：远古时代，人类的主食是肉类不是谷物，既然人类赖以生存的主食不是谷物，那么对人类种植谷物的解释也可另辟蹊径。国外发现在一万多年前，远古时代的人们已经开始酿造谷物酒，而那时，人们仍然过着游牧生活。

综上所述，关于谷物酿酒的起源有两种截然相反的主要观点，即先于农耕时代、后于农耕时代。新的观点的提出，对传统观点进行再探讨，对酒的起源和发展，对人类社会的发展都是极有意义的。

那么，酒之源究竟在哪里呢？窦苹认为"予谓智者作之，天下后世循之而莫能废"这是很有道理的。劳动人民在经年累月的劳动实践中，积累下了制造酒的方法，经过有知识、有远见的"智者"归纳总结，后代人按照先祖传下来的办法一代一代地相袭相循，流传至今。这个说法是比较接近实际，也是合乎唯物主义的认识论的。

7.1.2　酒的发展

目前中国民众经常饮用的酒类有黄酒、白酒、葡萄酒、啤酒等，其起源和发展的情况各不相同，下面分别加以介绍。

1. 黄酒的起源和发展

黄酒是中国特有的酿造酒。多以糯米为原料，也可用粳米、籼米、黍米和玉米为原料，蒸熟后加入专门的酒曲和酒药，经糖化、发酵后压榨而成。酒度一般为16°~18°。黄酒是中国最古老的饮料酒，起源于何时，难以考证。在保存下来的古文献《世本·作篇·酒诰》中，均认为由仪狄或杜康始创。不过在出土的新石器时代大汶口文化时期的陶器中，已有专用的酒器。其中，除一些壶、杯、觚外，还有大口尊、瓮、底部有孔的漏器等大型陶器，它们可作为糖化、发酵、储存、沥酒之用，标志着四五千年前大汶口文化时期（原始社会）已可人工酿酒。经过夏商两代，酿酒技术有所发展，商朝武丁王时期（约前13世纪—前12世纪），已创造了中国独有的边糖化、边发酵的黄酒酿造工艺。南北朝时，贾思勰编纂的《齐民要术》中详细记载了用小米或大米酿造黄酒的方法。北宋政和七年（公元1117年），朱翼中写成《北山酒经》三卷，总结了大米黄酒的酿造经验，比《齐民要术》记载的酿造技术有了很大改进。福建的红曲酒——五月红，曾被誉为中国第一黄酒。南宋以后，绍兴黄酒的酿制逐渐发达起来，到明清两代时已畅销大江南北。

黄酒中的名酒有浙江绍兴黄酒、福建龙岩沉缸酒、江苏丹阳封缸酒、江西九江封缸酒、山东即墨老酒、江苏老酒、无锡老廒黄酒、兰陵美酒、福建老酒等。

2. 白酒的起源和发展

白酒是中国传统蒸馏酒。以谷物及薯类等富含淀粉的作物为原料，经过糖化、发酵、蒸馏制成。酒度一般在40度以上，目前也有40度以下的低度酒。中国白酒是从黄酒演化而来的。虽然中国早已利用酒曲、药酒酿酒，但在蒸馏器出现以前，还只能酿造酒度较低的黄酒。蒸馏器具出现以后，用酒曲、酒药酿出的酒再经过蒸馏，可得到酒度较高的蒸馏酒——白酒。白酒起源于何时，尚无确考，一说起源于东汉，另一说起源于唐宋时期。唐朝以前，中国古代文献中还没有白酒生产的记载，到唐宋时期，白酒（烧酒）一词开始在诗文里大量出现。1975年12月，河北出土了一件金世宗年间（1161—1189）的铜烧酒锅，证明了中国在南宋时期已有白酒。也有元代起源说。据李时珍《本草纲目》中记载："烧酒非古法也，自元时始创。"自相当的一段时间内，中国白酒的酿造工艺、技术习惯世代相传，多为作坊式生产。1949年以后，开始变手工操作为机械操作，但绝大多数名酒生产的关键工序，仍保留着手工操作的传统。

中国白酒生产的历史悠久，产地辽阔。各地在长期的发展中产生了一批深受消费者喜爱的著名酒种。在全国评酒会上，先后评出了多种国家名酒（如表7-1所示）。

表 7-1　历届国家名酒

年份	酒名
1952 年	贵州茅台酒、山西汾酒、泸州大曲、西凤酒
1963 年	茅台酒、五粮液、古井贡酒、泸州老窖特曲、全兴大曲、西凤酒、汾酒、董酒
1979 年	茅台酒、汾酒、五粮液、泸州老窖特曲、古井贡酒、董酒、剑南春、洋河大曲
1984 年	茅台酒、西凤酒、汾酒、泸州老窖特曲、五粮液、全兴大曲、洋河大曲、双沟大曲、剑南春、特制黄鹤楼酒、古井贡酒、郎酒、董酒
1988 年	茅台酒、泸州老窖特曲、汾酒、全兴大曲、五粮液、双沟大曲、洋河大曲、特制黄鹤楼酒、剑南春、郎酒、古井贡酒、武陵酒、董酒、宝丰酒、西凤酒、宋河粮液、沱牌曲酒

3. 葡萄酒的起源和发展

葡萄酒是以葡萄为原料，经过酿造工艺制成的饮料酒。酒度一般较低，在 8~22 度之间。葡萄原产于亚洲西南小亚细亚地区，后广泛传播到世界各地。汉武帝建元三年（前 138 年），张骞出使西域，将欧亚种葡萄引入内地，同时招来酿酒艺人，中国开始有了按西方制法酿造的葡萄酒。兰生、玉薤为汉武帝时的葡萄名酒。史书第一次明确记载内地用西域传来的方法酿造葡萄酒的是唐代的《册府元龟》，唐贞观十四年（640 年）从高昌（今吐鲁番）得到马乳葡萄种子和当地的酿造方法，唐太宗李世民下令种在御园里，并亲自按其方法酿酒。清光绪十八年（1892 年），华侨张弼士在山东烟台开办张裕葡萄酒酿酒公司，建立了中国第一家规模较大的近代化葡萄酒厂，引进欧洲优良酿酒葡萄品种，开辟纯种葡萄园，采用欧洲现代酿酒技术生产优质葡萄酒。以后，太原、青岛、北京、通化等地又相继建立了一批葡萄酒厂和葡萄种植园，生产多种葡萄酒。进入 20 世纪 50 年代以后，中国葡萄酒的生产走上迅猛发展的道路。

在长期的发展过程中，涌现出一批深受消费者欢迎的葡萄酒著名品牌。1952 年，在中国第一届全国评酒会上，玫瑰香红葡萄酒（今烟台红葡萄酒）、味美思（今烟台味美思）等被评为八大名酒。此后，在 1963 年、1979 年和 1983 年举行的第二、三、四届全国评酒会上，又有中国红葡萄酒、青岛白葡萄酒、民权白葡萄酒、长城干白葡萄酒、王朝半干白葡萄酒先后荣获国家名酒称号。

4. 啤酒的起源和发展

啤酒是以大麦为主要原料，经过麦芽糖化，加入啤酒花（蛇麻花），利用酵母发酵制成，酒精含量一般在 2%~7.5%（质量）之间，是一种含有多种氨基酸、维生素和二氧化碳的营养成分丰富、高热量、低酒度的饮料酒。啤酒的历史距今已有八千多年，最早出现于美索不达米亚（现属伊拉克）。啤酒是中国各类饮料酒中最年轻的酒种，只有百年历史。1900 年，俄国人首先在哈尔滨建立了中国第一家啤酒厂。其后，德国人、英国人、捷克斯洛伐克人和日本人相继在东北三省、天津、上海、北京、山东等地建厂，如 1903 年在山东青岛建立的英德啤酒公司（今青岛啤酒厂）等。1904 年，中国人自建的第一家啤酒厂——哈尔滨市东北三省啤酒厂投产。

中国生产啤酒的历史虽短，但各地还是涌现出一批优质品牌。自1963年在第二届全国评酒会上，青岛啤酒被评为国家名酒后，到1984年第四届全国评酒会时，已有青岛啤酒、特制北京啤酒、特制上海啤酒同时被评为国家名酒。

7.1.3 酒德和酒礼

在我国古代，酒被视为神圣的物质，酒的使用，更是庄严之事，非祀天地、祭宗庙、奉嘉宾而不用，形成远古酒事活动的俗尚和风格。随着酿酒业的普遍兴起，酒才逐渐成为人们日常生活的用物，酒事活动也随之广泛，并经人们思想文化意识的观照，使之程式化，形成较为系统的酒风俗习惯。这些风俗习惯的内容涉及人们生产、生活的许多方面，其形式生动活泼、姿态万千。历史上，儒家的学说被奉为治国安邦的正统观点，酒的习俗同样也受儒家酒文化观点的影响。

儒家讲究"酒德"两字。酒德两字，最早见于《尚书》和《诗经》，其含义是说饮酒者要有德行，不能像夏纣王那样"颠覆厥德，荒湛于酒"。《尚书·酒诰》集中体现了儒家的酒德，这就是饮惟祀（只有在祭祀时才能饮酒）、无彝酒（不要经常饮酒，平常少饮酒，以节约粮食，只有在有病时才宜饮酒）、执群饮（禁止聚众饮酒）、禁沉湎（禁止饮酒过度）。儒家并不反对饮酒，用酒祭祀敬神，养老奉宾，都是德行。

饮酒作为一种饮食文化，在远古时代就形成了一种大家必须遵守的礼节。有时这种礼节还非常繁琐。但如果在一些重要的场合下不遵守，就有犯上作乱的嫌疑。又因为饮酒过量，便不能自制，容易生乱，制定饮酒礼节就很重要。明代的袁宏道，看到酒徒在饮酒时不遵守酒礼，深感长辈有责任，于是从古代的书籍中采集了大量的资料，专门写了一篇《觞政》。这虽然是为饮酒行令者写的，但对于一般的饮酒者也有一定的意义。我国古代饮酒有以下一些礼节。

主人和宾客一起饮酒时，要相互跪拜。晚辈在长辈面前饮酒，叫侍饮，通常要先行跪拜礼，然后坐入次席。长辈命晚辈饮酒，晚辈才可举杯；长辈酒杯中的酒尚未饮完，晚辈也不能先饮尽。

古代饮酒的礼仪约有四步：拜、祭、啐、卒爵。就是先做出拜的动作，表示敬意；接着把酒倒出一点在地上，祭谢大地生养之德；然后尝尝酒味，并加以赞扬，令主人高兴；最后仰杯而尽。

在酒宴上，主人要向客人敬酒（叫酬），客人要回敬主人（叫酢），敬酒时还要说上几句敬酒辞。客人之间也可相互敬酒（叫旅酬），有时还要依次向人敬酒（叫行酒）。敬酒时，敬酒的人和被敬酒的人都要"避席"，起立。普通敬酒以三杯为度。

7.1.4 酒俗

中华民族的大家庭中的五十六个民族中，除了信奉伊斯兰教的民族一般不饮酒外，其他民族都是饮酒的。饮酒的习俗，各民族都有独特的风格。

1. 原始宗教、祭祀、丧葬与酒

从远古以来，酒是祭祀时的必备用品之一。

原始宗教起源于巫术。在中国古代，巫师利用所谓的“超自然力量”，进行各种活动，都要用酒。巫和医在远古时代是没有区别的，酒作为药，是巫医的常备药之一。在古代，统治者认为：“国之大事，在祀在戎。”祭祀活动中，酒作为美好的东西，首先要奉献给上天、神明和祖先享用。战争决定一个部落或国家的生死存亡，出征的勇士，在出发之前，更要用酒来激励斗志。酒与国家大事的关系由此可见一斑。反映周王朝及战国时代制度的《周礼》中，对祭祀用酒有明确的规定。如祭祀时，用“五齐”“三酒”共八种酒。在古代，主持祭祀活动的人是权力很大的，巫师的主要职责是奉祀天帝鬼神，并为人祈福禳灾。后来又有了“祭酒”，主持飨宴中的酹酒祭神活动。

我国各民族普遍都有用酒祭祀祖先，在丧葬时用酒举行一些仪式的习俗。

人死后，亲朋好友都要来吊祭死者。汉族的习俗是“吃斋饭”，也有的地方称为吃“豆腐饭”，这就是葬礼期间举办的酒席。虽然都是吃素，但酒还是必不可少的。有的少数民族则在吊丧时持酒肉前往，如苗族人家听到丧信后，同寨的人一般都要赠送丧家几斤酒及大米、香烛等物，亲戚送的酒物则更多些，如女婿要送二十来斤白酒、一头猪。丧家则要设酒宴招待吊者。云南怒江地区的怒族，村中若有人病亡，各户带酒前来吊丧，巫师灌酒于死者嘴内，众人各饮一杯酒，称此为“离别酒”。死者入葬后，古代的习俗还有在墓穴内放入酒，为的是死者在阴间也能享受到人间饮酒的乐趣。汉族人在清明节为死者上坟，必带酒肉。

在一些重要的节日，举行家宴时，都要为死去的祖先留着上席，一家之主这时也只能坐在次要位置，上席则为祖先置放酒菜，并示意让祖先先饮过酒或进过食后，一家人才能开始饮酒进食。在祖先的灵像前，还要插上蜡烛，放一杯酒，若干碟菜，以表达对死者的哀思和敬意。

2. 重大节日的饮酒习俗

中国人一年中的几个重大节日，都有相应的饮酒活动，如端午节饮“菖蒲酒”，重阳节饮“菊花酒”，除夕夜的“年酒”。在一些地方，如江西民间，春季插完禾苗后，要欢聚饮酒，庆贺丰收时更要饮酒。酒席散尽之时，往往是“家家扶得醉人归”。

过年，也叫除夕，是中国人最为注重的节日，是家人团聚的日子。年夜饭是一年中最为丰盛的酒席，即使穷，平时不怎么喝酒，年夜饭中的酒也是必不可少的。吃完年夜饭，有的人还有饮酒守夜的习俗。正月的第一天，有的地方，人们一般是不出门的。从正月初二，才开始串门。有客人上门，主人将早已准备好的精美的下酒菜肴摆上桌子，斟上酒，共贺新春。

新年伊始，古人有合家饮屠苏酒的习俗，饮酒时，从小至大依次饮用。据说饮此酒可以避瘟气。

朝鲜族的“岁酒”。这种酒多在过“岁首节”前酿造。岁首节相当于汉族的春节，“岁酒”以大米为主料，配以桔梗、防风、山椒、肉桂等多味中药材，类似于汉族的“屠苏酒”，但药材配方有所不同。用于春节期间自饮和待客，民间认为饮用此酒可避邪、长寿。

哈尼族的“新谷酒”。每年秋收之前，居住在云南元江一带的哈尼族，按照传统习俗，都要举行一次丰盛的“喝新谷酒”的仪式，以欢庆五谷丰登，人畜平安。所谓“新谷酒”，是各家从田里割回一把即将成熟的谷把，倒挂在堂屋右后方山墙上部的一块小篾笆沿边，意求家神保护庄稼，然后勒下谷粒百十粒，有的炸成谷花，有的不炸，放入酒瓶内泡酒。喝“新谷酒”选定在一个吉祥的日子，家家户户置办丰盛的饭菜，全家老少都无一例外地喝上几口“新谷酒”。这顿饭人人都要吃得酒酣饭饱。

“菊花酒”由来已久，《西京杂记》曾记载：“菊花舒时并采茎叶，杂黍米酿之，至来年九月九日始熟就饮焉，故谓之菊花酒。”

3. 婚姻饮酒习俗

南方的“女儿酒”，最早记载为晋人嵇含所著的《南方草木状》，说南方人生下女儿才数岁，便开始酿酒，酿成酒后，埋藏于池塘底部，待女儿出嫁之时才取出供宾客饮用。这种酒在绍兴得到继承，发展成为著名的“花雕酒”，其酒质与一般的绍兴酒并无显著差别，主要是装酒的坛子独特。这种酒坛还在土坯时，就雕上各种花卉图案、人物鸟兽、山水亭榭，等到女儿出嫁时，取出酒坛，请画匠用油彩画出“百戏”，如“八仙过海”“龙凤呈祥”“嫦娥奔月”等，并配以吉祥如意，花好月圆的“彩头”。

“喜酒”，往往是婚礼的代名词，置办喜酒即办婚事，去喝喜酒，也就是去参加婚礼。

“会亲酒”，订婚仪式时，要摆的酒席。喝了“会亲酒”，表示婚事已成定局，婚姻契约已经生效，此后男女双方不得随意退婚，赖婚。

“回门酒”，结婚的第二天，新婚夫妇要“回门”，即回到娘家探望长辈，娘家要置宴款待，俗称“回门酒”。回门酒只设午餐一顿，酒后夫妻双双回家。

“交杯酒”，这是我国婚礼程序中的一个传统仪式，在古代又称为“合卺”（卺的意思本来是一个瓠分成两个瓢）。《礼记·昏义》有“合卺而酳”，孔颖达解释道“以一瓠分为二瓢谓之卺，婿与妇各执一片以酳（即以酒漱口）”，故合卺又引申为结婚的意思。在唐代即有“交杯酒”这一名称。到了宋代，在礼仪上，盛行用彩丝将两只酒杯相连，并绾成同心结之类的彩结，夫妻互饮一盏，或夫妻传饮。这种风俗在我国非常普遍，如在绍兴地区喝交杯酒时，由男方亲属中儿女双全、福气好的中年妇女主持。喝交杯酒前，先要给坐在床上的新郎新娘喂几颗小汤圆，然后，斟上两盅花雕酒，分别给新婚夫妇各饮一口，再把这两盅酒混合，又分为两盅，取“我中有你，你中有我”之意，让新郎新娘喝完后，并向门外撒大把的喜糖，让外面围观的人群争抢。

“交臂酒”，是在婚礼上为表示夫妻相爱，夫妻各执一杯酒，手臂相交，各饮一口。

4. 其他饮酒习俗

“满月酒”或“百日酒”，中华各民族普遍的风俗之一。生了孩子，满月或一百天时，摆上几桌酒席，邀请亲朋好友共贺，亲朋好友一般都要带有礼物，也有的送上红包。

“寄名酒”，旧时孩子出生后，如请人算出命中有克星，多厄难，就要把他送到附近的寺庙里，作寄名和尚或道士。大户人家则要举行隆重的寄名仪式，拜见法师之

后，回到家中，就要大办酒席，祭祀神祖，并邀请亲朋好友、三亲六眷，痛饮一番。

“寿酒”，中国人有给老人祝寿的习俗，一般在 50、60、70 岁等生日，称为大寿，一般由儿女或者孙子、孙女出面举办，邀请亲朋好友参加酒宴。

“上梁酒”和“进屋酒”，在中国农村，盖房是件大事，盖房过程中，上梁又是最重要的一道工序，故在上梁这天，要办上梁酒，有的地方还流行用酒浇梁的习俗。房子造好，举家迁入新居时，又要办进屋酒，一是庆贺新屋落成，并志乔迁之喜，二是祭祀神仙祖宗，以求保佑。

“开业酒”和“分红酒”，这是店铺作坊置办的喜庆酒。店铺开张、作坊开工之时，老板要置办酒席，以志喜庆贺；店铺或作坊年终按股份分配红利时，要办“分红酒”。

“壮行酒”，也叫“送行酒”，有朋友远行，为其举办酒宴，表达惜别之情。在战争年代，勇士们上战场执行重大且有很大生命危险的任务时，指挥官们都会为他们斟上一杯酒，用酒为勇士们壮胆送行。

7.2 外国酒文化

7.2.1 世界各民族神话中酒的故事

世界各民族的神话传说中都流传着酒的故事。古希腊神话、希伯来人的《圣经》和古印度典籍中，都有所记载。

1. *古希腊神话里的酒神*

古希腊神话里的酒神名叫狄奥尼索斯，是酿酒和种植葡萄者的庇护神（由此可见，西方人最早是用葡萄酿酒的）。按照古希腊神话的谱系，狄奥尼索斯是大神宙斯和忒拜王卡德摩斯的公主塞墨勒所生。大神宙斯的妻子神后赫拉善妒，凡是宙斯和别人相爱，她一定要作陷害性的报复。赫拉劝诱怀了孕的塞墨勒公主向宙斯请求，要宙斯以本来面目和她相会。原来宙斯与人间的女子相爱，都以化身相会，因为宙斯是主宰宇宙的大神，凡人是不能接近的。在塞墨勒的请求下，宙斯不得不答应情妇的要求，结果使塞墨勒在雷电中烧死。宙斯从母腹中取出未足月的胎儿，缝入自己的大腿，大神便在这段时间里成了瘸腿。婴儿足月后出生，取名为“狄奥尼索斯”，意思就是“宙斯瘸腿”。

宙斯先把他托给塞墨勒的姊妹伊诺公主哺养，后来为了避免神后赫拉的陷害，又将他转托给尼萨山的山林女神抚养。尼萨据说是埃及的地名，也有人说在印度，或说在阿拉伯。神话研究家据很多证据说明，对酒神的崇拜并非起源于希腊本土，这表明远古时代到处都有了酒，有了酒才有了酒的庇护神。

狄奥尼索斯在山林女神的保护下，与牧神潘的儿子西勒诺斯为友，并从他那里接受教育后返回希腊。途中被海盗俘虏，将他捆绑起来准备出卖为奴隶。他使绳索自动

脱落，并使常春藤盘缠船桅，葡萄藤绕满风帆，吓得海盗纷纷跳海，变成了海豚。途经纳克索斯岛时，他与美女阿里阿德涅结为夫妇。

酒神曾游遍希腊、叙利亚、印度等地，教人们酿酒，显示各种奇迹，化身为山羊、牛、狮、豹，使酒、牛奶、蜂蜜从地面涌出，逐渐赢得了人民的崇拜。对他的崇拜与古代的化装仪式有密切联系，纪念酒神的庆典往往引起狂欢暴饮。一般认为，古希腊的悲剧和喜剧都起源于纪念酒神的仪式。

2. 《圣经》里关于酒的最早记载

《旧约·创世纪》是希伯来民族关于宇宙和人类起源的创世神话，基督教“上帝创造人”的正宗信仰就是据《创世纪》建立的。上帝创造了人，但他却后悔了。因为地上的人罪孽深重，于是决定用一场洪水来毁灭大地上所有的生物。

几乎所有的古老民族都有远古时期地球上曾发生洪水的传说，中国有大禹治水的传说，《圣经》上则有诺亚方舟的故事，神话学家推想这种传说出于上古人类对于冰川时代的记忆。

《创世纪》上说，上帝要用洪水淹没世界，但愿意赦免诺亚一家。因为诺亚是个义人，神加宠于他，吩咐他用歌斐木造一艘大船，漆上沥青，全家人进入方舟，并且恩准他选择世上洁净的动物，各种飞禽、走兽、虫豸，各带一公一母，保存生命的种子，作为他家的食用。诺亚照神的意旨办好后，上帝就连降了四十昼夜的滂沱大雨，洪水泛滥，比大地上最高的山峰高出七公尺。一百五十天后，洪水才逐渐消退，世上就只剩下了诺亚一家和方舟里的生物。诺亚有三个儿子，闪、含和雅弗，他的后代以后遍布大地，就是闪族、含族和雅弗族。

就是这个上帝的宠民诺亚，因上帝的恩赐活了下来，做起了农夫，辟了一个葡萄园。一天，他喝了园中的酒，赤身露体地醉倒在帐篷里。含看见父亲赤身倒在地上，去告诉了兄弟闪和雅弗，后两人拿着长袍，倒退着进帐篷背着面给父亲盖上，没有看父亲赤裸的身体。诺亚酒醒后，知道了他们兄弟的所作所为，就诅咒含，要神叫含的儿子迦南一族做他弟兄的奴隶。

3. 印度古代史诗中的猴王饮酒

印度古代史诗《罗摩衍那》虽然写定于公元前3世纪到公元前4世纪，但其口头传述的过程要早得多。这部印度“最初的诗”，其中第二篇至第六篇，公认是最早的部分，其中就有了酒的记载。

在第四篇《猴国篇》中，故事主要描写神猴哈奴曼。大神毗湿奴化身罗摩（史诗的主角），罗摩之妻悉多非常美丽，被楞伽城十头魔王罗波那用计劫走。罗摩在寻妻途中遇到神猴哈奴曼，在哈奴曼的劝说之下，罗摩同猴国之王须羯哩婆结盟，商定罗摩帮助猴王杀死其兄波林，夺回王位；猴王则帮助罗摩，寻找回被罗波那劫走的妻子悉多。但罗摩用暗箭射杀了波林，给猴王灌顶（即加冕礼）后，猴王却沉湎于酒色之中，有时还酩酊大醉，不省人事。直到罗摩之弟罗什曼上门大骂，才摈弃酒色，派出以神猴哈奴曼为首的猴兵猴将出发找寻悉多。

从这个印度古史诗中，可以知道印度在神话时期已经出现了酒。

4. 古埃及和古巴比伦神话传说中酒的存在

古代巴比伦的文献大都湮灭，但在极有限的公元前19世纪至公元前16世纪的残存神话传说中，仍可以找到酒的痕迹。源于美苏尔时代的神话《印尼娜降入冥府》的《伊什塔尔下降冥府》，叙述生命与爱情之女神伊什塔尔闯进地狱，拯救植物之神坦姆兹，经过七重门，逐件饰物被剥去后遭到囚禁，遂使百卉凋零、万木枯死。天神害怕人类灭亡，无人献祭，只好把伊什塔尔和坦姆兹释放。其中提到天神怕不再有人间“美妙的果浆”，据古神话研究者的诠释，怀疑它是指葡萄酿的酒。

古埃及的文献比古巴比伦的保存得略多，早在新王国时期（前1786—前1570）的《人类的拯救》这篇用象形文字写在纸草上的神话中，就有太阳神施计，用麦酒灌醉了风、露、天、地四神和其他神灵，拯救人类的故事，可知那时就用麦酿酒了。

上面各民族的神话都说明酒在远古就已经出现了，希腊的狄奥尼索斯是庇护造酒者的神，不是造酒者本人（神当然能造酒）。《圣经》和古印度、古巴比伦、古埃及的文献更不提酒是怎么来的，这些故事都没有说出酒最初是什么时候、由什么人造的。

7.2.2 酒的起源和发展

1. 酿造酒

（1）葡萄酒。

葡萄原产于亚洲西南小亚细亚地区。公元前5000年前，美索不达米亚已栽培葡萄，酿造葡萄酒；公元前2000年前，巴比伦“汉穆拉比法典”已有关于葡萄酒买卖的法律，后来葡萄酒传布到波斯、埃及、以色列等地。

公元前1世纪前后，葡萄与葡萄酒由埃及经希腊传入罗马。由于罗马人对葡萄酒的爱好，很快就在意大利半岛全面推广。随着罗马帝国版图的扩大，葡萄逐渐移植到法兰西、西班牙及德国莱茵河流域，10世纪以后才传布到北欧等国家。英国在罗马占领时代，也曾试种葡萄，由于气候关系，最后以失败告终。

美洲原来有野生葡萄。18世纪西班牙移民将葡萄带到美洲，随后传入加利福尼亚。1861年从欧洲输入葡萄树苗20万株，在加利福尼亚州建立葡萄园。一度由于根瘤蚜虫的灾害，几乎全部被摧毁，后来找到用美洲原生葡萄嫁接的方法，防治了根瘤蚜虫，葡萄酒的生产又逐渐发展起来。现在南北美洲均生产葡萄酒，南美洲的阿根廷和美国的加利福尼亚州，均为世界闻名的葡萄酒产地。

（2）啤酒。

啤酒起源于9000年前的中东和古埃及地区。古代巴比伦、苏美尔人就喝啤酒。考古学家发现，公元前3000年的楔形文字就有关于苏美尔人酿造啤酒的配方的记载。其过程基本上同今天一样。当时用芦苇管吸啤酒，防止没溶解的黑麦草和谷粒进入喉咙。

在古埃及，啤酒也很盛行。当时的金字塔的建筑工人每天食用的食物就由3个面包、几根葱和几头蒜，还有3桶啤酒组成。埃及的医生开处方治胃病用啤酒，连治牙痛也用啤酒。从挖掘法老的陵墓看，里面有一桶桶的啤酒，其味道、颜色、气味，甚至醉酒效力，一直保持到今天。

最初的啤酒是不加酒花的。也许只用麦芽制成的啤酒有一种青草似的气味，人们就将药草引入啤酒。在古埃及的神话中，据说神为惩罚人类，曾派遣疫病女神下凡，欲将人类毁灭。可是，人类掺有红色药草的啤酒被女神误以为是人血，便大饮而醉，返回天上。因这个神话故事，故每当疫病流行的时候，人们都要饮用加有红色药草的啤酒。

啤酒后传入欧洲，19 世纪末传入亚洲。目前，除了伊斯兰教国家因宗教原因而不生产和饮用啤酒外，啤酒几乎遍及世界各国。

在中世纪的欧洲，人们曾用一种叫格鲁特的药草及香料为啤酒提味，因为这样做需要医学知识及多种材料，故啤酒主要生产于修道院。自 14 世纪起，添加蛇麻花的啤酒逐渐盛行于欧亚大陆，因为在那里蛇麻花是随处可见的植物。由于林德发明了冷冻机，啤酒香味更趋柔和。巴斯德发明的在 60℃ 保持 30 分钟以杀灭酵母和杂菌的方法，使啤酒的保存期大为延长。

当时的许多啤酒酿造工是寺院里的僧侣，特别是当时的德国和捷克。从纽伦堡市 1290 年的正式记录里看到，德国用大麦酿造啤酒，禁止使用燕麦、小麦和黑麦。而英国人正相反，最喜欢小麦啤酒。

近年来，膜过滤等技术的迅速发展，使“纯生啤酒”及系列“特色啤酒”的生产成为现实，我们才能有这么多种的选择。

（3）日本清酒。

日本清酒是借鉴中国黄酒的酿造法而发展起来的日本国酒。一千多年来，清酒一直是日本人最常喝的饮料。在大型的宴会上、结婚典礼中，在酒吧间或寻常百姓的餐桌上，人们都可以看到清酒。清酒已成为日本的国粹。

据中国史书记载，古时候日本只有“浊酒”，没有清酒。后来有人在浊酒中加入石炭，使其沉淀，取其清澈的酒液饮用，于是便有了“清酒”之名。公元 7 世纪中叶之后，朝鲜古国百济与中国常有来往，并成为中国文化传入日本的桥梁。因此，中国用“曲种”酿酒的技术就由百济人传播到日本，使日本的酿酒业得到了很大的进步和发展。到了公元 14 世纪，日本的酿酒技术已日臻成熟，人们用传统的清酒酿造法生产出质量上乘的产品，尤其在奈良地区所产的清酒最负盛名。

日本清酒虽然借鉴了中国黄酒的酿造法，但却有别于中国的黄酒。该酒色泽呈淡黄色或无色，清亮透明，芳香宜人，口味纯正，绵柔爽口，其酸、甜、苦、涩、辣诸味谐调，酒精含量在 15%以上，含多种氨基酸、维生素，是营养丰富的饮料酒。

2. 蒸馏酒

（1）白兰地。

“白兰地”一词源于荷兰语，意思是“烧焦的葡萄酒”。13 世纪那些到法国沿海运盐的荷兰船只将法国干邑地区盛产的葡萄酒运至北海沿岸国家，这些葡萄酒深受欢迎。至 16 世纪，由于葡萄酒产量的增加及海运途耗时间长，法国葡萄酒变质滞销。这

时，聪明的荷兰商人利用这些葡萄酒作为原料，加工成葡萄蒸馏酒，这样的蒸馏酒不仅不会因长途运输而变质，并且由于浓度高反而使运费大幅度降低，葡萄蒸馏酒销量逐渐增大，荷兰人在夏朗德地区所设的蒸馏设备也逐步改进。后来法国人开始掌握蒸馏技术，并将其发展为二次蒸馏法，但这时的葡萄蒸馏酒为无色，也就是现在被称为原白兰地的蒸馏酒。

1701 年，法国卷入了一场西班牙的战争，期间，葡萄蒸馏酒销路大跌，大量存货不得不被存放于橡木桶中，然而正是由于这一偶然，产生了现在的白兰地。战后，人们发现储存于橡木桶中的白兰地酒质实在妙不可言，香醇可口，芳香浓郁，那色泽更是晶莹剔透，琥珀般的金黄色，如此高贵典雅。至此，产生了白兰地生产工艺的雏形——发酵、蒸馏、储藏，也为白兰地发展奠定了基础。

（2）威士忌。

威士忌的由来说来也是一项意外。中世纪的炼金术士们在炼金的同时，偶然发现制造蒸馏酒的技术，并把这种可以焕发激情的酒以拉丁语命名为 Aqua-Vitae（生命之水）。随着蒸馏技术传遍欧洲各地，Aqua-Vitae 被译成各地语言，其意指蒸馏酒。七百多年前，制造蒸馏酒的技术辗转漂洋过海流传至古爱尔兰，人们将当地的麦酒蒸馏之后，生产出强烈的酒精饮料，并将之称为 Visge-beatha，这是公认为威士忌的起源，也是名称的由来。

据说 1494 年苏格兰开始生产威士忌。但刚开始，欧洲人并不是普遍喜欢饮威士忌，而只有苏格兰人饮用，且由于未经贮存，故口味也不太受欢迎。18—19 世纪，一些威士忌酿造者，为了躲避政府的苛捐杂税，逃到深山中私酿。燃料缺乏，用泥炭替代；容器不足，就以盛西班牙谐丽酒的空桶来装；酒暂时卖不出去而贮存于小屋内。因祸得福，形成了如今苏格兰威士忌独特的生产方法：用泥炭烘烤麦芽，用橡木桶进行贮存。

（3）伏特加。

“伏特加”这个名词最早出现于 16 世纪，它是俄国人对“水”的称呼。伏特加酒原产于 12 世纪的俄罗斯，当时是以蜂蜜为原料，主要用于医治疾病。后来传入芬兰、波兰等地。但波兰人则认为伏特加起源于波兰。伏特加一直到 18 世纪左右都是采用以裸麦为主的原料，后来也开始使用大麦、小麦、马铃薯、玉米等。伏特加是俄罗斯和波兰的国酒，现在已遍及世界各地，成为国际性的重要酒精饮料。

（4）金酒。

金酒的产生是人类有特殊目的的创造。1660 年，荷兰莱登大学医学院有位名叫西尔维斯（Sylvius）的教授发现杜松子有利尿的作用，就将其浸泡于食用酒精中，再蒸馏成含有杜松子成分的药用酒。经临床试验证明，这种酒还具有健胃、解热等功效。于是，他将这种酒推向市场，受到消费者普遍喜爱。不久，英国海军将杜松子酒带回伦敦，很快就打开了销路。金酒根据音译又称为“琴酒”，也被称为“杜松子酒”。

（5）罗姆酒。

据说甘蔗最早产于印度，阿拉伯人于公元前 600 年把热带甘蔗带到了欧洲。

1502 年由哥伦布又带到了西印度群岛，在这时人们才开始慢慢学会把生产蔗糖的副产品“糖渣”（也叫“糖蜜”）发酵蒸馏，制成一种酒，即罗姆酒。据最早的资料记载，1600 年由巴巴多斯首先酿制出罗姆酒。当时，在西印度群岛很快成为廉价的大众化烈性酒，当地人还把它作为兴奋剂、消毒剂和万灵药。它曾是海盗们以及现在的大英帝国海军不可缺少的壮威剂，可见其备受人们青睐。当时，在非洲的某些地方，以罗姆酒来对换奴隶是很常见的。在美国的禁酒年代，罗姆酒发展成为混合酒的基酒，充分显示了其和谐的威力。另外，在举世闻名的法式烹饪中罗姆酒也占一席之地。

（6）特奇拉酒。

特奇拉酒是墨西哥的特产，被称为墨西哥的灵魂。特奇拉是墨西哥中央高原北部哈斯克州的一个小镇，此酒以产地而得名。特奇拉酒又被称为龙舌兰酒，因为该酒是以墨西哥特有的植物吗圭龙舌兰为原料酿制的。墨西哥生长着上千种仙人掌，但只有龙舌兰属的无刺仙人掌才能作为制酒的原料，故有人称龙舌兰酒为仙人掌威士忌。

特奇拉酒是墨西哥的国酒，其口味凶烈，香气很独特。墨西哥人对此酒情有独钟，常用净饮，饮法可谓奇特。每当饮酒时，墨西哥人总是在手的拇指与食指间夹一块柠檬，在虎口处撒少量精制细盐，右手握有盛特奇拉酒的酒杯。先将柠檬汁挤入口中，并吸入细盐，使口内既酸又咸；再将酒一饮而尽，使诸味似火球般从嘴里沿喉咙直至胃部。这种饮法有利于消除墨西哥炎热的暑气。喝特奇拉酒时通常不再喝其他饮料，以免冲淡其特殊风味。

7.2.3　鸡尾酒的文化

现代鸡尾酒起源于 19 世纪末 20 世纪初的美国，只有短短一百余年的历史。但是，如果以广义的鸡尾酒来说，则其历史可追溯到古埃及时代。当时埃及人已会酿造啤酒，不过那时候尚未有任何的冷冻设备，无法将啤酒冰镇，因此啤酒喝起来很苦。有些埃及人为了掩饰啤酒中的苦味，就在啤酒中添加蜂蜜或椰枣汁来饮用，此即最早的鸡尾酒饮料。

1. 鸡尾酒的起源

欧洲最早的鸡尾酒则起源于古希腊、古罗马时代。当时，葡萄酒不但是希腊人与罗马人最喜爱的饮料，也是海上贸易的重要商品。由于船只运送葡萄酒时，经常会遇到暴风雨，海水常会渗进葡萄酒，没想到经海水稀释后的葡萄酒味道更甜美，从此希腊及罗马人在喝葡萄酒前常会用海水来稀释。另外，虽然葡萄非常容易酿制成酒，可是那时候因葡萄品种、酿制过程以及储存方法不良等因素，常常影响葡萄酒的品质与口感，为了改善葡萄酒的品质及增加甜度，需添加糖分。然而当时欧洲尚未引进蔗糖，糖因产量少尤显珍贵，于是常添加果汁来改善葡萄酒的品质及甜度。

时至公元 17 世纪以后，有关近代鸡尾酒的起源众说纷纭，一般有几种流传较广的说法。其中带有传说性的鸡尾酒起源说，一向为世人所津津乐道。下面就略举几例，以飨读者。

（1）寻鸡启事。

一说在美国独立战争之际，一个酷爱斗鸡的酒店主人，极力反对女儿嫁给一位美国军官。后来不知怎么的，他心爱的斗鸡不见踪影，于是酒店主人悬赏寻“鸡”——只要任何人找回他心爱的斗鸡，就把女儿嫁给他。无巧不成书，寻获这只斗鸡的人正是那位美国军官，有情人终成眷属。在宴请宾客时，新娘兴奋之余，无意中把酒与其他饮料混合在一起，但出乎意料，宾客一致认为这种混合饮料非常好喝，大加赞赏。后来人们就把这种酒称为“鸡尾酒”。

（2）歪打正着。

还有人认为，早期在美国的荷兰移民，用沾有烈酒和自制苦精混合液的公鸡羽毛，在病人的喉咙处画上几下，用来治疗喉咙发炎的病症。有些胆大的病人干脆拿它来漱口，如此一来，喉咙的所有知觉都麻木了，病痛亦减轻不少。从此之后，人们便饮用烈酒和苦精的混合饮料，并把它视为预防疾病的药物。

（3）四海为家。

在墨西哥还有另一个关于鸡尾酒的故事。故事是这样的：早年在墨西哥港口靠岸的英国水手，经常点一种以白兰地或兰姆酒为基酒的饮料，名叫“drac”，这种饮料必须用木制汤匙或细棒搅拌。有一家用一种细长、光滑的“Cola de Gallo”（一种植物名）的根作为搅棒的酒店特别受欢迎，于是这种饮料跟着英国海军，遍传世界各地。Cola de Gallo 译成英文即是 Cocktail，鸡尾酒也便由此得名。

（4）最美丽的小母鸡。

美国独立战争前后，英国将领康瓦利和华盛顿属下的美法联军交战于维琴尼亚的约克镇。“美国秋瑾”蓓蒂丝·法兰根在约克镇附近开了一家小酒馆，自然而然地，蓓蒂丝的小酒馆成为军官的聚会场所。蓓蒂丝发明了一种饮料，名唤“臂章”，为他们鼓舞士气。嬉笑怒骂间，蓓蒂丝总被戏谑为“最美丽的小母鸡”，而且是隔邻讨厌的保皇党所养的那一只。蓓蒂丝气不过，趁着夜黑风高之际，将仇人的母鸡全宰了，来个“全鸡大餐”，不仅如此，连公鸡尾巴的毛也拔来了，用来装饰“臂章”。

由以上几则传说可知，近代鸡尾酒萌芽于美洲大陆，且与欧洲的殖民运动息息相关。探究其原因为：最初自英国移民到美洲的移民多属非国教徒，他们是为追求信仰自由和试图建立新的社会秩序而来。欧洲各地的新教徒，为逃避宗教迫害也随后移民至新大陆。例如，来自日耳曼地区的孟诺教派，移入宾夕法尼亚、纽约及南边各州；来自法国的休京拉派信徒，移入南卡罗来纳州；犹太人主要移民在沿海各殖民地。这些欧洲移民者不仅将宗教输入美洲，同时也将欧洲的物产带入新大陆，这些物产当然也包括各地的酒类。而在欧洲人来临以前，美洲已有印第安人居住并已发展出高度的文明，尤其是中南美洲的印第安人，在欧洲人未来以前已发展出相当高度的饮食文化。他们利用当地的特产来酿造独具美洲风味的酒品，其中最具特色的为罗姆酒与龙舌兰酒。欧洲移民们在面对不同的地理环境时，有不同的适应方式，并且结合美洲原有的特色，产生了不同的文化形态。大体言之，美国文化虽为欧洲文化的延伸，但是美国文化却并不全然是欧洲的，美国为形形色色的人群共同缔造了“新伊甸园”。美国这个

大熔炉，不仅表现在血统上，也表现在文化上。美国文化有其自己的特性和风格，这种文化发展表现在鸡尾酒上尤为明显。

2. 工业革命促进鸡尾酒快速进展

推动鸡尾酒快速发展的另一个重要因素为工业革命。18世纪中叶开始的工业革命，造成近代西方政治、经济、社会以及思想上的巨大变迁，进而奠定了近代西方文化的经济生活基础。

工业革命后首先出现的现象便是人口的急剧增加，欧洲人口在1650年时约为1亿左右，但至1850年时已达到2亿7千万人左右，到19世纪末时已是4亿2千万人左右。人口的增加固然为世界性的现象，但欧洲人口之增加则较其他地区更快。其人口如此迅速的增加，大致上归功于工业革命所带来的生活条件的改善、公共卫生与医学的进步，使得传染病的发生大为减少。例如，伤寒与霍乱在1848—1872年间流行过3次，1900年之后即在欧洲绝迹，天花、猩红热等也不如从前肆虐。19世纪末以后，由于消炎与麻醉各方面的进步，也大为提高手术台上的安全率。这些进步均使人的平均寿命提高，婴儿的夭折率降低。

工业革命也带来交通上的革命，1870年以后因铁路及轮船的普及，而使得运输费、运输时间大为减少，使俄国与美国中西部的粮食可以廉价而大量的供应；罐装和冷藏方法的应用，也使阿根廷与美洲的牛肉和澳洲的羊肉可不失新鲜地输入欧洲。这些因素都使欧洲的人口急速增加。

工业革命同时又造成大量工人的出现。他们聚居于工业城市的贫民窟，既无固定资产也缺乏知识，完全依赖工资为生，他们的工作环境和工作条件均很恶劣，工人自然无法满足于此种情况，并试图以集体行动来谋求改善，因此开始组织工会并热心民主运动。直到19世纪中叶开始，工人阶层的生活情况已渐渐有较大的改善，例如，每周的工作时数普遍减少为48或50小时，一般工人的闲暇时间较从前为多。另外，在薪金方面，工资也慢慢增加，使高低收入者之差距缩小。如此工人阶层不仅消费能力提高，并且有时间从事各项休闲活动。

19世纪以后由于工业的兴起，不但使人口增加，也使人口向城市集中，如此造成了近代城市的兴起。近代新兴的城市可以说是工厂、矿业与铁路的产物。在英国，人口原集中于南部，但自中部与北部变成工业区后，一些新的城市便次第出现。美国东北部地区在工业革命后也有一些新兴的城市出现。城市在近代社会中的重要性不容争议，故近代文明亦被称为“城居者的文明”。由于城市生活因人口的集中而非常拥挤、忙碌、紧迫、喧嚣与脏乱，使人易患现代常见的“神经衰弱症”，在城市居住的人们为减轻生活上的压力，常流连于各地的酒吧。这些都大大促进了鸡尾酒的发展。

3. 现代鸡尾酒调制法的建立

19世纪下半期以后，工业革命进入一个新的阶段，此时期研究出输送动能的便宜方法，即电力。电力的普遍应用，不仅供应了工业所需的动能，而且也影响到一般人的日常生活。而其对鸡尾酒发展的影响主要在于制冰机的发明，因为现代鸡尾酒大都

为冷饮，故调制鸡尾酒时需随时取用冰块来调制；同时为使冰块能有效、快速地冷却鸡尾酒，又发明了雪克杯和调酒杯，于是现代鸡尾酒调制方法的雏形慢慢建立。

由上可知，从工业革命一直到19世纪末为止，在这一百多年的时间里，因人口的增加且逐渐向城市集中，造成近代城市的兴起。由于城市生活非常忙碌与紧张，而休闲空间很有限，再加上制冰机的发明而使现代鸡尾酒的形态确立，于是城市里的人就常以到酒吧小酌为娱乐，同时也能借此来忘却城市生活的压力。如此使得鸡尾酒的普及得到长足的发展。

4. 鸡尾酒文化普及世界各地

鸡尾酒在20世纪的发展更获得了空前的胜利。这是因为19世纪中叶至20世纪初期，近代西方文化创造了另一个高峰。在17和18世纪就已经发展成熟的自然科学，至此更加突飞猛进，对人类思想产生极深远的影响，而物质上的进步使世界已不再同于旧世界，让人类不但放弃传统的价值判断，也改变了对事物的看法。旧的世界观支离破碎，上帝和天堂不再是信仰的对象，人们仰望天空只见无限的黑暗空间，不再是美丽和醉人的苍天。宗教信仰与科学之间的裂缝日益扩大，社会因科学的世界观兴起而趋于更现实化、世俗化，这种变化令许多人感到恐惧。加以两次世界大战的破坏与震撼，让人们在思想上开始摆脱传统的束缚和挣脱旧有的繁文缛节，而一方面又想逃避都市文明的压力，并反对机械化、非人性的科学文明。就在此时，鸡尾酒的饮用方式正不同于传统葡萄酒的慎重，而是把平时我们所知、所看的生活环境，以具体而微的形象用酒与酒杯来表现，其表现方式是讲求自然、主观和率性的，于是民众对鸡尾酒这项艺术有了进一步的了解与接受，尤其在美国这种大众化、都市化较深的社会中，更易得到成功与发展。因为美国文化和现代鸡尾酒都是工业革命以及其后一系列科技革命的产物，是把新奇、活泼、性感与民主结合为一体的一种文化。

从1947年起，美国在欧亚建立了防御条约，同时对反共国家提供大量的经济与军事援助，美国在提供这些援助的同时，也派遣军队及舰队驻防。于是在世界各地美军的驻防地，码头酒吧如雨后春笋般地到处林立，鸡尾酒文化也就随着工作团与美军传布到世界各地。

此外，美国在第二次世界大战后以其超强的经济实力，再结合其先进的科技，而建立起包括运动、广播、电视与电影的娱乐工业。加以第二次世界大战后，各国的教育水平较战前普及且人们受教育的时间得以延长。于是青少年社群兴起，使父母与青春期子女间代沟的问题更趋尖锐化，青少年的反叛性表现在他们不再以父母为崇拜、模仿的对象，而是以电影、电视与杂志中的明星为模仿的对象。美国文化伴随着其娱乐工业的强大优势，吸引了各地青少年的注意力，这些青少年于是开始疯狂地追求美国式的消费文明与都市文化，这种现象的产生也使鸡尾酒迅速地广受世界各地的青少年的青睐。

5. 世界性的饮料

鸡尾酒能在20世纪快速地风行全世界，还有一个重要的因素，即交通运输的进

步。本来在工业革命的初期，交通运输已因火车、轮船的发明而有了革新。及至内燃机取代蒸汽机，不但带动了汽车工业的发展，而且更开启了航空业的兴起。首先，1927 年美国林白上校驾机完成自纽约到巴黎的不着陆飞行，接着荷兰航空公司于 1946 年建立欧洲与纽约间的定期航线，至 1947 年泛美航空公司已开始环球飞行的航线。交通的进步，加强了各地之间人民的交流，也促进了各地物产的互通。如此使得鸡尾酒调制过程中所需的各类酒品及调配料，能够得到更广泛的供应，所以鸡尾酒样式上就能更富于变化，并加入各地的文化因素，使鸡尾酒更富有世界性。

思 考 题

1. 试述黄酒的起源和发展。
2. 试述中国古代的酒德和酒礼。
3. 试比较葡萄酒、黄酒和日本清酒的起源和发展。
4. 试述鸡尾酒为什么会成为世界性的饮料？

第8章 饮食文化的交流

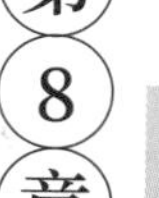

8.1　中国各民族饮食文化的交流

一个民族的饮食习俗植根于一定的经济生活之中，并且受它的制约。就中华民族而言，五十多个民族各自生活在一定的地域，依赖着自然环境与自然资源维持生存，繁衍后代，同时又改造着自然。人们一年辛勤劳动的成果，就是该民族的衣食之源。大致说，居住在草原的蒙古、藏、哈萨克、克尔克孜、塔吉克、裕固等民族，从事畜牧业生产，食物以肉类、奶制品为主。南方气候温和，土地肥沃，雨量充沛，宜于农耕，居住在那里的壮、苗、布依、白、傣、瑶、黎、哈尼、侗、土家等众多民族，从事农业生产，食物以粮食为主。高原地区气候寒冷，无霜期短，适宜种植大麦、青稞、玉米、荞麦、土豆等，居住在那里的藏、彝、撒拉、保安、羌等民族，就以这些杂粮为生。居住在大兴安岭的鄂伦春、鄂温克等民族，从事狩猎，肉类和野味成了他们的主要食物。松花江下游的赫哲族，过去以渔业为主，食鱼肉，穿鱼皮，衣食来源离不开鱼类。饮食鲜明的地方性和民族性，是中外各民族间饮食文化交流融合的客观基础，而民族间饮食文化的交合并蓄又是整个民族文化传播的重要内容，也是中华民族的饮食文化之所以辉煌发达的重要原因。

8.1.1　先秦时期

早在遥远的古代，中国各民族饮食方面的交流就非常频繁，创造了辉煌草原文化的北方游牧民族就和中原华夏民族有着密切的经济文化交往。匈奴人过着“逐水草迁徙”的游牧生活，食畜肉，饮“湩酪”（湩，音冻，即乳汁），也吃粮食，但这些粮食大都来自中原地区。生活在祖国东北部的古老民族东胡，也和匈奴一样是游牧民族。早在商代，东胡祖先就与商王朝有过朝献纳贡的关系，至春秋战国时期，燕国的“鱼盐枣栗”素为东胡等东北少数民族所向往。史书上说，“乌桓东胡俗能作白酒，而不知曲蘖，常仰中国（指中原地区）”。

先秦时代民族间饮食交流的一个重要原因是民族大迁徙。我国有些民族历史上曾发生过举族大迁徙的情况。究其原因，或因发生民族之间的战争；或因统治阶级强迫搬迁；或因不适应自然环境而离去，等等。迁徙之后，由于脱离了原来赖以生存的故土，定居到新的自然环境中，经济生活发生了变化，饮食习俗也随着改变。如维吾尔

族的祖先“丁零”人，原来居住在额尔齐斯河和巴尔喀什湖之间，以游牧为主，九世纪中叶遭受黠戛斯侵略，迁入新疆，在当地农耕民族饮食文化的熏陶下，形成了以农业为主，又食肉饮酪的与“匈奴同俗”的新型饮食结构，并且与中原地区有着密切的饮食交流。

8.1.2 汉晋南北朝时期

中国封建社会发展到西汉，进入鼎盛时期。建元三年（公元前138年）以后，汉武帝多次派遣卓越的外交官张骞出使西域各国，开辟了令人称赞的“丝绸之路”。张骞“凿空”西域，为各民族间的经济文化交流创造了有利条件。西域的苜蓿、葡萄、石榴、核桃、蚕豆、黄瓜、芝麻、葱、蒜、香菜（芫荽）、胡萝卜等特产，以及大宛、龟兹的葡萄酒，先后传入内地。过去，把异族称为“胡”，所以这些引进的食品原先多数都姓“胡”，如黄瓜为胡瓜，核桃为胡桃，蚕豆为胡豆等，组成一个“胡”氏家族。它们纳入了中国人的饮食结构，扩大了中国人的食源。其中蔬菜的新品种与调味品，尤其扩大了中国人的饮食爱好。中国原产的稻、粱、菽、麦、稷只作为粮食食用。其中只有菽豆，可做菜肴。如韭、薤、荠，多是野生。在《尔雅》中汇集的菜蔬，品种不多。

当然，西汉时从西域传入中原的并不止于此，还传给我们某些点心、菜肴的做法，如胡饼、貊炙等。史书在这方面也有不少记载。《缃素杂记》云：“有鬻胡饼者，不晓名之所谓，易其名曰炉饼。以胡人所啖，故曰胡饼。”据考证，古之胡饼当为今日的芝麻烧饼。至于貊炙，《搜神记》有这样的记载：“羌煮貊炙，翟之食也。自太始以来，中国尚之。”也就是说，把整只牛、羊、猪烧烤熟透，各自用刀割来吃，这本来是外国的风尚。后来羌、貊、翟这些民族逐渐内附，与汉族互相交往、渗透乃至融合，到汉武帝太始以后，中原地区也风行起西南羌人的“羌煮”和东北貊人的“貊炙”吃法了。

在民族大融合时期，饮食文化的交流更加频繁，影响更加深远。一方面，北方游牧民族的甜乳、酸乳、干酪、漉酪和酥等食品和烹调术相继传入中原；另一方面，汉族的精美肴馔和烹调术，又为这些兄弟民族所喜食和引进。特别是北魏孝文帝实行鲜卑汉化措施以后，匈奴、鲜卑和乌桓等兄弟民族将先进的汉族烹调术和饮食制作技术，应用于本民族传统食品烹制当中，使这些食品在保持民族风味的同时，更加精美。例如，匈奴等民族的烤牛羊肉，鲜卑、乌桓等民族的烤鹿肉、烤獐子肉，原只是整只或整腿用火烤，这一时期则改为将肉切成小块，在豆豉汁中浸后再烤。又如串烤牛、羊、猪肝，烤前均将肉或肝放在豉汁中浸渍，这些方法显然是汉族烹调术在兄弟民族食品制作中的应用。寒具（馓子）、环饼、粉饼、拨饼等，本为汉族的古老食品，在和兄弟民族的交流中，亦为鲜卑等民族所嗜食。为了使这些古老的汉族食品适合本民族的饮食口味，寒具和环饼均改用牛奶或羊奶和面；粉饼要加到酪浆里面才吃；拨饼要用酪浆或胡麻（即芝麻）来调和，等等。同样，鲜卑等游牧民族的乳酪和肉食品，也逐渐为不少汉族人士所喜食。例如，北魏尚书令王肃，原为南齐琅琊人（今山东临沂

县北)，入化北魏之初，“不食羊肉及酪浆，常饭鲫鱼羹，渴饮名汁”。但数年后，王肃与北魏高祖饮宴时，就“食羊肉酪粥甚多”了，并说：“羊者是陆产之最，鱼者乃水族之长，所好不同，并各称珍。”

8.1.3　隋唐至宋时期

隋唐时期，汉族和边疆各兄弟民族的饮食交流，在前代的基础上又有了新的发展。唐太宗李世民是一个葡萄酒爱好者，他攻破地处丝绸之路要冲的高昌国（今新疆吐鲁番地区）后，得到了葡萄的新品种马乳葡萄，以及用葡萄酿酒的方法，便自己动手酿酒。据《太平御览》说，唐太宗酿的酒“凡有八色，芳辛酷烈，味兼醍盎。既颁赐群臣，京师始识其味。”在国都长安深受欢迎。“葡萄美酒夜光杯，欲饮琵琶马上催”的著名诗句，表达了唐人对高昌美酒的赞美之情。五代时，于阗（今新疆和田）的“全蒸羊”传入内地，其法并为后周广顺朝（951—953）宫廷所取。陶谷《清异录》载：“于阗法全蒸羊，广顺中尚食，取法为之。”而汉族地区的茶叶、饺子和麻花等各色美点，也通过丝绸之路传入高昌。1972 年吐鲁番唐墓中出土的饺子和各样小点心，精美别致，是唐代高昌与内地饮食交流的生动例证。唐朝与吐蕃（今西藏）亦有密切的饮食关系。唐代吐蕃，其地“俗养牛羊，取乳酪，用供食”“不食驴马肉，以麦为面，家不全给”。唐太宗时文成公主下嫁松赞干布，唐中宗时金城公主嫁给吐蕃王弃隶缩赞，从而唐与吐蕃“同为一家”。西藏地方史料记载，唐太宗“给予（吐蕃）多种烹饪食物、各种饮料……公主到了康地的白马乡，垦田种植，安设水磨……（文成公主）使乳变奶酪，从乳取酥油，制成甜食品”。后来，唐朝使者到达吐蕃，见当地“馔味酒器”已“略与汉同”。唐代茶叶也源源不断地输往吐蕃、高昌、突厥等民族地区。藏族独具民族风味的“酥油茶”，就是将本民族喜食的酥油和汉族的茶叶合熬而成的。高昌当时是回鹘等兄弟民族杂居的地区。回鹘人以本民族的特产马换来内地的茶叶。今天维吾尔族的奶茶，就是在他们的祖先回鹘人与汉族进行“茶马互市”的历史背景下产生的。

宋、辽、西夏、金，是我国继南北朝、五代之后的第三次民族大交融时期。北宋与契丹族的辽国、党项羌族的西夏，南宋与女真族的金国，都有饮食文化往来。辽从公元 907 年至 1125 年，活跃在黄河流域的广大地区。契丹族本是鲜卑族的一支，他们以猎畜、猎禽、捕鱼和农业生产为生计。狍子、鹿、羊、牛、鱼、天鹅、大雁、黍稷和瓜豆等，是契丹人的主要食物。菜肴以猪、羊、鸡、鹅、兔连骨煮熟后，备生葱、韭、蒜、醋各一碟，蘸而食之最为常见，这与今日蒙古族的“手把肉”和西北地区的手抓羊肉颇为相似。契丹人进入中原以后，宋辽之间往来频繁，在汉族先进的饮食文化影响下，契丹人的食品日益丰富和精美起来。汉族的岁时节令在契丹境内一如宋地，节令食品中的年糕、煎饼、粽子、花糕等也如宋式。难怪到了元代，蒙古族统治者把契丹和华北的汉人统统叫作“汉人”。

西夏是祖国西北地区党项人建立的一个多民族的王国。西夏人的饮食中粮、肉、乳兼而有之。公元 1044 年与北宋和约后，在汉族饮食影响下，西夏人的饮食逐渐丰富

多样化。其肉食品和乳制品有肉、乳、乳渣、酪、脂、酥油茶；面食则为汤、花饼、干饼、肉饼等。其中花饼、干饼是从汉区传入的古老食品。

女真是我国古老的民族，当他们分布在黑水一带的时候，夏则随水草而居，冬则入住其中。喜耕种，好渔猎，猪、羊、鸭和乳酪是其喜爱的食物。金国建立以后，先后与辽和南宋有过经济文化往来。特别是女真进入中原和汉族交错杂居以后，他们的饮食生活发生了较大变化。女真上京会宁，燕（宴）饮音乐，皆习汉风，中原地区的上元灯节等习俗，亦为女真所吸收。金国使者到达南宋，宋廷在皇宫集英殿以富有民族风味的爆肉双下角子、白肉胡饼、太平毕罗、髓饼、白胡饼和环饼等菜点进行款待。女真贵族一时崇尚汉食，为了满足饮宴之需，还召汉族厨师入府当厨。

8.1.4 元、明、清

曾以鞑靼为通称的蒙古族，在整个13世纪，其军队的铁蹄踏遍了东起黄海西至多瑙河的广大地区，征服了许多国家，在中国灭金亡宋建立了元朝。蒙古人按照自己的嗜好，以沙漠和草原的特产为原料，制作着自己爱好的菜肴和饮料，他们的主要饮料是马乳，主要食物是羊肉。蒙古民族入主中原，北方民族的一些食品，随之传入内地。蒙古地区的风味饮食醍醐、麈、野驼蹄、鹿唇、驼乳靡、天鹅炙、紫玉浆和玄玉浆（马奶子）传入内地后，在元代被誉为“八珍”。居于河西走廊原河西回鹘人的名菜“河西肺”“河西米粥”；居于今吐鲁番地区畏兀儿（今维吾尔族）人的茶饭“搠罗脱因”和“葡萄酒”；回族食品“秃秃麻食”（手撇面）和“舍儿别”（果子露）；居于阿尔山一带的瓦剌任的食品“脑瓦剌”；辽代遗传下来的契丹族食品“炒汤”、乳酪和士酪等均传入汉族地区。而汉族南北各地的烧鸭子（今烤鸭）、芙蓉鸡和饺子、包子、面条、馒头等菜点，也为蒙古等兄弟民族所喜食。

明代时，我国食谱中的兄弟民族菜单更多。例如，明代北京的节令食品中，正月的冷片羊肉、乳饼、奶皮、乳窝卷、炙羊肉、羊双肠、浑酒；四月的包儿饭、冰水酪；十月的酥糕、牛乳、奶窝；十二月的烩羊头、清蒸牛乳白等，均是畏兀儿、女真等兄弟民族的风味菜肴加以汉法烹制而成的。这些菜名面前，已没有标明民族属性的文字，说明已经成为各民族共同的食品。

到了清代，满族入关，主政中原，发生了第四次民族文化大交融，汉族佳肴美点满族化、回族化和满、蒙、回等兄弟民族食品的汉族化，是各民族饮食文化交流的一个特点。奶皮元宵、奶子粽、奶子月饼、奶皮花糕、蒙古果子、蒙古肉饼、回疆烤包子、东坡羊肉等是汉族食品满族化、蒙古族化和畏兀儿族化的生动体现，反映了满、蒙、维等兄弟民族为使汉族食品适合本民族的饮食习惯所做的改进。满族小食萨其玛、排叉；回族小吃豌豆黄；清真菜塔斯蜜（今写作它似蜜）；壮族传统名食荷叶包饭等又发展为清代各大城市酒楼、饽饽铺和饮食店的名菜、名点而广为流传。汉族古老的食品白斩鸡、酿豆腐、馓子、麻花、饺子等又成为壮族、回族和东乡族人民的节日佳肴。

总的来说，我国各民族饮食文化的交流，大致经历了原料的互相引入、饮食结构的互补、烹饪技艺的互渗到饮食风味的互相吸收四个阶段，各民族在保持自身饮食风貌的同时，都不同程度地糅合了其他民族的饮食特点。这种融合要比服饰、建筑等其他物质文化表现得更为鲜明、丰富。中国文化，是中国各民族人民共建的文化；中国的饮食文化，是中国各民族人民共同的智慧结晶。正是由于各民族创造性的劳动，才使中华美食具有取材广博、烹调多样、品种繁多、风味独特的特色。

8.2　中外饮食文化交流

8.2.1　中国饮食文化的外传

由饮食所代表的人类文化，在不同民族中通常表现出各自不同的风貌，所显示的文化特征也具有一定的典型性。中国的古文明和饮食的关系，更具备一种独特的性质。它有一个别致的名称，叫“鼎鬲文化”，用古人使用的烹饪器鼎和鬲作为中国的文化特征。陶质的鼎和鬲都是仅仅出现在新石器时代的三足烹饪器。当时我们的祖先常用的三足饮器还有“甗”“斝”“鬶”等。在中原地区进入夏、商之后，又新增了爵和三足盘。所有这些三足的炊具和餐具，都曾被广泛地使用。在陶制的三足器外，上层贵族更用青铜制造同类器皿，于是原来用于祭飨的鼎，成为贵族们的专用品及王权的象征，被统治阶级赋予了特殊的意义。创业立国的君主首先要铸九鼎以示统辖天下，国都迁徙亦要首先以搬运大鼎为标志。中国文化是由鼎鬲文化开创及代表的，难怪它已被国内外公认为中国文化的象征。

中国的鼎由陶而铜而铁，不断地被制造行世，中国古文化向四周的扩展，也以鼎鬲的分布为标记。在商代晚期，鼎鬲文化由于丁零等边区民族的大迁徙而传播，早已超越现在的国境线，到达西伯利亚的外贝加尔湖地区，在那里从地下发掘到的陶鼎和陶鬲就有三十余件，其他各类陶器也都远布在中国的西北和东南边境以外。汉代，中国的移民由印度支那半岛转向马六甲海峡，中国式的烹饪器也被带到了马来西亚。鼎，这种极古的烹饪器，在中世纪转成“锅”“炉”。宋代八大出口货物中，优质铁器占了一项，其中的相当数量便是铁铸锅灶。南宋末年，中国铁鼎已是畅销阿拉伯、菲律宾、爪哇等近邻国家的大宗货。到 14 世纪，又远销地中海，在大西洋滨摩洛哥的丹吉尔成为极受欢迎的货色。中国的饮食文化也随之漂洋过海，传遍了世界各地。

在很长时间中，中国烹饪在国外所以声名远扬，并非出自烹调技术和美食的传递，而是由于那些输出海外名目众多的锅灶、釜镬以及饮器、餐具。这些物质文化的实体又是生产技术高超及饮食文化发达的生动体现。那时中国的烹饪技术虽无如此广阔的影响，然而中国式的烹饪器皿却从海上走遍了整个旧大陆。秦汉以来，首先为中国的烹饪和饮食赢得国际声誉的是属于漆器的餐具。从公元前一世纪开始，它们是中国和印度、罗马贸易的主要项目。然而，精致的漆器毕竟是一种易于破损、难受高热的轻脆之物，在饮食方面的实用价值难以和金属器、玉器相提并论，甚至也比不上玻璃器。真正给中国烹饪带来世界性声誉的是瓷器。瓷器从 9 世纪成为外销的大宗货，维持了千年之久。釉色光亮、刻绘花纹的各种实用瓷，多半是供饮食用的食具、

饮器，有杯、碗、碟、壶、盘、钵之类，以及贮备饮料、食物的各式瓶、罐。它们耐酸、耐碱、耐高温和低寒，没有青铜器和漆器那样的弊病，非常卫生。这些瓷质的饮食器皿不愧是中国烹饪与饮料的化身，作为中国式菜肴、茶酒的象征而在海外传扬。不仅如此，瓷器还向世界展示了中国绘画之魅力及中国人的审美情趣。以明代宣德年间烧制的瓷器为例，“不独款式端正，色泽细润，即其字画亦精绝。尝见一茶盏，乃画轻罗小扇扑流萤，其人物毫发具备，俨然一幅李思训画”。又有竹节靶，罩盖卤壶、水壶，此等亘古未有。这些精美绝伦的艺术瑰宝，往往为世界各国朋友视为稀世珍宝保藏起来。瓷器的成批外销和中国帆船的通行海外几乎同时开始，足以说明许许多多品类齐全的瓷器所以能够在异国拥有市场，是和中国人的足迹寸步相连的。中国人所到之处，都有秀丽的瓷器相随，使世人对中国的佳馔和烹饪留下了美好的印象。

到过中国的许多国外人士总对中国物产的富饶、园艺的精湛、饮食的味美、酒宴洋溢着的和谐融洽的气氛，长久难忘。马可·波罗在1294年风尘仆仆地回到阔别已久的故乡威尼斯时，并没有忘记在他的行囊中捎上一件福建德化窑青白釉小瓶。这件小酒瓶大概寄托了马可·波罗对中国式酒宴的一段回忆，因此伴随着他远去威尼斯。三百年后，另一个意大利人利玛窦带着传播基督教的使命，居住在中国，他在《中国札记》这本写给欧洲人读的书里，把中国人的宴会称为酒宴，介绍中国人在酒宴中彼此可以进行社交。他赞赏中国的菜肴烹调有方、花色繁多，吐露出中国烹调技艺实际胜过西方。他说：“他们不大注意送上来的一道道单个的菜肴，因为他们评论饮食的依据是宴席上菜肴的花色，而不是有哪几样食物。”这句话说出了中国菜肴以花色为上的特点，点出了中国烹饪的美学追求。用同样的食物，中国人可以制作出品类更多、口味更佳的菜肴来，因此，中国人不但吃欧洲人吃的东西，而且能有更妙的享受。在利玛窦做这番介绍之后不久，供饮食之用的中国瓷器便风行欧洲，向中国订制瓷器、仿造华瓷的风气也随之兴起。18世纪，中国大量烧制专为外销欧洲的“中国外销瓷”，据最保守的估计，一百年内至少在六千万件以上。这些外销瓷除白瓷、雕瓷是福建德化窑生产的外，其余大都由江西景德镇烧造，多属五彩瓷，其中许多还是雍正、乾隆粉彩。华瓷的新款式在大西洋滨相应地推起新的波澜。这个世纪席卷西欧的中国热，所以能达到家喻户晓的地步，说是得益于华瓷和茶的饮用，实不为过。而在19世纪末中国社会急剧“西化”过程中，中国式烹调却在西欧和美国开了花，许多中国式餐馆在西方正式开张。西方人在欣赏了中国华美的食器之后，便迫切想品尝盛在这些食器中的美味佳肴。各国饮食界都邀请中国著名厨师前去传艺、献技，或派人来我国求学。中国烹饪已是世界饮食文化宝库中一颗光辉灿烂的明珠。

8.2.2 外国饮食文化的引进

中外饮食文化的交流很早就已开始了，只不过在明清之前，中国饮食文化输出多而引入少。自古以来，中华民族在不断丰富其他国家和民族饮食文化的同时，逐步吸收域外饮食文化的新鲜血液，才使得中国饮食文化如此辉煌灿烂。

1. 古代外国饮食文化的引进

中国封建社会发展到西汉，进入鼎盛时期。生产力的不断提高，国力的强盛，促使统治阶级有向外发展的实力和要求。同时，西北地区强大的匈奴连年侵扰，构成对汉王朝的威胁，也造成中国与外界的隔绝状态。所以雄才大略的汉武帝刘彻即位以后，就致力于与匈奴决战，消除边患，打开通往西域的道路。建元三年（公元前 138 年）以后，他多次派遣卓越的外交官张骞出使西域各国，获得大量有关军事、政治、地理、物产等多方面的知识，终于使汉朝大军联络西域各国，把匈奴驱逐到漠北，开辟了今人所称赞的"丝绸之路"。

经过张骞等人不顾艰险的先导和开拓，汉代使者最远到达安息（今伊朗）、条支（今伊拉克）、身毒（今印度）等地区，带去的产品有丝绸、缯帛、黄金、漆器、铁器等，带回来的有骏马、貂皮、香料、珠宝，以及各种外国的农作物和食品。下面单就农作物和食品列举数例。

葡萄，即"蒲桃"，是大宛（今中亚费尔干纳盆地）等国的特产，所酿造的葡萄酒极醇美。张骞出使大宛时，得葡萄种，带回栽于长安。

石榴，张骞出使大夏（今阿富汗北部），得涂林安石榴，归国后移栽中原。涂林是梵语 Darim（石榴），安石分指安（今布哈拉）、石（今塔什干）二国，石榴因此得名。石榴花可供观赏，果可解渴、造酒，榴木可做家具，也是很有经济价值的农作物。

酒杯藤，花实如梧桐，"实大如指，味如豆蔻，香美消酒"。《古今注》引《张骞出关志》，以为出自大宛。

胡麻，即芝麻，又因含油量高而称油麻，也是张骞使大宛时得来的种子，后来在中原生根落户。过去，中国之麻称为大麻，因油麻来自西域，故称胡麻以区别之。

胡豆，包括蚕豆、豌豆和野豌豆。据《古今注》记载，都是张骞出使西域后，从中亚传入中国的。

胡桃，即核桃，原产波斯北部和俾路支，在阿富汗东部也有野生的。汉武帝时，始得其种，植于上林苑。

胡瓜，原产埃及和西亚，乌孙、大月氏和匈奴都种植，张骞出使后移植中国。4 世纪初，后赵统治者石勒避讳，改名黄瓜。

胡荽，即芫荽，俗称香菜。据《博物志》记载，张骞使大夏，得胡荽。《邺中记》曰：石勒改名为香荽。

胡蒜，即大蒜，据传也是张骞得之于大宛。

胡饼，据《释名》称，胡饼就是含有胡麻（芝麻）的饼。由于胡麻得自西域，故称胡饼。《续汉书》曰，汉灵帝喜欢吃胡饼，京师皆食胡饼。后来石勒讳"胡"字，改称麻饼。

过去，把异族称为"胡"，所以上述这些引进的食品原先多数都姓"胡"，组成一个"胡"氏家族。它们进入了中国人民的生活，扩大了中国人的食源，使中国人的饮食习惯也起了某种程度的变化。

此外，经越南传入中国的有薏苡、甘蔗、芭蕉、胡椒等。

韩国的饮食方法也有传入我国的。东汉刘熙《释名》记载道：“韩羊、韩兔、韩鸡，本法出韩国所为也。”

唐代实行开放政策，域外客商得以随时出入，带来了许多域外食品，其中尤以西域饮食为主。玄宗开元以后，“贵人御馔，尽供胡食”，成为一种时尚。慧琳《一切经音义》曾总结胡食有：铧锣、烧饼、搭纳等。铧锣有人以为类似今天新疆等地的羊肉抓饭，有人以为是一种面食，唐代长安城中有许多卖铧锣的店肆，东市、长兴里均有铧锣店，樱桃铧锣的名食更名闻海外。还有石蜜，即冰糖，《唐会要》卷一百载：“西蕃胡国出石蜜，中国贵之。太宗遣使于摩伽佗国取其法，令扬州煎蔗之汁，于中厨自造焉，色味愈于西域所出者。”唐代不仅引进了西域甘蔗制糖法，而且能造出较西域更精致的蔗糖。西域酒及制造方式也在唐代传入中原，唐太宗破高昌国，得到了葡萄的新品种马乳葡萄，以及用葡萄酿酒的方法。波斯的三勒浆酒：菴摩勒、毗梨勒、调梨勒酒的酿造方法，《四时纂要》有所记录，说明这一技术已为中原汉族所掌握。这时期，我国与国外往来频繁，还引进了莴苣、菠菜、无花果、椰枣等，原产欧洲和中亚的能引种栽培的植物大多数在这个时期都引进了。在五代时期，由非洲绕道西伯利亚引进了西瓜。

元朝覆灭后，东西方陆路的直接贸易越来越困难。明代以后主要通过海路交流。在明代，从南洋群岛引进了甘薯、玉米、花生、番茄、马铃薯、向日葵、丝瓜、茄子、倭瓜（南瓜）、番石榴等，其中许多是从南美原产地经过东南亚而后传入的。随着新大陆的发现，美洲植物的大量引进是这一时期的特点。同时，循海路引进了欧洲产的芦笋（石刁柏）和甘蓝、中亚产的洋葱、中南半岛产的苦瓜等。

2. 近代西方饮食文化的引进

1583 年，当意大利籍传教士利玛窦冲破重重险阻，踏上中国的土地时，他惊奇地发现了一个与欧洲截然不同的饮食文化体系。在他留下的日记里，我们能寻出很多有关中国饮食文化的疑惑性记载：“中国人吃东西不用刀、叉或匙，而是用长约一个半手掌的光滑的筷子。他们的饮料可能是酒或叫茶的饮料，都是热饮。中国人酿的酒和我们酿的啤酒一样，酒劲不很大，但喝多了也会醉人……”几乎与利氏发问的同时，伴随着耶稣会传教士和西方商人的来华，西方饮食文化也开始陆续传入中国。

据史料记载，明清时期最早输入中国的西洋饮品是葡萄酒。如康熙二十五年（1686 年），荷兰使团出使中国，所献贡品中即有葡萄酒两桶。康熙四十八年（1709 年），宫廷内又收到一大批西洋葡萄酒。当时，康熙帝对于这种颜色暗红的饮品虽然感到十分稀奇，但又颇怀戒心，生怕其中有诈，并不饮用。此时的康熙帝已年近花甲，身体日渐衰弱，进食日减。一日，耶稣会士利类思、徐日升跪奏道：“西洋上品葡萄酒，乃大补之物，高年饮此，如婴儿服人乳，请皇上饮此，以补身体。”康熙帝为耶稣会士的诚敬所打动，开始每日饮用洋酒数次，果然食欲大增，体力渐强。这是西洋饮品打入清代宫廷的典型、详尽的记录。但是，当时除了与耶稣会士交往密切的士大夫可以先饮为快之外，一般平民百姓是难以见到的。

明清时期，在耶稣会士的一些著述里，也曾对西洋饮食习俗作过专门介绍，从中

可知西洋饮食文化有以下 4 个特点。① 分餐制："鸡鸭诸禽经烧烤，盛在盘内，置于桌上，以示敬客。其食法或由主人亲自剖分，或令厨庖分配，每人各有一具空盘，众人不共用一盘，以避不洁净也。" ② 用餐巾："又人各有手巾一条，敷在襟上，以防汤水玷污衣服，也可用之净手。" ③ 餐桌皆铺白布，以示洁净。④ 西式餐具："不用箸筷，只用小勺小刀，以便剖取。" 应该说，上述介绍实际上已经概括出西洋饮食文化的一些特点，但国人对此并未特别注意。

1840 年鸦片战争后，随着五口通商和租界的建立，西洋饮食文化在旅居沿海城市的外国人当中颇为风行，但在中国人的生活中影响仍然很小。当时，有一位英国商人突发奇想，从海外运进大批西餐刀叉，企图以此代替中国的筷子，结果商品大量积压，碰壁而还。这说明中国人的主食和进食方式受西方的影响还很小。但洋酒一类西洋饮品则颇受一般国人欢迎。1848 年，早期维新思想家王韬游历上海，在西人麦都思家中喝到"味甘色红"的葡萄酒，赞不绝口。不久，他又携洋酒游太湖，与东山巡检、都司等人共饮，众人亦皆称为佳酿。当时陆续传入中国的洋酒主要有"比尔酒"、"皮酒"（啤酒）、"卜蓝地酒"（白兰地酒）、"商班酒"、"香冰酒"（香槟酒）、"舍利酒"（雪利酒）等。此外，汽水、冰激凌、冰棒、咖啡等西式饮料也开始传入中国，逐渐为国人所接受。汽水是清代同治年间从荷兰输入中国的，因此，旧时又称其为"荷兰水"，被视为珍品。1853 年，上海英商老德记药房开始生产汽水、冰激凌，但当时价格昂贵，不仅一般国人买不起，甚至中下级官吏也不敢问津。进入 19 世纪 60 年代，该厂又开始生产啤酒，生产量逐渐扩大，颇受国人欢迎。1901 年，俄德哈尔滨啤酒公司和 1904 年青岛英德麦酒厂的设立，是中国内地大规模酿造啤酒的开端。1894 年，南洋华侨张振勋在烟台创办张裕酿酒公司，开始了中国人采用西法酿造葡萄酒的大胆尝试，经过反复试验，终于获得成功。

与西洋饮料相比，洋菜、洋式食品的传入速度则较慢。从文献记载上看，较早在文字上系统介绍西洋菜的是 19 世纪下半叶出使西洋的中国人。同治五年（1866 年），18 岁的汉军旗人张德彝随斌椿出洋游历欧洲，初登英国轮船，便尝到西洋饮食的独特风味。对此，他饶有兴趣地写道："早餐时桌上先铺大白布，上列许多盘碟。桌上设糕点三四盘，面包片二大盘，黄奶油三小盘，细盐四小罐，茶四壶，咖啡二壶，白砂糖块二银碗，牛奶二壶，奶油饼二盘，红酒四瓶，凉水三瓶。又有一银篮，内置玻璃瓶五枚，分装油、醋、清酱、椒面、卤虾，名叫'五味架'。每人小刀一把，面包一块，大小匙一，菜均盛在大银盘内，挨座传送。席间，刀、叉与盘多次更换。吃罢饭后，另上水果多种，如核桃、桃仁、干鲜葡萄、梨、橘、桃、李、西瓜、柿子、菠罗蜜等。所食大菜有烧鸡、烤鸭、白煮鸡鱼、烧烙牛羊、鸽子、火鸡、野猫、铁雀、鹌鹑、鸡卵、牛肉等。" 面对这丰盛的西宴，张德彝在品尝后认为："咖啡系洋豆烧焦磨面，以水熬成，其味酸苦。红酒系洋葡萄所造，味酸而涩，面包其味多酸。至于西菜，牛羊肉皆切大块，熟者又黑又焦，生者又腥又硬。鸡鸭不煮而烤，鱼虾味辣且酸，更是不堪食用，每餐一嗅其味，便大吐不止。" 由此，他对西餐得出了否定的结论。此后，张德彝又数度出洋，品尝过英、法、意、俄式西餐，久而久之，才承认西

餐丰盛、卫生，颇适食用。

到19世纪末，西餐菜肴（当时称“番菜”或“大菜”）、西式糕点（面包、饼干、糖果）、西式罐头才逐渐被国人所认识、接受，不仅市面上出现了西餐馆，甚至西太后举行国宴招待外国公使有时也用西餐。20世纪初，西餐开始为上流社会所崇尚，人们请客非西菜花酒不足以示敬诚。北京的六国饭店、德昌饭店、长安饭店，均以西式大餐见长，头戴红花翎顶的清朝官员常常光顾。上海英法大餐馆的同香楼、一品香、杏花楼等，亦为洋人买办出没之地。小说《官场现形记》在描写山东巡抚宴请洋人时所开菜单即以西餐为主，包括清牛汤、冰蚕阿、丁湾羊肉、汉巴德、牛排、橙子冰激凌、澳洲翠鸟鸡、龟仔芦笋、滨格、猎古辣冰激凌、咖啡等，酒则有白兰地、魏司格、红酒、巴德、香槟，外带甜水、咸水等。这足以说明西餐在上流官场影响之大。由此，西洋饮食文化开始在中国广为流行，并对中华传统的饮食文化构成了巨大的冲击。

在人类文明史上，由于各民族所处的地理环境、宗教信仰和生活方式不同，其饮食文化也往往是千差万别，这使得不同的饮食文化结构的交流成为必然。与宗教、思想等观念形态的文化现象相比，饮食文化显得更表层化一些。但是，由于它和人类生存、繁衍息息相关，因而，饮食文化的改变往往是民俗改变、社会演进的重要尺度和标志。在古代中国，虽不乏中外饮食文化交流的记载，但真正的、大规模的中外饮食文化交流，还应首推16世纪以来的交流和碰撞。这一交流过程至今尚未结束。以至于现在，中国一些有识之士仍然认为，采取牛奶、牛肉，“每日一餐烤面包”的饮食结构与“分餐制”的饮食方式，是中餐改革的方向。而在大洋彼岸的美国，为避免长期食肉导致的心血管疾病，选择中餐素食却相当流行。各种素食的中餐馆不断涌现，仅纽约就有几千家之多。纽约人上中国餐馆往往以素食为主，而且每餐几乎都有一道菜——豆腐。这充分说明，为增强人类体质，推动人类的文明开化，即使在21世纪的今天，世界各国家、民族间广泛地进行饮食文化交流，仍是十分必要的。

8.3 世界饮食文化交流

8.3.1 饮食文化交流的障碍

1. 历史上的饮食文化交流障碍

对外来食物及其饮食方式的轻蔑早在古代就已经完全定型。古埃及人把寺庙里祭祀用过的牲畜头剁下来施于咒语并卖给古希腊人，若卖不掉则直接扔到河里。古埃及人吃的是“蛴螬和刺猬”。古希腊人忌食的东西可能是古埃及人的家常便饭，这就是他们的与众不同之处。古埃及人把海豚当作神圣之物，他们对海龟肉、乌龟肉也心怀顾虑，他们很少吃狗肉，几乎就不吃马肉。古埃及人认为古希腊人的饮食习惯对上天大为不敬：他们的神明只能满足于祭祀后的丢弃物——一些次品和苦胆，还有那些无法

下咽的糟食。即使在古希腊人的国度里，不同城市、不同群体之间也存在类似的成见。今天法式与美式烹饪之间的分歧正好回应了古代锡拉库扎式的奢华与雅典式的清淡简约的差别。锡拉库扎的美食家同样不喜欢雅典式的食物。

16 世纪西班牙殖民时期人们相互道别的祝福是“上帝不会忘记施予你面包”。当时玛雅高地的部落首领拒食西班牙的甜食，他抗议道，我是印第安人，我的夫人也是印第安人，我们以豆荚和辣椒为食。如果我愿意的话，我也可以吃火鸡。但是我不吃糖，所有印第安人也不会吃糖饯柠檬皮之类的食物，我们的祖先更不知道这些东西。这种饮食之间的对抗在秘鲁的耶稣会士尼古拉斯·德·马斯特里罗身上引发了一个惊心动魄的故事。当时尼古拉斯作为一个新手分派到安第斯山脉高地的安达曼加地区。这是他的第一次使命，陪同的还有一个年长的修士。他们开始了一次远足，翻山越岭寻找印第安人宣传福音。他们来到一个印第安部落，当地的土著人开始对他们非常慷慨友好，这使尼古拉斯感到很高兴，他们坐在树下共享宴席。然而险象骤起，一个印第安人突然转变态度说道，我认为这些人不是真正的教父，他们只是伪装的西班牙人。在他看来，耶稣及西班牙神父都属于另一个种族，他们在印第安人的社会风俗和礼仪面前显得如此格格不入。这种紧张气氛持续了好一段时间，尼古拉斯感到生命就要转瞬即逝。正在此时，那个印第安人又发话了：不，他们肯定是神父，因为他们也吃我们的食物。

所有这些历史效应的自然积淀使得后来文化中的全体民众都会敌视外来新式饮食的影响，凡是外来的都会遭到群起攻击。然而“民族的”饮食风格亦非昔日面目。民族饮食风格是一个地区的饮食习惯，其食物来源要受到自然环境的制约。烹饪随着当地环境的变化而变化，会受到当地供应的新食物的影响而产生改变，不管这些食物是当地储藏下来的，或是自然界长期存在的，还是从外面运输过来的。当一种烹饪风格被贴上民族的标签后，就起到了一种化石的作用——必须保持自身的纯洁，免受外来的影响。

2. 饮食文化交流障碍的原因

饮食文化是人类文化的一部分，至少跟语言和宗教一样，具有各自的特性，因而可以互相区别。处于不同文化环境中的成员通过各自的饮食而彼此区别。同其他文化一样，饮食文化也是保守的，跨文化的饮食障碍由来已久，并且深深扎根于个性心理中，个人的饮食偏好很难改变。

就某些菜式的主要成分及其调料来说，传统的烹饪内容总是有一定的程式规范。这些成分及调料都可以较容易地获得，因为它们迎合了大部分群体的口味，并且使人们吃过后难以忘怀，而且从此会对其他口味不感兴趣甚至根本就不能容忍。在一个地区内，由于同一类食物可以普遍获得，因此即使是菜肴的烹饪方法也可以成为当地的一种文化特色或是身份的象征。鹰嘴豆在地中海沿岸的大部分地区都是不可或缺的食物。在海岸的一边，当人们用舌尖抵着口腔顶部就可以将鲜嫩的鹰嘴豆压碎时，他们就把这种时令的豆子加上香料、调料以及动物脂肪、血液一起炖熟，并趁热品尝。而在海岸的另一边或者更远的地方，人们却喜欢将鹰嘴豆煮成糊状，加上油和各种香料

（通常含有柠檬）冷却后食用。在西海岸这种食物从来就是乡下人锅中的食物，东海岸的人们则将其混合起来用棍棒捶打加以提纯。但是在地中海以外的地区，没有人会采用上面任何一种做法。

不同文化之间的饮食是难以调和的。然而今天，我们不仅享受着美其名曰“融合”及“国际化”的高级菜肴，而且在一个全球化的世界里，我们还可以感受到各种菜式及其原料正从一个地方到另一个地方狂热地交换着。“麦当劳化”就是一个反映，它在世界范围内先后取得了饮食文化“征服”的成功。地区之间日益频繁的交流拓宽了我们的视野仅仅是问题的一个方面，饮食文化的交流和其他文化的交流一样并不是双向等量的。

8.3.2 饮食文化交流的途径

1. 战争

有几种力量可以穿透文化之间的障碍并促成食物的国际化，战争就是其中之一。军队是文化影响的重要媒介，现代战争可以促使大规模的平民流动，使他们在全球范围内逃避，从而在民众的国际性认知中产生了矛盾的作用。实行对海外殖民统治的国家的退伍军人在其生活圈和社交圈内推广世界各国的风味，使英国的印度口味或者荷兰的印尼口味不仅仅局限于当地移民中。开罗流行一种街边小吃，叫“kushuri”，用米和小扁豆加上洋葱及各种香料调制而成。推测起来，它应是印度的“kitchri”，以前由英国军队传入埃及。“殖民流通”是食物史上一个比汉堡包和炸鸡更古老的现象。在巴基斯坦的菜单里，人们仍然可以见到烧鸡拌面包汁以及烤牛肉拌约克郡布丁。

2. 饥荒

饥荒或是其他一些类似的紧急事件（如战争）同样可使人们接受一些外来食物。16 世纪时，中国和日本由于饥荒而引入红薯并被人们所接受。英国在第二次世界大战前很少消费猪肉，但第二次世界大战中从没断过猪肉罐头，这种罐头作为美国的援助食物传入英国。发达国家将本国多余的小麦和牛奶的一部分发放给遭受饥荒的第三世界国家，使得那些原来敌视乳糖的国家开始生产牛奶，人们也从喝粥变成了吃面包喝牛奶。同样，面对多余的可利用的食物时，也可以使人们改变自己的膳食结构。

3. 模仿

18 世纪后期，新西兰的毛利人转向生产猪肉和马铃薯，他们先前根本就不知道有这些食物，但是现在却要把它们卖给欧洲的海军和捕鲸人员。20 世纪开始的旅游业同样有助于大规模的饮食变化，有学者把这称为文化吸引力——某种文化模仿其他享有更高威望文化的饮食方式。

4. 移民

中国烹饪在全世界的传播是移民式的。移民将中国的饮食和所到之处的饮食结合，产生了他们自己的混合烹饪风格，其中最著名的就是什锦杂烩。这种菜是 19 世纪末在美国的中国餐馆发明的，是把竹笋、豆芽、菱角及其他一些蔬菜跟肉片和鸡块混合在一起烧成的。

8.3.3　饮食文化交流的例证

不管什么时代、住在哪里的人，对第一次尝到的食物，总难免产生偏见。更何况数百年前科学知识还不普遍，奇形怪状、从没见过的水果摆在面前，更容易令看到的人惊讶甚至惊慌。

1. 番茄

番茄怎样从南美洲来到欧洲，传说不一。在 1554 年左右，有一位名叫俄罗拉答利的英国公爵到南美洲旅行，见到这种色艳形美的佳果，将之带回大不列颠，作为礼物献给伊丽莎白女王，种植在英国的御花园中。因此，西红柿曾作为一种观赏植物，被称为“爱情苹果”。虽称“爱情苹果”，却没有人敢吃它，因为它同有毒的颠茄有很近的亲缘关系，本身又有一股臭味，人们常警告那些嘴馋者不可误食，所以在一段时间内无人敢问津。最早敢于吃番茄的，据说是一位名叫罗伯特・吉本・约翰逊的人，他站在法庭前的台阶上当众吃了一个，从而使番茄成了食品的一员。此事发生在大约 19 世纪初期。

据传，番茄在 1670 年前后传入日本。1708 年，日本儒学家贝原益轩在《大和本草》一书中，提到番茄，称之为“唐柿”与“珊瑚茄子”。当时并没有日本人以番茄入菜或当水果食用。明治维新之后，因为意大利饮食中常用番茄，有人从欧洲引进新番茄品种。但此时被日本人称为“赤茄子”或“西洋茄”的番茄，仍然是观赏用植物，很少有人做菜使用这道材料。

一直到 20 世纪初，日本才有人吃番茄。但即便如此，由于番茄颜色鲜红，令人联想到血液，加上具有独特的腥味，吃起来据说很像“人肉”，一般大众还是对番茄敬而远之。直到 20 年代中期，没有腥味的品种引进，日本人对番茄的偏见才渐渐化除。

2. 土豆

除了番茄之外，被误解更深的食品原料，就是土豆。现今全世界对土豆的食用无论是范围、用量都很大。如此重要的食品原料，却被歧视、冷落长达数百年之久。

土豆原产地在南美洲中央安第斯山脉的奇奇卡卡湖附近。印第安人在公元 6 世纪左右开始栽培这种植物。当地土豆品种超过一百种。西班牙人进入南美洲以后，很快发现这种植物，1540 年，西班牙人贝多罗・狄・谢沙将土豆带回西班牙。这是历史上土豆首次进入欧洲的记录。

最初西班牙人将土豆当作观赏植物，后来经由意大利传到法国与德国等地。英国人是 1586 年从南美洲直接引进。

早期西方人吃土豆并不削皮，而是整棵煮食。整体而言，近代改良品种之前，土豆吃起来不仅没有甘甜的感觉，甚至有浓浓的土腥味，因此才没有被端上餐桌，而被当作观赏植物。

不过土豆适宜贫瘠的土地种植，耐寒易储存，渐渐被部分欧洲农民当作越冬食物。刚好北欧与爱尔兰等地爆发严重饥荒，贫穷的农民才发现，土豆不仅是上等牲畜饲料，而且是荒年最佳的食物来源。

当时欧洲人讨厌土豆，有几个原因。首先，土豆长相不佳。对欧洲人而言，所谓蔬菜无非是吃茎、叶或豆子，几乎没看过地下茎肥大的植物。其次，加上刀子割过的土豆会变黑，给人恶心的感觉。最后，对于虔诚的天主教徒而言，土豆在《圣经》里不曾出现，因此被归类为“不敬”的食物。

可见，早期土豆在欧洲并不受欢迎，主要是人们对它的偏见。1748 年法国出版的烹饪书籍《汤头学校》，就说食用土豆可能会感染麻风病。书中还建议政府应禁止栽培土豆。

从 16 世纪中叶到 18 世纪末，土豆被欧洲人歧视、冷落了 200 多年。有些虔诚的天主教徒还将土豆称为“恶魔果实”，即使肚子再饿也不让土豆入口。

欧洲人后来之所以放弃对土豆的偏见与攻击，关键是连续发生的大饥荒。18 世纪，欧洲连续爆发西班牙王位继承战争（1701—1714）、奥地利王位继承战争（1740—1748）等国际大战，各国之间厮杀不断，政治社会制度混乱加上气候失调，18 世纪中叶之后的西欧和南欧，陆续产生严重的大饥荒。

问题最早爆发的是德国。北方普鲁士地区连年歉收，哀鸿遍野，统治者腓特烈二世下令农业专家柯尔贝尔西负责找出解决办法。柯尔贝尔西注意到，被农民冷落的土豆有很高的栽培价值，便由国王下令，强迫民众大量栽培。因为有了土豆，普鲁士人民才得以渡过饥荒。随着食用者增多，很快便有人发现，刚煮好的土豆涂上奶油，可提高口感。再加上土豆含有大量维生素 C，可预防困扰北欧民众的坏血病。因为具有双重好处，土豆渐渐成为德国人不可或缺甚至最喜好的食品。

土豆在法国也有类似际遇。因为战争导致饥荒，法国政府于 1772 年授权布赞松科学院悬赏论文，主题是“可解决粮食不足、避免饥荒的食物”的研究。结果第一名论文，研究主题便是土豆。该论文作者安德瓦努 · A. 帕尔曼狄耶，后来被法国人尊为“土豆之父”。帕尔曼狄耶在论文中一再强调，土豆是唯一能解决法国饥荒的粮食，值得举国重视。这份论文提出后，不久法国大革命爆发（1789—1799），全国陷入动荡，粮食生产失调，土豆终于派上用场，成为最佳救荒粮食。

就这样，土豆成为以面包（小麦）为主食的欧洲人粮荒时的救命仙丹。数百万人吃了土豆才免于饿死，土豆终于走出阴暗角落，堂堂正正登上餐桌。很快有人发明各种土豆的烹调方法，土豆甚至成为最热门的食物。

3. 豆腐

豆腐发明于何时，现今较普遍的说法是东汉淮南王刘安所创。刘安是汉高祖刘邦之孙，经常与一些方士探讨炼丹长寿之术，据说豆腐就是在炼丹时无意中制成的。豆腐，在古代名称很多，有人叫“菽乳”，有的叫“黎祁”，还有的叫“小宰羊”，也有的称为“酪”。“豆腐”之名，大约到五代末期和宋初期出现。在五代时的晋、汉、周和宋初都做过官的陶谷，在他著的《清异录》中说：“日市豆腐数箇，邑人呼豆腐为小宰羊”。他的记载说明，五代时淮南一带不但已有了豆腐，其制作技术看来已颇为成熟。刘安的封地是在淮南。最早关于豆腐的记载恰巧也出现在陶谷的故乡淮南，而那一带制作豆腐的技术至今还很有名。把上述这些事实联系起来看，汉初刘安时代就有了豆腐之说，应当是可信的。

唐代时的人们是否已普遍吃豆腐，尚未见记载。但到宋代，豆腐已在各地生产。宋朝记述豆腐的文献史料很多。到了元、明两代，记述豆腐的文献就更多了。如元代记宫廷饮食的《饮膳正要》、明代叶子奇的《草木子》等许多著述中都谈了豆腐和豆腐制品。最引人注意的，是明代很多医药书都介绍了豆腐在医疗上的种种用法。李时珍在《本草纲目》中，就收集了不少明代医药书关于豆腐的医疗用法。到了清代，豆腐已成了我国人民生活中不可缺少的食物。

生产豆腐的大豆（主要是黄豆）原产自中国，自古栽培、食用，被列为“五谷”“六谷”之一。在磨没有发明之前，直接煮食。大豆中所含蛋白质平均为 30%～50%，是一般粮谷类的 3～5 倍，多于牛肉中的含量，8 种必需氨基酸的组成与比例也符合人体的需要，除蛋氨酸含量略低以外，其余与动物性蛋白质相似，是最好的植物性优质蛋白质，并含有丰富的赖氨酸，是粮谷类蛋白质互补的理想食物来源。大豆的营养特性与中国传统农业社会以植物性食物为主、缺乏动物性优质蛋白质的营养模式恰好暗合，成为中国人补充蛋白质的绝好植物性食物。大豆优质蛋白含量高，脂肪的营养价值也比较高，是一种很好的食物，对于蛋白质来源不足的人群，也可以起到改善膳食营养结构的作用。但由于大豆中存在的一些干扰营养素消化吸收的抗营养因子，影响了大豆中各种营养素的消化与吸收。而大豆在加工成豆腐的过程中经过浸泡、脱皮、碾磨、加热等多道工序，减少了大豆中的抗营养因子，使大豆中的各种营养素的利用率都得到很大的提高。

中国的大多数少数民族都把从中原地区传来的食品，当作本民族的传统食品。豆腐在出现后，随着饮食文化的交流不但传遍中国，而且还传遍了世界。

根据日本学者筱田统的考证，中国豆腐的做法传入日本的确切年代，大约是在元代至元四年（1338 年）。日本人吃豆腐的习惯和中国不一样，喜欢在夏天吃冷豆腐，而且一般在晚餐时吃。日本的豆腐菜也不少，但不用油盐，吃其清淡本味。日本人吃豆腐有逐月变样的习惯，这种选择性变化被称为“豆腐历”。

据《李朝实录》记载，豆腐在我国宋朝末已经传入朝鲜。由于历史悠久，朝鲜人特别喜欢吃豆腐。朝鲜金弘志说朝鲜人每天吃豆腐。这话并不夸张，但是也应当知道，朝鲜人对于豆腐品种的爱好和吃法，与我们中国人的爱好和吃法是有很多不同的。在韩国和朝鲜，豆腐的种类较少，最常见的是白豆腐和油炸豆腐，人们最爱的是豆腐汤菜。例如，豆酱豆腐汤、辣酱豆腐汤、蛤蜊豆腐汤、明太鱼豆腐汤、黄豆芽豆腐汤、杂拌酱豆腐汤、油炸豆腐汤等。

20 世纪初，随着华侨的增多，欧美国家开始有了豆腐。但欧美人对豆腐还没有像东方人那样热衷，豆腐主要是供给在欧美居住的东方人的。

思 考 题

1. 简述中国各民族饮食文化的交流过程。
2. 张骞出使西域带回了哪些食品原料？
3. 产生饮食文化交流障碍的原因是什么？
4. 饮食文化交流有哪些途径？

附录

饮食文化研究概况

饮食文化从空间上讲包括人类居住的这颗星球的角角落落，从时间上讲贯穿于人类发展的始终。而对食物或者饮食的文化属性的研究其实并不久远。学习饮食文化，要简要了解一下饮食文化的认识过程。本章通过对中国古代饮食文献、中国近现代饮食文化研究、国外中国饮食文化研究的介绍，从古今中外不同的视角来探讨饮食文化研究的轨迹。

一、中国古代饮食文献

（一）中国古代饮食文献概述

先人为我们留下的饮食文化史料十分丰富，但由于历次战乱及被有意无意地破坏，很大一部分已湮没无闻。加之，过去古书的流传，多系手抄，自宋代雕版印刷术发明以后，书籍才广泛地传播开来。在抄写或刻印中，字句脱落、衍文增句常有发生，假若不进行对比校勘，便难于探索书中的内容，更谈不到作为立论的依据了。

有文字记录的饮食文化史料极其丰富，并均编写成册，为了找到这些书，以及这些书的主题，就得从目录入手。我国古代的目录学，一般是按经、史、子、集四部排列，现把其中有关饮食文化的著作分述如下。

1. 经部

自从汉武帝罢黜百家、独尊儒术以来，我国封建王朝的历代统治者，都把儒家的一些重要著作奉为经典，叫作“经书”。这些经书及后人解释这些书的著作，在我国古代的四部分类法中，都归于“经部”，放在各类图书的首位。清朝乾隆年间编的《四库全书总目》，把经部书籍分为易、书、诗、礼、春秋、孝经、五经总义、四书、乐、小学十类。其中主要部分就是儒家的经典《十三经》，即《易》《书》《诗》《周礼》《仪礼》《礼记》《左传》《公羊传》《谷梁传》《论语》《孟子》《孝经》和《尔雅》。这13部经书是我们研究古代饮食，特别是汉代以前饮食的基本材料，仅以《周礼》《仪礼》和《礼记》这“三礼”为例，其中就有众多篇章介绍古代的饭食、酒浆、膳馐、饮食器皿、饮食礼俗和习俗。

2. 史部

列入历代书目中的史部书很多，《四库全书总目》把这些书分正史、编年、纪事本

末、别史、杂史、诏令奏议、传记、史钞、载记、时令、地理、职官、政书、目录、史评 15 个子目，没有专列饮食类或食货类。但正史中有《食货志》，如《史记·平准书》和《汉书·食货志》都记有耕稼饮食之事，历代正史从《汉书》开始，相继撰有《食货志》。据不完全统计，史部中有关饮食的典籍有：《四民月令》《南方草木状》《岭表录异》《东京梦华录》《都城纪胜》《武林旧事》《南宋市肆记》《梦粱录》《中馈录》《繁胜录》《馔史》《酒史》《闽小记》《清稗类钞》等。

3. 子部

西汉刘歆的《七略》中，把先秦和汉初诸子思想分为十家，即儒、道、阴阳、法、名、墨、纵横、杂、农和小说家。后来因为时代的变迁，十家之中有的已经失传；有的虽然流传下来，但后继无人；有的合并，有的增立；到编《四库全书》时，诸子百家之书不仅数量繁多，而且流派也发生了重大变化，因此《四库全书总目》分“子部”图书为 14 类，饮食图书属农家类，《四库全书总目》的作者在《农家类·序言》中指出：“农家条目，至为芜杂，诸家著录，大抵辗转旁牵……因五谷而及《圃史》，因《圃史》而及《竹谱》《荔枝谱》《橘谱》。……因蚕桑而及《茶经》，因《茶经》而及《酒史》《糖霜谱》至于《蔬食谱》，而《易牙遗意》《饮膳正要》相随人矣。”可见农家类中饮食典籍十分庞杂，不能一一介绍。只把书名略示如下：《吕氏春秋·本味篇》《禽经》《食珍录》《齐民要术》《食经》《备急千金要方·食治》《食谱》《食疗本草》《茶经》《煎茶水记》《食医心鉴》《酉阳杂俎·酒食》《膳夫经手录》《膳夫录》《笋谱》《本心斋蔬食谱》《山家清供》《茹草记事》《寿亲养老新书》《北山酒经》《玉食批》《茶录》《荔枝谱》《东溪试茶录》《品茶要录》《酒谱》《橘录》《糖霜谱》《宣和北苑贡茶录》《北苑别录》《蟹谱》《菌谱》《食物本草》《农书》《日用本草》《饮膳正要》《农桑衣食撮要》《饮食须知》《云林堂饮食制度集》《居家必用事类全集》《易牙遗意》《天厨聚珍妙馔集》《神隐》《救荒本草》《便民图纂》《野菜谱》《宋氏养生部》《云林遗事·饮食》《食物本草》《食品集》《广菌谱》《本草纲目》《墨娥小录·饮膳集珍》《多能鄙事》《茹草编》《居家必备》《遵生八笺·饮馔服食笺》《野蔌品》《海味索隐》《闽中海错疏》《野菜笺》《食鉴本草》《山堂肆考》《野菜博录》《上医本草》《觞政》《农政全书》《养余月令·烹制》《饮食须知》《调鼎集》《食物本草会纂》《江南鱼鲜品》《篡贰约》《日用俗字·饮食章》《日用俗字·菜蔬章》《食宪鸿秘》《饭有十二合说》《居常饮馔录》《续茶经》《养生随笔》《随园食单》《吴蕈谱》《记海错》《证俗文》《醢略》《养小录》《扬州画舫录》《调疾饮食辨》《清嘉录》《桐桥倚棹录》《随息居饮食谱》《履园从话·治庖》《湖雅·酿造饵饼》《食品佳味备览》等。

4. 集部

集部图书是历代的诗文集以及文学评论与词曲方面的新作。因此，集部的饮食文献不多，主要有《楚辞·大招》及《楚辞·招魂》《士大夫食时五观》《闲情偶寄·饮馔部》《闲情偶寄·颐养部》等。

5. 类书

类书是我国古代的百科全书，它是辑录古书中各种材料，按类编排而成。类书的内容非常广泛，天文地理、草木虫鱼、饮馔服饰、典章制度，无所不包。所以《四库全书总目》说："类事之书，兼收四部，而非经非史，非子非集，四部之内，乃无类可归。"类书中的饮食资料十分丰富，主要有《北堂书钞·酒食部》《艺文类聚·食物部》《太平御览·饮食部》《渊鉴类函·食物部》《渊鉴类函·菜蔬部》《渊鉴类涵·果部》《古今图书集成·食货典》《格致镜原·饮食类》《成都通览·饮食》等。

（二）中国古代饮食文献列举

中国烹饪和食品方面的文献资料，散见于各种古籍之中，特别是在医家、农家和小说家的著作中。关于这方面的情况，已有人做了研究，作者在这里推荐几本书供大家参考：陶振纲和张廉明《中国烹饪文献提要》（中国商业出版社，1986 年），邱庞同《中国烹饪古籍概述》（中国商业出版社，1989 年），徐兴海和袁亚莉《中国食品文化文献举要》（贵州人民出版社，2005 年），姚伟钧等《中国饮食典籍史》（上海古籍出版社，2011 年）。

在 20 世纪 80 年代以后，我国花了很大的人力和财力进行古籍整理工作。其中关于中国烹饪方面的古籍，由中国商业出版社负责编选和出版，重点收集整理著名的食单、食谱、食经、食疗经方、饮食史录、饮食掌故等方面的古籍，出版了一套"中国烹饪古籍丛刊"，现在已出的有 36 种：《吕氏春秋·本味篇》《养小录》《中馈录》《随园食单》《云林堂饮食制度集》《醒园录》《易牙遗意》《素食说略》《齐民要术·饮食部分》《千金食治》《闲情偶寄·饮食部》《山家清供》《饮食须知》《清异录·饮食部分》《饮馔服食笺》《食宪鸿秘》《随息居饮食谱》《粥谱》《调鼎集》《造洋饭书》《能改斋漫录》《吴氏中馈录　本心斋蔬食谱（外四种）》《先秦烹饪史料选注》《居家必用事类全集》《筵款丰馐依样调鼎新录》《饮膳正要》《陆游饮食诗选注》《菽园杂记、升庵外集、饮食绅言（饮食部分）》《清嘉录》《宋氏养生部》、《浪迹丛谈四种（饮食部分）》《食疗本草》《太平御览：饮食部》《东京梦华录》《随园食单补证》和《中国上古烹食字典》。

二、中国近现代饮食文化研究

（一）民国时期的研究概况

中国人开始对传统文化进行深刻反思，应当说是在资产阶级民主思想发生以后，尤其是近代西风东渐和民族先驱"睁眼看世界"以后。很显然，中国饮食文化的研究，一方面要跳出传统的文学之士余暇笔墨的模式，另一方面更要用近代科学来武装研究者的头脑。而这两者在封闭的传统文化空间中是难以办到的，西方文化则给了

我们新的方法、新的力量。中华民族饮食文化的科学研究，如同历史文化其他专项研究的开展一样，基本上是20世纪以来的事情。

中国饮食文化研究始于1911年出版的张亮采《中国风俗史》一书。在该书中，作者将饮食作为重要的内容加以叙述，并对饮食的作用与地位等问题提出了自己的看法。此后，相继发表有：董文田《中国食物进化史》（《燕大月刊》第5卷第1—2期，1929年11月），《汉唐宋三代酒价》（《山东省经济月刊》第2卷第9期，1926年9月），陆精治《中国民食论》（启智书局，1931年），冯柳堂《中国历代民食政策史》（商务印书馆，1933年）、论文集《中国民食问题》（辑入论文6篇，包括：侯厚培《中国食粮问题数字上的推测》、唐启宇《足食运动与农业经济》、境三《中国民食问题检讨》、吴觉农《我国今日之食粮问题》、马寅初《为讨论续借美麦问题联想及于中国之粮食政策》、毅盦《谷贱伤农应如何救济》，太平洋书店，1933年）、郎擎霄《中国民食史》（商务印书馆，1933年），全汉昇《南宋杭州的外来食料与食法》（《食货》第2卷第2期，1935年6月），杨文松《唐代的茶》（《大公报·史地周刊》第82期，1936年4月24日），邓云特（邓拓）《中国救荒史》（商务印书馆，1937年），胡山源《古今酒事》（世界书局，1939年）、《古今茶事》（世界书局1941年版），闻亦博《中国粮政史》（重庆正中书局，1943年），黄现璠《食器与食礼之研究》（《国立中山师范季刊》第1卷第2期，1943年4月），韩儒林《元秘史之酒局》（《东方杂志》第39卷第9期，1943年7月），许同华《节食古义》（《东方杂志》第42卷第3期），李海云《用骷髅来制饮器的习俗》（《文物周刊》第11期，1946年12月），刘铭恕《辽代之头鹅宴与头鱼宴》（《中国文化研究汇刊》第7卷，1947年9月），友梅《饼的起源》（《文物周刊》第71期，1948年1月28日），李劼人《漫游中国人之衣食住行》（《风土杂志》第2卷第3—6期，1948年9月—1949年7月），等等。

（二）中华人民共和国成立后到改革开放前的研究概况

中华人民共和国成立后至1979年的30年时间里，中国饮食史的研究基本上处于停滞状态，发表的论著比较少。

在20世纪50年代，有关的中国饮食史论著有：王拾遗《酒楼——从水浒看宋之风俗》（《光明日报》，1954年8月8日）、杨桦《楚文物（三）两千多年前的食器》（《新湖南报》，1956年10月24日）、冉昭德《从磨的演变来看中国人民生活的改善与科学技术的发达》（《西北大学学报》第1期，1957年）、林乃燊《中国古代的烹调和饮食——从烹调和饮食看中国古代的生产、文化水平和阶级生活》（《北京大学学报》第2期，1957年），等等。

此外，吕思勉《隋唐五代史》（中华书局，1959年）专辟一节内容论述这一时期的饮食。

20世纪六七十年代的论著主要有：冯先铭《从文献看唐宋以来饮茶风尚及陶瓷茶具的演变》（《文物》第1期，1963年）、杨宽《"乡饮酒礼"与"飨礼"新探》（《中华文史论丛》第4期，1963年）、曹元宇《关于唐代有没有蒸馏酒的问题》（《科学史

集刊》第 6 期，1963 年版）、方杨（《我国酿酒当始于龙山文化》）（《考古》第 2 期，1964 年）。

白化文《漫谈鼎》（《文物》第 5 期，1976 年）、唐耕耦等《唐代的茶业》（《社会科学战线》第 4 期，1979 年）。

20 世纪 70 年代中国台湾、香港地区的饮食史研究也处于缓慢发展阶段，主要成果有：陈远叟《饮馔谱录》（世界书局，1962 年）、袁国藩《13 世纪蒙人饮酒之习俗仪礼及其有关问题》（《大陆杂志》第 34 卷 5 期，1967 年 3 月）、陈祚龙《北宋京畿之吃喝文明》（《中原文献》第 4 卷第 8 期，1972 年 8 月）、许倬云《周代的衣、食、住、行》（《史语所集刊》第 47 本第 3 分册，1976 年 9 月）、张起钧《烹调原理》等。

在这些成果中，张起钧的《烹调原理》一书，从哲学理论的角度对我国的烹调艺术作融会贯通的阐释，使传统的烹调理论变得更有系统性。另外，刘伯骥《宋代政教史》（台北中华书局，1971 年）、庞德新《宋代两京市民生活》（香港龙门书局，1974 年）等书都辟有一定的篇幅，对宋代的饮食作了简略、系统的阐述。

（三）改革开放初期的研究概况

进入 20 世纪 80 年代，中国饮食史研究开始进入繁荣阶段。据统计，《中国烹饪》杂志 1980 年创刊后，已相继发表了数百篇中国饮食史方面的论著。江苏商业专科学校主办的《中国烹饪研究》自 1985 年创刊（1988 年正式出刊）后，也发表了大量的饮食文化学术论文。其他的学术期刊也刊载了大量的饮食文化学术论文。下面仅就饮食文化专著进行介绍，不再涉及论文部分。

20 世纪 80 年代中国饮食文化研究，主要体现在以下几方面。

一是对有关中国饮食史的文献典籍进行注释、重印。如中国商业出版社自 1984 年以来推出了“中国烹饪古籍丛刊”36 种（详见 2. 1. 2 中国古代饮食文献列举）。

二是编辑出版了一些具有一定学术价值的中国饮食史著作。据不完全统计，有：李廷芝《简明中国烹饪词典》（山西经济出版社，1987 年），王仁湘《民以食为天Ⅰ、Ⅱ》（香港中华书局，1989 年），王学太《中国人的饮食世界》（香港中华书局，1989 年），林乃燊《中国饮食文化》（上海人民出版社，1989 年），林永匡和王熹《食道·官道·医道：中国古代饮食文化透视》（陕西人民教育出版社，1989 年），姚伟钧《中国饮食文化探源》（广西人民出版社，1989 年），林则普《烹饪基础》（江苏科学技术出版社，1983 年），熊四智《中国烹饪学概论》（四川科学技术出版社，1983 年），陶文台《中国烹饪史略》（江苏科学技术出版社，1983 年）、陶文台《中国烹饪概论》（中国商业出版社，1988 年），施继章《中国烹饪纵横》（中国食品出版社，1989 年），王仁兴《中国饮食谈古》（轻工业出版社，1985 年）、邱庞同《古烹饪漫谈》（江苏科学技术出版社，1983 年），周光武《中国烹饪史简编》（科学普及出版社广州分社，1984 年），曾纵野《中国饮馔史（第一卷）》（中国商业出版社，1988 年），王仁兴《中国年节食俗》（北京旅游出版社，1987 年），张劲松《饮食习俗》（辽宁大学出版社，1988 年），曾庆如《神州食俗趣闻》（中国食品出版社，1988 年），洪光住

《中国食品科技史稿》（上）（中国商业出版社，1984年），王明德《中国古代饮食》（陕西人民出版社，1988年），赵荣光《天下第一家衍圣公府饮食生活》（黑龙江科学技术出版社，1989年），杨文骐《中国饮食文化和食品工业发展简史》（中国展望出版社，1983年），杨文骐《中国饮食民俗学》（中国展望出版社，1983年），陶振纲《中国烹饪文献提要》（中国商业出版社，1986年），张廉明《中国烹饪文化》（山东教育出版社，1989年），张孟伦《汉魏饮食考》（兰州大学出版社，1988年），林正秋《中国宋代菜点概述》（中国食品出版社，1989年），邢渤涛《全聚德史话》（中国商业出版社，1984年），北京市第二商业局教育处《北京特味食品老店》（中国食品出版社，1987年），王仁兴《满汉全席源流》（中国旅游出版社，1986年），吴正格《满汉全席》（天津科学技术出版社，1986年），吴正格《满族食俗与清宫御膳》（辽宁科学技术出版社，1988年），陈先国《从五谷文化中走来》（百家出版社，1989年），王子辉《素食纵横谈》（陕西科学技术出版社，1985年），洪光住《中国豆腐》（中国商业出版社，1987年），庄晚芳《中国茶史散论》（科学出版社，1988年），陈椽《茶业通史》（中国农业出版社，1984年），贾大泉《四川茶业史》（巴蜀书社，1989年），吴觉农《茶经述评》（中国农业出版社，1987年），王尚殿《中国食品工业发展简史》（山西科学教育出版社，1987年），秦一民《〈红楼梦〉饮食谱》（华岳文艺出版社，1988年），蒋荣荣《红楼美食大观》（广西科学技术出版社，1989年）等。

（四）20世纪90年代的研究概况

20世纪90年代的中国饮食文化研究，无论是研究的角度还是研究的深度，都远远超过80年代，这具体体现在以下几个方面。

1. 大型饮食文化工具书

编撰了饮食文化及烹饪方面的大型工具书。代表性的有：中国烹调大全编委会《中国烹调大全》（黑龙江科学技术出版社，1990年），林正秋《中国饮食大辞典》（浙江大学出版社，1991年），中国烹调大全编委会《中国烹饪百科全书》（中国大百科全书出版社，1992年），萧帆《中国烹饪辞典》（中国商业出版社，1992年），张哲永《饮食文化辞典》（湖南出版社，1993年），汪福宝《中国饮食文化辞典》（安徽人民出版社，1994年），任百尊《食经》（上海文化出版社，1999年）等。

2. 饮食文化史

有关饮食史的研究著作纷纷涌现。代表性的有：徐海荣《中国饮食史》（华夏出版社，1999年），曾纵野《中国饮馔史》（第二卷）（中国商业出版社，1996年），陈光新《中国烹饪史话》（湖北科学技术出版社，1990年），胡汉传《烹饪史话》（辽宁人民出版社，1995年），杨文翻《食品史》（辽宁少年儿童出版社，1997年），邱庞同《中国面点史》（青岛出版社，1995年），曹健民《中国全史：简读本——21. 风俗史 饮食史 服饰史》（经济日报出版社，1999年），王仁湘《中国史前饮食史》（青岛出版社，1997年），黎虎《汉唐饮食文化史》（北京师范大学出版社，1998年），王子辉

《隋唐五代烹饪史纲》（陕西科学技术出版社，1991 年），陈伟民《唐宋饮食文化初探》（中国商业出版社，1993 年），林永匡《美食·美味·美器：清代饮食文化研究》（黑龙江教育出版社，1990 年），杨英杰《四季飘香：清代节令与佳肴》（辽海出版社，1997 年），邱庞同《古烹饪漫谈》（江苏科学技术出版社，1983 年），林永匡《饮德·食艺·宴道：中国古代饮食智道透析》（广西教育出版社，1995 年），王明德《中国古代饮食》（陕西人民教育出版社，1998 年），王仁湘《饮食考古初集》（中国商业出版社，1994 年），林乃燊《中国古代饮食文化》（商务印书馆，1997 年）等。

3. 饮食文化通论

有关饮食文化通论的著作也层出不穷。代表性的有：梅方《中国饮食文化》（广西民族出版社，1991 年），马宏伟《中国饮食文化》（内蒙古人民出版社，1993 年），王学泰《华夏饮食文化》（中华书局，1993 年），王仁湘《饮食与中国文化》（人民出版社，1993 年），徐旺生《民以食为天：中华美食文化》（海南出版社，1993 年），杨菊华《中华饮食文化》（首都师范大学出版社，1994 年），林永匡《饮德·食艺·宴道——中国古代饮食智道透析》（广西教育出版社，1995 年），万建中《饮食与中国文化》（江西高校出版社，1995 年），向春阶《食文化》（中国经济出版社，1995 年），潘英《中国饮食文化谈》（中国少年儿童出版社，1996 年），赵连友《中国饮食文化》（中国铁道出版社，1997 年），张明远《饮食文化漫谈》（中国轻工业出版社，1997 年），林少雄《口腹之道：中国饮食文化》（沈阳出版社，1997 年），李东祥《饮食文化》（中国建材工业出版社，1998 年），林乃燊《饮食志》（上海人民出版社，1998 年），熊四智《中国烹饪学概论》（四川科学技术出版社，1988 年），林则普《烹饪基础》（江苏科学技术出版社，1983 年），陶文台《中国烹饪概论》（中国商业出版社，1988 年），施继章《中国烹饪纵横》（中国食品出版社，1989 年），张廉明《中国烹饪文化》（山东教育出版社，1989 年），陈耀昆《中国烹饪概论》（中国商业出版社，1992 年），李曦《中国烹饪概论》（中国旅游出版社，1996 年），路新生《烹饪饮食》（上海三联书店，1997 年），陈光新《烹饪概论》（高等教育出版社，1998 年），熊四智《中国烹饪概论》（中国商业出版社，1998 年），陈诏《食的情趣》（香港商务印书馆，1991 年），陈诏《美食寻趣：中国馔食文化》（上海古籍出版社，1991 年），陈诏《美食源流》（上海古籍出版社，1996 年），熊四智《食之乐》（重庆出版社，1989 年），熊四智《中国人的饮食奥秘》（河南人民出版社，1992 年），秦炳南《人生第一欲——中国人的饮食世界》（天津社会科学院出版社，1996 年），朱伟《考吃》（中国书店，1997 年），李志慧《饮食篇：终岁醇浓味不移》（三秦出版社，1999 年）等。

4. 饮食文化专论

对饮食文化专题方面的研究从广度与深度方面均有新突破。代表性的有：姚伟钧《中国传统饮食礼俗研究》（华中师范大学出版社，1999 年），谭天星《御厨天香：宫廷饮食》（云南人民出版社，1992 年），姚伟钧《玉盘珍馐值万钱：宫廷饮食》（华中

理工大学出版社，1994年），苑洪琪《中国的宫廷饮食》（商务印书馆国际有限公司，1997年），邵华安《满汉全席》（辽宁科技出版社，1993年），林苛步《满汉全席记略》（上海交通大学出版社，1995年），赵荣光《满族食文化变迁与满汉全席问题研究》（黑龙江人民出版社，1996年），赵荣光《天下第一家衍圣公府食单》（黑龙江科学技术出版社，1992年），赵荣光《中国古代庶民饮食生活》（商务印书馆国际有限公司，1997年），李向军《清代荒政研究》（中国农业出版社，1995年），杨福泉《火塘文化录》（云南人民出版社，1991年），杨福泉《灶与灶神》（学苑出版社，1994年），蓝翔《筷子古今谈》（中国商业出版社，1993年），刘云《中国箸文化大观》（科学出版社，1996年），蓝翔《筷子三千年》（山东教育出版社，1999年），史红《饮食烹饪美学》（科学普及出版社，1991年），王莉莉《宴时梦幻——饮食文化美学谈》（北京燕山出版社，1993年），刘琦《麦黍文化研究论文集》（甘肃人民出版社，1993年），杨晓东《灿烂的吴地鱼稻文化》（当代中国出版社，1993年），杨晓东《吴地稻作文化》（南京大学出版社，1994年），郭家骥《西双版纳傣族的稻作文化研究》（云南大学出版社，1998年），刘芝凤《中国侗族民俗与稻作文化》（人民出版社，1999年），陶思炎《中国鱼文化》（中国华侨出版公司，1990年），赵建民《中国人的美食——饺子》（山东教育出版社，1999年），王治寰《中国食糖史稿》（农业出版社，1990年），季羡林《文化交流的轨迹：中国蔗糖史》（经济日报出版社，1997年），柴继光《中国盐文化》（新华出版社，1992年），张铁忠《饮食文化与中医学》（福建科学技术出版社，1993年），冷启霞《寿膳、寿酒、寿宴：饮食与长寿》（四川人民出版社，1993年），王宏升《饮食文化与海洋》（中国大地出版社，1999年）等。

5. 区域、民族饮食文化

有关区域、民族饮食文化的研究在更多新的领域得到发展。代表性的有：知识出版社主编《食俗大观》（知识出版社，1992年），齐滨清《中国少数民族和世界各国风俗饮食特点》（黑龙江科学技术出版社，1990年），汪青玉《竹筒饭·羊肉串·鸡尾酒：别具风味的饮食习俗》（四川人民出版社，1992年），佟玉华《百国（地区）礼俗与食俗》（中国商业出版社，1993年），刘景文《民俗与饮食趣话》（光明日报出版社，1994年），翁洋洋《中国传统节日食品》（中国轻工业出版社，1994年），王崇熹《乡风食俗》（陕西人民教育出版社，1999年），李春万《闾巷话蔬食：老北京民俗饮食大观》（北京燕山出版社，1997年），周家望《老北京的吃喝》（北京燕山出版社，1999年），张洪光《饮食风俗（山西）》（山西科学技术出版社，1998年），夔宁《吴地饮食文化》（中央编译出版社，1996年），顾承甫《老上海饮食》（上海科学技术出版社，1999年），章仪明《淮扬饮食文化史》（青岛出版社，1995年），戴宁《浙江美食文化》（杭州出版社，1998年），全国大中城市第七届联谊厨师节筹委会《福建饮食文化》（海潮摄影艺术出版社，1997年），石文年《厦门饮食》（鹭江出版社，1998年），朱新海《济南烹饪文化》（山东科学技术出版社，1998年），魏敏《民间食俗（河南）》（海燕出版社，1997年），张磊《广东饮食文化汇览》（暨南大学出版社，1993年），伍青云《广东食府文化》（广东高等教育出版社，1995年），湛玉书

《三峡人的食俗》(香港中华国际出版社，1999年)，何金铭《长安食话》(陕西人民出版社，1995年)，何金铭《百姓食俗(陕西)》(陕西人民出版社，1998年)，李东印《民族食俗》(四川民族出版社，1990年)，鲁克才《中华民族饮食风俗大观》(世界知识出版社，1992年)，贾银忠《彝族饮食文化》(四川大学出版社，1994年)，赵忠《河湟民族饮食文化》(敦煌文艺出版社，1994年)，王增能《客家饮食文化》(福建教育出版社，1995年)，贾蕙萱《中日饮食文化比较研究》(北京大学出版社，1999年)等。

6. 文学与饮食文化

古典文学的研究触角也延伸到饮食文化领域。代表性的有：王柏春《红楼梦菜谱》(中国旅游出版社，1992年)，孟庆丽《红楼梦食膳与戏曲》(天津古籍出版社，1993年)，傅荣《〈红楼梦〉与美食文化》(北京经济学院出版社，1994年)，陈诏《红楼梦的饮食文化》(台湾商务印书馆，1995年)，邵万宽《〈金瓶梅〉饮食大观》(江苏人民出版社，1992年)，胡德荣《金瓶梅饮食谱》(经济时报出版社，1995年)。

7. 饮食文化论文集

(1) 饮食文化研究丛刊。如：李士靖主编《中华食苑》(第一集)(经济科学出版社，1994年)、《中华食苑》(第二集~第十集)(中国社会科学出版社，1996年)。

(2) 会议论文集。代表性的有：《首届中国饮食文化国际研讨会论文集》(中国食品工业协会等，1991年)，《烹饪理论与实践(首届中国烹饪学术研讨会论文选集)》(中国商业出版社，1991年)，《中国烹饪走向新世纪(第二届中国烹饪学术研讨会论文选集)》(经济日报出版社，1995年)，王守初《饮食文化与餐饮经营管理探索('98广州国际美食节饮食·文化·管理学术研讨会论文集)》(广东旅游出版社，1999年)，赵建民《药膳食疗理论与实践:'98首届国际药膳食疗学术研讨会论文集》(山东文化音像出版社，1998年)，赵建民《〈金瓶梅〉酒食文化研究:'98景阳冈〈金瓶梅〉酒食文化研讨会论文集)》(山东文化音像出版社，1998年)，焦桐《赶赴繁花盛放的飨宴(饮食文学国际研讨会论文集)》(台湾时报文化出版企业股份有限公司，1999年)。

(3) 个人论文集。代表性的有：赵荣光《中国饮食史论》(黑龙江科学技术出版社，1990年)，赵荣光《赵荣光食文化论集》(黑龙江人民出版社，1995年)，王子辉《中国饮食文化研究》(陕西人民出版社，1997年)，陈光新《春华秋实：陈光新教授烹饪论文集》(武汉测绘科技大学出版社，1999年)，赵建民《鼎鼐谭薮》(中国文联出版社，1999年)，胡德荣《胡德荣饮食文化古今谈》(中国矿业大学出版社，1998年)。

8. 茶文化和酒文化

关于茶文化的研究具有代表性的作品有：《茶的历史与文化:'90杭州国际茶文化研讨会论文选集》(浙江摄影出版社，1991年)，《中国普洱茶文化研究(中国普洱茶国际学术研讨会论文集)》(云南科技出版社，1994年)，丁文《大唐茶文化》(东方出

版社，1997 年），梁子《中国唐宋茶道》（陕西人民出版社，1994 年），徐德明《中国茶文化》（上海古籍出版社，1996 年），余悦《茶路历程：中国茶文化流变简史》（光明日报出版社，1999 年），冈夫《茶文化》（中国经济出版社，1995 年），赖功欧《茶哲睿智：中国茶文化与儒释道》（光明日报出版社，1999 年），王从仁《玉泉清茗：中国茶文化》（上海古籍出版社，1991 年），陈香白《中国茶文化》（山西人民出版社，1998 年），王玲《中国茶文化》（中国书店，1998 年），严文儒《中国茶文化史话》（黄山书社，1997 年），罗时万《中国宁红茶文化》（中国文联出版公司，1997 年），朱世英《中国茶文化辞典》（安徽文艺出版社，1992 年）等。

关于酒文化的研究具有代表性的作品有：王守国《酒文化中的中国人》（河南人民出版社，1990 年），钱茂竹《绍兴酒文化》（中国大百科全书出版社上海分社，1990 年），何满子《醉乡日月：中国酒文化》（上海古籍出版社，1991 年），田久川《中华酒文化史》（延边大学出版社，1991 年），傅允生《中国酒文化》（中国广播电视出版社，1992 年），罗西章《西周酒文化与宝鸡当今名酒》（陕西人民出版社，1992 年），林超《杯里春秋：酒文化漫话》（花城出版社，1992 年），徐少华《西凤酒文化》（陕西人民出版社，1993 年），杜景华《中国酒文化》（新华出版社，1993 年），张鹏志《中华酒文化》（首都师范大学出版社，1994 年），李华瑞《中华酒文化》（山西人民出版社，1995 年），向春阶《酒文化》（中国经济出版社，1995 年），梁勇《河北酒文化志》（中国对外翻译出版公司，1998 年），杜金鹏《醉乡酒海：古代文物与酒文化》（四川教育出版社，1998 年），何明《中国少数民族酒文化》（云南人民出版社，1999 年），王炎《辉煌的世界酒文化：首届酒文化学术讨论会论文集》（成都出版社，1993 年），《'94 国际酒文化学术研讨会论文集》（浙江大学出版社，1994 年），《'97 国际酒文化学术研讨会论文集》（学林出版社，1997 年），朱世英《中国酒文化辞典》（黄山书社，1990 年），沈道初《中国酒文化应用辞典》（南京大学出版社，1994 年）等。

（五）21 世纪的研究概况

进入 21 世纪后，饮食文化研究出现了新势头，辞典类基础性书籍明显减少，包括一批博士书库在内的具有较高学术品位的专著大量涌现。

1. 大型饮食文化工具书

21 世纪大型饮食文化工具书具有代表性的有：田晓娜《食典》（中国戏剧出版社，2000 年），王秀山《中国食品大典：民以食为天》（中国城市出版社，2002 年），王中旺《中华面文化大典》（经济日报出版社，2005 年），李朝霞《中国名菜辞典》（山西科学技术出版社，2008 年）。其中特别值得一提的是陈学智《中国烹饪文化大典》（浙江大学出版社，2011 年），这是一部迄今为止最富权威性的中华烹饪文化大型文献工具书，是对中国五千年烹饪文明的一次总梳理，也是第一次最全面、系统整理和保存中华民族食事文化非物质文化遗产的重要成果。

2. 饮食文化史

21世纪关于饮食文化史的研究具有代表性的作品有：赵荣光《中国饮食文化史》（上海人民出版社，2006年），王仁湘《饮食之旅》（台湾商务印书馆，2001年），邱庞同《中国菜肴史》（青岛出版社，2001年），陈元朋《粥的历史》（台北三民书局股份有限公司，2001年），王利华《中古华北饮食文化的变迁》（中国社会科学出版社，2000年），王赛时《中华千年饮食》（中国文史出版社，2002年），王仁湘《珍馐玉馔：古代饮食文化》（江苏古籍出版社，2002年），王明德《中华古代饮食艺术》（陕西人民出版社，2002年），张征雁《昨日盛宴：中国古代饮食文化》（四川人民出版社，2004年）、王学泰《中国饮食文化史》（广西师范大学出版社，2006年），王学泰《中国饮食文化史》（中国青年出版社，2012年），王学泰《中国饮食文化简史》（中华书局，2010年），马建鹰《中国饮食文化史》（复旦大学出版社，2011年），王仁湘《饮食史话》（社会科学文献出版社，2012年），王雪萍《〈周礼〉饮食制度研究》（广陵书社，2010年），姚淦铭《先秦饮食文化研究》（上下两册）（贵州人民出版社，2005年），王赛时《唐代饮食》（齐鲁书社，2003年），刘朴兵《唐宋饮食文化比较研究》（中国社会科学出版社，2010年），韩荣《有容乃大：辽宋金元时期饮食器具研究》（江苏大学出版社，2011年），吴正格《清王朝的侧影》（百花文艺出版社，2007年），孙普云、王晓华《吃在民国》（江苏文艺出版社，2004年），瞿明安、秦莹《中国饮食娱乐史》（上海古籍出版社，2011年），俞为洁《中国食料史》（上海古籍出版社，2011年），张景明、王雁卿《中国饮食器具发展史》（上海古籍出版社，2011年），王建中《东北地区食生活史》（黑龙江人民出版社，2004年），林正秋《杭州饮食史》（浙江人民出版社，2011年），何宏《民国杭州饮食》（杭州出版社，2012年），张豫昆《云南烹饪史略》（云南人民出版社，2006年），徐日辉《甘肃饮食文化史》（中国科学技术出版社，2007年），伊斯拉菲尔·玉苏甫《西域饮食文化史》（新疆人民出版社，2012年）等。

3. 饮食文化通论

赵荣光《饮食文化概论》（中国轻工业出版社，2000年），瞿明安《隐藏民族灵魂的符号：中国饮食象征文化论》（云南大学出版社，2001年），李曦《中国饮食文化》（高等教育出版社，2002年），华国梁《中国饮食文化》（东北财经大学出版社，2002年），赵荣光《中国饮食文化概论》（高等教育出版社，2003年），朱永和《中国饮食文化》（安徽教育出版社，2003年），华国梁《中国饮食文化》（湖南科学技术出版社，2004年），徐文苑《中国饮食文化概论》（清华大学出版社，2005年），李曦《中国烹饪概论》（旅游教育出版社，2000年），李志刚《烹饪学概论》（中国财政经济出版社，2001年），陈诏《中国馔食文化》（上海古籍出版社，2001年），陈诏《饮食趣谈》（上海古籍出版社，2003年），刘士林《谁知盘中餐：中国农业文明的往事与随想》（济南出版社，2003年），车前子《好吃》（山东画报出版社，2004年），李波《“吃”垮中国：中国食文化反思》（光明日报出版社，2004年），徐文苑《中国饮食文

化概论》（清华大学出版社，2005年），杜莉《中国饮食文化》（旅游教育出版社，2005年），徐先玲《中国饮食文化》（中国戏剧出版社，2005年），胡自山《中国饮食文化》（时事出版社，2006年），李维冰《中国饮食文化概论》（中国商业出版社，2006年），穆艳霞《饮食文化》（内蒙古人民出版社，2006年），朱宁虹《畅游饮食海洋》（军事谊文出版社，2007年），陈苏华《人类饮食文化学》（上海文化出版社，2008年），姚伟钧《中国饮食礼俗与文化史论》（华中师范大学出版社，2008年），严益康《中国饮食文化》（东北师范大学出版社，2008年），谢定源《中国饮食文化》（浙江大学出版社，2008年），冯玉珠《饮食文化概论》（中国纺织出版社，2009年），庞毅《饮食与文化》（湖南科学技术出版社，2009年），吴澎《中国饮食文化》（化学工业出版社，2009年），李春梅《图说中国文化：图说中华饮食》（华文出版社，2010年），席坤《彩色国学馆——中国饮食》（上下）（时代文艺出版社，2009年），陈波《中国饮食文化》（电子工业出版社，2010年），茅建民《中国饮食文化》（北京师范大学出版社，2010年），胡幸福《中华饮食文化》（宁夏人民出版社，2010年），林胜华《饮食文化》（化学工业出版社，2010年），林乃燊《中国的饮食》（中国国际广播出版社，2011年），周海鸥《食文化》（中国经济出版社，2011年），叶昌建《中国饮食文化》（北京理工大学出版社，2011年），赵建民《中国饮食文化概论》（中国轻工业出版社，2012年），赵建民《中国饮食文化》（中国轻工业出版社，2012年），赵荣光《中华饮食文化》（中华书局，2012年），乔姣姣《中国饮食》（黄山书社，2012年）等。

4. 饮食文化专论

赵荣光《满汉全席源流考述》（昆仑出版社，2003年），安平《中外食人史话》（时代文艺出版社，2001年），陈彦堂《人间的烟火：炊食具》（上海文艺出版社，2002年），郝铁川《灶王爷·土地爷·城隍爷：中国民间神研究》（上海古籍出版社，2003年），刘云《筷子春秋》（百花文艺出版社，2000年），蓝翔《古今中外筷箸大观》（上海科学技术文献出版社，2003年），王远坤《饮食美论》（湖北美术出版社，2001年），刘芝凤《中国土家族民俗与稻作文化》（人民出版社，2001年），裴安平《长江流域的稻作文化》（湖北教育出版社，2004年），周沛云《中华枣文化大观》（中国林业出版社，2003年），白占全《中国枣文化》（中国文史出版社，2007年），龚红林《三峡橘文化》（武汉出版社，2003年），王焰安《桃文化研究》（中国档案出版社，2003年），赵丰才《中国栗文化初探》（中国农业出版社，2006年），周镇宏《茂名荔枝文化史话》（南方日报出版社，2007年），曹天生《砀山酥梨文化》（安徽人民出版社，2008年），甘长飞《庆元香菇与文化》（西泠印社出版社，2010年），吴裕成《中国的井文化》（天津人民出版社，2002年），陈祥荣《杭州的井》（中国美术学院出版社，2010年），谢建辉《长沙井文化》（五洲传播出版社，2005年），陈益《阳澄湖蟹文化》（上海辞书出版社，2004年），张平真《中国酿造调味食品文化：酱油食醋篇》（新华出版社，2001年），薛党辰《辣椒·辣椒菜·辣椒文化》（上海科学技术文献出版社，2003年），王明辉《古今食养食疗与中华文化》（中国医

药科技出版社，2001 年)，史幼波《素食主义》（北京图书馆出版社，2004 年)，野萍《素食纵横谈》（中国轻工业出版社，2004 年)，包亚明《上海酒吧：空间、消费与想象》（江苏人民出版社，2001 年)，马杰伟《酒吧工厂：南中国城市文化研究》（江苏人民出版社，2006 年)，姚伟钧《清宫饮食养生秘籍》（中国书店出版社，2007 年)，赵荣光《〈衍圣公府档案〉食事研究》（山东画报出版社，2007 年)，李春祥《饮食器具考》（知识产权出版社，2006 年)，唐家路《饮食器用》（中国社会出版社，2010 年)，蓝翔《筷箸史》（上海文艺出版社 2011 年版)，刘云《中国箸文化史》（中华书局，2006 年)，刘云《筷子》（百花文艺出版社，2007 年)，于学军《细嚼烧饼》（河南大学出版社，2007 年)，王晖军《扬州炒饭文化解码》（西苑出版社，2011 年)，王静《慈城年糕的文化记忆》（宁波出版社，2010 年)，丁大同《佛家大百科——礼仪素食》（大象出版社，2005 年)，杨朝霞《禅茶素食》（大众文艺出版社，2005 年)，尹邦志《饮和食德：佛教饮食观》（宗教文化出版社，2005 年)，侯清恒《素心佛餐》（中国物资出版社，2010 年)，黄永锋《道教服食技术研究》（东方出版社，2008 年)，黄永锋《道教饮食养生指要》（宗教文化出版社，2007 年)，谢家树《圣经中的食物》（中央编译出版社，2011 年）等。

5. 区域、民族饮食文化

姚伟钧《饮食风俗》（湖北教育出版社，2001 年)，邱国珍《中国传统食俗》（广西民族出版社，2002 年)，薛理勇《食俗趣话》（上海科学技术文献出版社，2003 年)，张辅元《饮食话源》（北京出版社，2003 年)，潘江东《中国餐饮业祖师爷》（南方日报出版社，2002 年)，康健《中华风俗史——饮食 · 民居风俗史》（京华出版社，2001 年)，翟鸿起《老饕说吃》（北京）（文物出版社，2003 年)，宣炳善《民间饮食习俗》（中国社会出版社，2006 年)，陈忠明《饮食风俗》（中国纺织出版社，2008 年)，范川凤《饮食习俗》（河北人民出版社，2009 年)，郗秋丽《中国食俗》（吉林文史出版社，2011 年)，兰玲《山东居家饮食民俗》（济南出版社，2012 年)，吴汾《老北京的年节和食俗》（东方出版社，2008 年)，由国庆《天津卫美食》（天津人民出版社，2010 年)，李风林《保定食文化》（方志出版社，2005 年)，王荣昌《平泉饮食文化探源》（内蒙古人民出版社，2011 年)，柳长江《山西面食文化》（山西春秋电子音像出版社，2008 年)，杨宗新《清徐饮食》（北岳文艺出版社，2011 年)，韩富科《太古饮食文化》（山西经济出版社，2010 年)，李孝《包头美食》（内蒙古人民出版社，2010 年)，王洪宝《龙江饮食文化》（黑龙江科学技术出版社，2005 年)，高岱明《淮安饮食文化》（中共党史出版社，2002 年)，李维冰《扬州食话》（苏州大学出版社，2001 年)，王稼句《姑苏食话》（苏州大学出版社，2004 年)，承嗣荣《澄江食林》（江阴）（上海三联书店，2004 年)，高文清《连云港饮食文化》（中国文史出版社，2012 年)，刘庆龙《寻味江南：话说杭帮菜》（杭州出版社，2010 年)，朱惠民《宁波菜与宁波饮食文化》（香港国际学术文化资讯出版公司，2009 年)，张建庆《宁波餐饮文化研究》（作家出版社，2010 年)，张观达《绍兴饮食文化》（中华书局，2004 年)，冯罗宗《鹦鹉杯中箸下春：湖州饮食文化漫笔》（杭州出版社，2007 年），林胜华《万年饮食的遗惠：金华饮食文化探究》（珠海出版社，2010 年），邵之惠《徽菜（徽州文化全书）》（安徽人民出版社，2005 年），张建华《福建美食与小吃》（海峡文艺出版社，2012 年），刘立身《闽菜史谈》（海风出版社，2012 年），王宏玉《台湾饮食文化》（福建教育出版社，2008 年），卓克华《台湾旧惯生活与饮食文化》（台北兰台出版社，2008 年），朱正昌《饮食（齐鲁特色文化丛书）》（山东友谊出版社，2004 年），梁国楹《齐鲁饮食文化》（山东文艺出版社，2004 年），孙嘉祥《中国鲁菜文化》（山东科学技术出版社，2009 年），朱瑞山《德州饮食文化》（线装书局，2010 年），吕世范《河南特色饮食文化》（中州古籍出版社，2011 年），魏敏《民间食俗》（海燕出版社，1997 年），黄芬香《图文老郑州：老吃食》（中州古籍出版社，2004 年），刘福兴《河洛饮食》（九州出版社，2003 年），高树田《吃在汴梁：开封食文化》（河南大学出版社，2003 年），姚伟钧《武汉食话》（武汉出版社，2008 年），邓承志《秭归饮食习俗》（三峡电子音像出版社 2012 年版），刘国初《湘菜盛宴》（岳麓书社，2005 年），秦惠基《食在广东》（广东高等教育出版社，2001 年），周松芳《岭南饕餮：广东饮膳九章》（南方日报出版社，2011 年），李克和《佛山饮食文化》（世界图书出版公司，2012 年），张新民《潮菜天下：潮州菜系的文化与历史》（山东画报出版社，2006 年），郭伟忠《揭阳美食志》（社会科学文献出版社，2005 年），吴昊《饮食香江》（香港南华早报，2002 年），郑宝鸿《香江知味：香港的早期饮食场所》（香港大学美术博物馆，2003 年），梁锡雄《澳门饮食业今昔》（香港三联书店（香港）有限公司，2009 年），熊家军《桂菜春秋》（广西民族出版社，2009 年），严风华《四季飘香：南宁饮食文化寻踪》（广西科学技术出版社，2009 年），黄南津《永福福寿饮食文化研究》（广西人民出版社，2010 年），张老侃《巴渝食趣》（重庆出版社，2001 年），范春《重庆火锅文化研究》（中国文史出版社，2005 年），愚人《川菜：全国山河一片红》（成都时代出版社，2006 年），熊四智《举箸醉杯思吾蜀：巴蜀饮食文化纵横》（四川人民出版社，2001 年），杜莉《川菜文化概论》（四川大学出版社，2003 年），杨文华《吃在四川》（四川科学技术出版社，2004 年），车幅《川菜杂谈》（三联书店，2004 年），高旗《滇菜文化：滇人食俗与饮食百味》（云南大学出版社，2008 年），张楠《云南吃怪图典》（云南人民出版社，2004 年），高启安《敦煌饮食探秘》（民族出版社，2004 年），高启安《唐五代敦煌饮食文化研究》（民族出版社，2004 年），姚伟钧《长江流域的饮食文化》（湖北教育出版社，2004 年），姚吉成《黄河三角洲民间饮食文化研究》（齐鲁书社，2006 年），满长征《运河文化主体餐饮体验：餐饮产业与文化背景》（广西师范大学出版社，2008 年），冼剑民《岭南饮食文化》（广东高等教育出版社，2010 年），贺菊莲《天山家宴：西域饮食文化纵横谈》（兰州大学出版社，2011 年），薛麦喜《民食卷（黄河文化丛书）》（山西人民出版社，2001 年），李炳泽《多味的餐桌：中国少数民族饮食文化》（北京出版社，2000 年），颜其香《中国少数民族饮食文化荟萃》（商务印书馆国际有限公司，2001 年），博巴《中国少数民族饮食》（中国画报出版社，2004 年），李自然《生态文化与人：满族传统饮食文化研究》（民族出版社，2002 年），马德清《凉山彝族饮食文化》（四川民族出版社，2000年），凉山彝族饮食文化研究会《凉山彝族饮食文化概要》（四川民族出版社，2002年），赵净修《纳西饮食文化谱》（云南民族出版社，2002年），杨胜能《西双版纳傣族美食趣谈》（云南大学出版社，2001年），王子华《彩云深处起炊烟：云南民族饮食》（云南教育出版社，2000年），韦体吉《广西民族饮食大观》（贵州民族出版社，2001年），张景明《中国北方游牧民族饮食文化研究》（文物出版社，2008年），李自然《满族民间饮食》（京华出版社，2009年），冯雪琴《蒙古民族饮食文化》（文物出版社，2008年），郎立兴《蒙古族饮食图鉴》（内蒙古人民出版社，2010年），梅松华《畲族饮食文化》（学苑出版社，2010年），陈永邺《欢腾的圣宴——哈尼族长街宴研究》（云南大学出版社，2009年），秦莹《跳菜——南涧彝族的飨宴礼仪》（云南人民出版社2010年版），郑向春《葡萄的实践：一个滇南坝子的葡萄酒文化缘起与结构再生产》（北京大学出版社，2012年），陆中午《侗族文化遗产集成．第二辑（下）：饮食大观》（民族出版社，2006年），徐熊《美国饮食文化趣谈》（人民军医出版社，2001年），蔡玳燕《德国饮食文化》（暨南大学出版社，2011年）等。

6. 文学与饮食文化

苏衍丽《红楼美食》（山东画报出版社，2004年），中央电视台《中华医药》栏目组著《探秘红楼美食》（上海科技文献出版社，2008年），胡献国《红楼养生美食》（中国中医药出版社，2008年），段振离《红楼话美食》（上海交通大学出版社，2011年），施连方《饮食·生活·文化：〈西游记〉趣谈》（中国物资出版社，2001年），赵萍《水浒中的饮食文化》（山东友谊出版社，2003年），葛景春《诗酒风流赋华章：唐诗与酒》（河北人民出版社，2002年），闫艳《唐诗食品词语语言与文化之研究》（巴蜀书社，2004年），王子辉《周易与饮食文化》（陕西人民出版社，2003年），矫继悉《易经文化中的饮食养生》（中国农业大学出版社，2007年），江雅茹《〈诗经〉饮食品类研究》（台北，印书小铺，2010年），黄亚卓《汉魏六朝公宴诗研究》（华东师范大学出版社，2007年），陈素贞《北宋文人的饮食书写》（上下）（台北，大安出版社，2007年），伊俊《苏东坡美食笔记》（中国华侨出版社，2009年），陶方宣《张爱玲美食》（上海远东出版社，2008年）。

7. 饮食文化论文集

会议论文集有：刘广伟《中国烹饪高等教育问题研究》（东方美食出版社有限公司，2001年），世界中国烹饪联合会《饮食文化与中餐业发展问题研究（国际饮食文化研讨会论文集）》（中国商业出版社，2002年），李贻衡《湘菜飘香（加快湘菜产业发展研讨会文集）》（湖南科学技术出版社，2004年），杜青海《中国黔菜》（中央文献出版社，2003年），洪贤兴《中国渔文化研讨会论文集》（宁波出版社，2005年），冯新泉《2007中国首届酱文化国际高峰论坛文集》（中国社会科学出版社，2008年），赵荣光《2011杭州·亚洲食学论坛学术论文集》（云南人民出版社，2011年），焦桐《味觉的土风舞：饮食文学与文化国际学术研讨会论文集》（台北，二鱼文化事业有限公司，2009 年），焦桐《饭碗中的雷声：客家饮食文学与文化国际学术研讨会论文集》（台北，二鱼文化事业有限公司，2010 年），焦桐《山海恋：原住民饮食文学与文化国际学术研讨会论文集》（二鱼文化事业有限公司，2012 年）。

个人论文集有：赵荣光《中国饮食文化研究》（香港，东方美食出版社有限公司，2003 年），赵荣光《餐桌的记忆》（云南人民出版社，2011 年），熊四智《四智论食》（巴蜀书社，2005 年），熊四智《四智说食》（四川科学技术出版社，2007 年），高成鸢《饮食之道——中国饮食文化的理路思考》（山东画报出版社，2008 年），高成鸢《食·味·道：华人的饮食歧路与文化异彩》（紫禁城出版社，2010 年），张世尧《崇高的事业　重要的产业：谈谈中国烹饪和饮食服务业》（中国商业出版社，2006 年），邱庞同《食说新语：中国饮食烹饪探源》（山东画报出版社，2008 年），邱庞同《饮食杂俎：中国饮食烹饪研究》（山东画报出版社，2007 年），邱庞同《一江之隔味不同：八方饮食漫笔》（中国轻工业出版社，2009 年），季鸿崑《食在中国：中国人饮食生活大视野》（山东画报出版社，2008 年），杜莉《吃贯中西》（山东画报出版社，2010 年）等。

8. 茶文化和酒文化

有关茶文化的研究具有代表性的有：中国国际茶文化研究会《第六届国际茶文化研讨会论文选集》（浙江摄影出版社，2000 年），刘勤晋《茶·茶文化·旅游（2003 茶文化与旅游国际学术研讨会论文集）》（重庆出版社，2003 年），程启坤《第九届国际茶文化研讨会暨第三届崂山国际茶文化节论文集》（浙江古籍出版社，2006 年），《第十届国际茶文化研讨会暨浙江湖州（长兴）首届陆羽茶文化节论文集》（浙江古籍出版社，2008 年），刘勤晋《茶文化学》（中国农业出版社，2000 年），黄志根《中华茶文化》（浙江大学出版社，2000 年），王从仁《中国茶文化》（上海古籍出版社，2001 年），于观亭《茶文化漫谈》（中国农业出版社，2003 年），高旭晖《茶文化学概论》（安徽美术出版社，2003 年），姚国坤《中国茶文化遗迹》（上海文化出版社，2004 年），滕军《中日茶文化交流史》（人民出版社，2004 年），朱世英《中国茶文化大辞典》（汉语大词典出版社，2002 年），沈冬梅《茶与宋代社会生活》（中国社会科学出版社，2007 年），〔美国〕艾梅霞《茶叶之路：欧亚商道兴衰三百年》（中信出版社，2007 年），〔英国〕罗伊·莫克塞姆《茶：嗜好、开拓与帝国》（生活·读书·新知三联书店，2010 年），鲍志娇《茶的故事》（山东画报出版社，2006 年），姚国坤《图说浙江茶文化》（西泠印社出版社 2007，年），张建庭《西湖与龙井茶》（浙江摄影出版社，2006 年），赵大川《径山茶图考》（浙江大学出版社，2005 年），胡剑辉《宁波八大名茶》（人民日报出版社，2007 年），张西廷《湖州茶香飘千年》（杭州出版社，2007 年），钟鸣《湖州茶史》（浙江古籍出版社，2008 年），王鹏任《天台山云雾茶》（浙江大学出版社，2008 年），阎寿根《八婺茶韵》（西泠印社出版社 2010 年版），潘金土《千年贡茶说举岩》（中国文史出版，2011 年），王旭峰《玉山古茶场》（浙江摄影出版社，2008 年），徐明宏《杭州茶馆：城市休闲方式的社会学分析》（东南大学出版社，2007 年），何小竹《成都茶馆：一市居民半茶客》（成都时代出版社，2006年)，王迪《茶馆：成都的公共生活和微观世界（1900—1950）》(社科文献出版社，2010年）等。

有关酒文化的研究具有代表性的有：韩胜宝《姑苏酒文化》(古吴轩出版社，2000年)，罗启荣《中国酒文化大观》(广西民族出版社，2001年)，齐士《中华酒文化史话》(重庆出版社，2002年)，韩胜宝《华夏酒文化寻根》(上海科学技术文献出版社，2003年)，程殿林《酒文化》(中国海洋大学出版社，2003年)，沈亚东《走入中国酒文化》(兰州大学出版社，2003年)，蒋雁峰《中国酒文化研究》(湖南师范大学出版社，2004年)，清月《酒文化》(地震出版社，2004年)，万伟成《中华酒经》(百花文艺出版社，2008年)，蒋海《酒的故事》(山东画报出版社，2006年)，李玉《酒经》(台北，西瀚文化事业有限公司1997年版)，吴国群《醉乡记》(杭州出版社，2006年)，天龙《民间酒俗》(中国社会出版社，2006年)，王拥军《中华美酒谈》(中国三峡出版社，2007年)，姜铁军《酒趣妙饮》(百花文艺出版社，2010年)，赵荣光《中华酒文化》(中华书局，2012年)，吴晓煜《酒史钩沉》(中国经济出版社，2006年)，魏邦家《古代酒事文钞》(中国文史出版社，2007年)，王赛时《中国酒史》(山东大学出版社，2010年)，戚欣《饮酒史话》(中国大百科全书出版社，2009年)，袁立泽《饮酒史话》(社会科学文献出版社，2012年)，赵芳芳《中国酒史》(黄山书社，2012年)，朱振藩《痴酒：顶级中国酒品鉴》(岳麓书社，2006年)，杨印民《帝国尚饮：元代酒业与社会》(天津古籍出版社，2009年)，胡建中《觞咏抒怀：故宫博物院藏古代酒具》(紫禁城出版社，2009年)，王念石《中国历代酒具鉴赏图典》(天津古籍出版社，2010年)，方爱平《中华酒文化辞典》(四川人民出版社，2001年)，《国际酒文化学术研讨会论文集》(西北轻工业学院学报，2000年)，日本酿造学会、日本酒类综合研究所、中国酿酒工业协会《第五届国际酒文化学术研讨会论文集》(2004年)，《第六届国际酒文化学术研讨会论文集》(江南大学，2006年)，赵光鳌《七届国际酒文化学术研讨会论文集》(中国纺织出版社，2010年）等。

三、国外中国饮食文化研究概况

（一）日本

国外的中国饮食史研究，当首推日本。日本在世界各国中对中国饮食史的研究时间较早，也最为重视，成就最为突出。在1940—1970年31年的时间里，几乎由日本学者垄断着中国食文化研究的领地。

值得一提的是古代中国著作向日本传递，无论就其历史的久远，还是规模的宏大，在世界文化史上都是仅见的。这其中也包括饮食文化典籍大量传到日本。在日本的古代典籍中也有中国饮食状况的记载。

《清俗纪闻》是二百年前日本出版的由中川忠英编写的关于清代乾隆时期我国江、

浙、闽一带民间传统习俗及社会情况的一部调查纪录。书中文字、图画相得益彰，全面、综合地展示出了当时我国社会，特别是普通庶民生活的实际状况，是考察清代社会及我国古代习俗传承的珍贵史料，在存留的历史文献资料中也极具特色。中译本《清俗纪闻》由中华书局于2006年出版。《清俗纪闻》卷四为《饮食制法》，内容有炊饭、茶、酒、醋、酱油、麴、腌菜、豆豉、宴会料理请客诸品等。

早在20世纪四五十年代，日本学者就掀起了中国饮食史研究的热潮。1942年，位于日本占领区北京的华北交通社员会出版了井川克己主编的《中国的风俗和食品》（《中国の风俗と食品》）分为上下两篇。下篇《料理和食品》，第一单元“中国料理的话题”，作者村上知行（1899—1976），介绍了中国的家庭料理和街头料理、饭馆料理；第二单元“关于中国料理”，作者大木一郎，介绍了中国料理的分类、汉人饮食和回民饮食的区别、北方饮食和南方饮食、餐馆、宴会以及北京主要餐馆名录；第三单元“中国的糕点”，由资业局提供资料，介绍了糕点的种类、季节与糕点、著名的糕点店、北京糕点业统计等。华北交通社员会名义上是公司企业，实际上是日本间谍机构，其时日本对中国各方面的研究（包括饮食）实际上是为奴役中国而服务，但该书的出版，客观上起到保留饮食研究资料的作用。

20世纪四五十年代相继发表有：青木正儿《用匙吃饭考》（《学海》，1949年），《中国的面食历史》（《东亚的衣和食》，京都，1946年），《用匙吃饭的中国古风俗》（《学海》第1集，1949年），《华国风味》（东京，1949年），篠田统《白干酒——关于高粱的传入》（《学芸》第39集，1948年），《向中国传入的小麦》（《东光》第9集，1950年），《明代的饮食生活》（收于薮内清编《天工开物之研究》，1955年），《鲊年表（中国部）》（《生活文化研究》第6集，1957年），《古代中国的烹饪》（《东方学报》第30集，1959年），《五谷的起源》（《自然与文化》第2集，1951年），《欧亚大陆东西栽植物之交流》（《东方学报》第29卷，1959年），天野元之助《中国臼的历史》（《自然与文化》第3集，1953年），冈崎敬《关于中国古代的炉灶》（《东洋史研究》第14卷，1955年），北村四郎《中国栽培植物的起源》（《东方学报》第19卷，1950年），由崎百治《东亚发酵化学论考》（1945年）等。

20世纪60年代，日本中国饮食史研究的文章有：篠田统《中世食经考》（收于薮内清《中国中世科学技术史研究》，1963年），《宋元造酒史》（收于薮内清编《宋元时代的科学技术史》，1967年），《豆腐考》（《风俗》第8卷，1968年），《关于〈饮膳正要〉》（收于薮内清编《宋元时代的科学技术史》，1967年），天野元之助《明代救荒作物著述考》（《东洋学报》第47卷，1964年），桑山龙平《金瓶梅饮食考》（《中文研究》，1961年）。

到20世纪七八十年代，日本的中国饮食文化史研究掀起了新的高潮。1972年，日本书籍文物流通会出版了篠田统、田中静一编纂的“中国食经丛书”。此丛书是从中国自古至清代150余部与饮食史有关的书籍中精心挑选出来影印的，分成上下两卷，共40种（上卷26种、下卷14种），具体所收书目见附表1和附表2。它是研究中国饮食史不可缺少的重要资料。

“中国食经丛书”广泛辑录了有关中国饮食的各类经典文献。从所收各书内容看来，此丛书中既有烹饪专著，如《食谱》，《中馈录》，《随园食单》等；也有辑入中国古代类书中关于饮食烹饪的专类文献，如《居家必要事类全集》；还有关于饮食保健者，如《食疗本草》；关于烹饪原料者，如《南方草木状》；关于饮料者，如《茶经》《酒谱》；关于饮馔故事者，如《酉阳杂俎》《事林广记》；关于饮食业经营者，如《市肆记》。

附表 1　“中国食经丛书”上卷目录

书目	朝代	作者	书目	朝代	作者
南方草木状	晋	嵇含	山家清供	宋	林洪
食疗本草（部分）	唐	孟诜	本心斋蔬食谱	宋	陈达叟
茶经	唐	陆羽	酒谱	宋	窦苹
十六汤品	唐	苏廙	市肆记（部分）	宋	著者不详
煎茶水记	唐	张又新	士大夫食时五观	宋	黄庭坚
食谱	唐	韦巨源	饮膳正要	元	忽思慧
酉阳杂俎（部分）	唐	段成式	事林广记（部分）	元	陈元靓
膳夫经手录	唐	杨晔	云林堂饮食制度集	元	倪瓒
食经	隋	谢讽	饮食须知	元	贾铭
膳夫录	宋	郑望之	居家必用事类全集（部分）	元	著者不详
北山酒经	宋	朱翼中	多能鄙事（部分）	明	刘基
中馈录	宋	吴氏	神隐（部分）	明	朱权
玉食批	宋	司膳内人	宋氏尊生部	明	宋公望

附表 2　“中国食经丛书”下卷目录

书目	朝代	作者	书目	朝代	作者
齐民要术（七至十卷）	北魏	贾思勰	养小录	清	顾仲
馔史	元	著者不详	随园食单	清	袁枚
便民图纂（卷十四·制造）	明	邝璠	醒园录	清	李石亭
尊生八笺（饮食服食笺）	明	高濂	清俗记闻（卷四）	日本（1799 年）	中川忠英
居家必备	明	高濂	湖雅（卷八）	清	汪日桢
易牙遗意	明	韩奕	粥谱	清	黄云鹄
食宪鸿秘	清	王士祯	食品佳味备览	清	鹤云

其他著作还有：1973 年，天理大学鸟居久靖教授的系列专论《〈金瓶梅〉饮食考》公开出版；1974 年，柴田书店推出篠田统所著的《中国食物史》和大谷彰所著的《中

国的酒》两书；1976 年，平凡社出版布目潮沨的《中国的茶书》；1978 年，八坂书房出版篠田统《中国食物史之研究》；1983 年，角川书店出版中山时子主编的《中国食文化事典》；1985 年，平凡社出版石毛直道编的《东亚饮食文化论集》。1986 年，河原书店出版松下智著的《中国的茶》；同年旺文社出版了岛尾伸三的《中华食三味》，图文并茂地描述了中国丰富的民间民俗饮食文化；1987 年，柴田书店出版田中静一著的《一衣带水——中国食物传入日本》；1988 年，同朋舍出版田中静一主编的《中国料理百科事典》等。20 世纪 90 年代后，1991 年，柴田书店出版田中静一主编的《中国食物事典》；1993 年，筑摩书房出版筧久美子《中国的餐桌》；1998 年，新潮社出版平野久美子《从饮食看香港历史》（《食べ物が語る香港史》）；1997 年，日本经济新闻社出版井上敬胜《中国料理用语辞典》；2000 年，讲谈社出版胜见洋一《中国料理迷宫》。一些旅日华人在这一时期也参与到中国饮食文化研究的行列。张竸，上海人，华东师范大学毕业后赴日本求学，1991 年获东京大学博士学位，现为明治大学教授。1997 年，筑摩书房出版张竸《中华料理文化史》，2008 年，出版《中国人的胃——日中食文化考》。周达生，定居日本的华侨，日本国立民族学博物馆教授，兼任日本国立综合研究大学院大学文化科学研究科教授，博士生导师。1989 年，创元社出版周达生著的《中国食文化》；1994 年，平凡社出版周达生著的《中国食探险——饮食文化人类学》；2004 年，日本农山渔村文化协会出版一套多本的《世界食文化》，其中“中国”卷由周达生编写。谭璐美，生于东京，原籍中国广东省高明县。曾任日本庆应大学、中国中山大学讲师，现居美国。2004 年，文艺春秋出版社出版其著作《中华料理四千年》。

（二）韩国

20 世纪 80 年代中国烹饪文化热潮的兴起，也引发了韩国食学界对中国烹饪文化研究的高度关注。韩国研究中国饮食文化的代表著作有：李盛雨《古代韩国食生活史》（有中国饮食文化内容）（乡文社，1992 年）；尹瑞石等译《齐民要术》（民音社，1993 年）；具千书《世界食生活文化（中国饮食文化）》（乡文社，1994 年）；《中国饮食文化史》（民音社，1995 年）；金炳浩《中国饮食文化研究》（1997）；周永河《中国，中国人，中国饮食》（书世界，2000）；张竞《孔子的食卓》（2002 年）；《中国饮食》（金荣社，2004）；崔昌原《了解插画中国饮食文化》（新星社，2005 年）；沈炯哲《好吃的中国饮食》（新（2005 年）；《用饮食了解中国人》（苍海社，2006 年）；秋积生《中国料理》（萤雪社，2007 年）；李学成等《正统中国料理》（萤雪社，2007 年）；吴琴善等《瓦书》（2008 年）；吕庆玉《名品中国料理》（主妇生活社，2008 年）等。

（三）新加坡

新加坡人口的 80% 是华人，在饮食方面深受中国影响。在新加坡的中国烹饪文化的研究中，周颖南（1929—　）是集大成者。周颖南，出生于福建仙游，1950 年南渡印尼，从事工商业，1970 年举家定居新加坡。与友人合作开办了第一家酒楼——湘园

后，又先后在新加坡繁华地段开设8家高档餐厅，冠以“同乐”“金玉满堂”“楼外楼”“百乐”“芳园”“灵芝”“老北京”等字号，进而又将这些酒楼组成同乐饮食业集团。作为作家，发表了大量的文字作品，出版“周颖南文库”共15卷，其中有大量的关于饮食文化的论述。有《周颖南与中国饮食文化》文集。

（四）美国

美国的中国饮食文化史研究，当首推哈佛大学张光直（1931—2001）主编的《中国文化中的食物》（*Food in Chinese Culture: Anthropological and Historical Perspectives*, Yale University Press, 1978）一书。该书由十位美国学者分头撰写，内容包括自上古到现代，极为丰富翔实，是一部研究中国饮食史不可多得的名作。张光直亲自撰写先秦部分，余英时撰写汉朝部分、爱德华·H. 谢弗（Edward H. Schafer）撰写唐朝部分、迈克尔·弗里曼（Michael Freeman）撰写宋朝部分、牟复礼（Frederrick Mote）撰写元朝与明朝部分、史景迁（Jonathan Spence）撰写清朝部分、董一男和许烺光夫妇撰写现代中国（北方篇）部分、尤金·N. 安德森（E. N. Anderson）和玛丽亚·L. 安德森（Marja L. Anderson）夫妇撰写现代中国（南方篇）部分。

在有关中国饮食文化史的研究方面，张光直所编的《中国文化中的食物》一书可以说是结合了史学和人类学的观点与方法的开创之作。张氏所提出的几点中国饮食文化的特征，包括生态环境、烹调方式、与食物相关的观念与信仰，以及食物在生活中的实质和象征性意义等，都可说是由人类学的角度来看问题。不过如果从《中国文化中的食物》一书各章分别来看，显然作者们对材料的处理仍然各有偏重，历史学者主要关心的仍是实物的考证，要厘清某一时代中人们的饮食究竟有哪些内容。

杨文骐是美国南加州大学东亚研究中心研究员，他写成了《中国饮食文化和食品工业发展简史》（中国展望出版社，1983年），《中国饮食民俗学》（中国展望出版社，1983年）。据悉，这两本书均只有中文本。

弗里德里克·西蒙（Frederick J. Simoons）《中国食物：文化和历史的探寻》（*Food in China: A Cultural and Historical Inquiry*, CRC Press, Inc. 1991）。这部著作以分类学方式叙述了各种食物在中国的利用，也阐述了烹饪的地域特点和传统中国的营养与健康知识。

尤金·N. 安德森（E. N. Anderson）的代表作《中国食物》（*The food of China*, Yale University Press, 1998）2003年由江苏人民出版社翻译出版，其对中国饮食文化的独到视角值得研究。《中国食物》一书从历史和人类学的角度追索中国食物背后蕴含的诸多重要论题，它是一部有关中国食物的内容广泛且引人入胜的历史学和人种学著作。

冯珠娣（Judith Farquhar）的《饕餮之欲：当代中国的食与色》（*Appetites: Food and Sex in Post-Socialist China*, Duke University Press, 2001）2009年由江苏人民出版社翻译出版。冯珠娣从“食”和“色”两方面入手，审视了当代中国人“欲望”的变迁，挑战了“食色，性也”的论断，揭示了“快乐”的政治和历史本质。

美籍韩国人郑麒来《中国古代的食人：人吃人行为透视》（中国社会科学出版社，1994年）。中国古代典籍记载了丰富的“人吃人”的事例。中国学者以往很少对

此进行专门的论述。美国得克萨斯工科大学韩国裔学者郑麒来教授在搜集大量有关资料的基础上，分门别类进行了叙述和研究，尤其是对“习得性食人”更有独到的见解，提出“尽忠”“尽孝”式食人乃是中国独有的现象。对此工作开辟了中国史研究的新视野，揭示了社会史的一个长期被忽视的方面。

詹姆斯·华生（James L. Watson）主编，中国香港的严云翔、吴燕和，韩国朴相美，日本大贯惠美子分别在北京、香港、台北、首尔、东京的麦当劳进行田野调查，内容包括这五座城市在外来饮食文化冲击下的饮食文化变迁比较的《东方金拱门：麦当劳在东亚》（*Golden Arches East: McDonald's in East Asia*，Stanford University Press，1997），描述了麦当劳在东亚五大城市，如何融入当地文化的成功经验。

陈本昌所著的《美国华侨餐馆工业》（台湾远东图书股份有限公司，1971 年），开华人知识分子研究华人餐馆的先声。该书就美国华侨餐馆的兴起发展、经营类型、组织方式等进行了详尽地论述。Andrew Coe 新出版的《杂碎：中国食物在美文化史》（*Chop Suey: A Cultural History of Chinese Food in the United States*，Oxford University Press，2009）研究了中国饮食文化在外传过程中发生的为适应当地的改变。

景军主编的《喂养中国小皇帝：食品，儿童与社会变迁》（*Feeding China's Little Emperors*，Stanford University Press，2000），由 15 名中美学者从 1995 年到 1998 年在北京、西安的城区及浙江、四川、甘肃的农村联合调查了一些儿童的饮食习惯及商业化对婴幼儿喂养方法的影响。

《中国科学技术史》（*Science and Civilisation in China*）是著名英籍科学史家李约瑟（Joseph Needham，1900—1995）花费近 50 年心血撰著的多卷本著作，通过丰富的史料、深入的分析和大量的东西方比较研究，全面、系统地论述了中国古代科学技术的辉煌成就及其对世界文明的伟大贡献，内容涉及哲学、历史、科学思想、数、理、化、天、地、生、农、医及工程技术等诸多领域。

《中国科学技术史》第六卷为《生物学及相关技术》，第 2 分册是《农业》（*Agriculture*. 剑桥大学出版社，1984），由美国人类学家白馥兰（Francesca Bray）撰写。《农业》分册是研究中国古代饮食文化的重要文献。

《中国科学技术史》第六卷第 5 分册是《发酵与食品科学》（*Fermentations and Food Science*，Cambridge University Press，2000），由美籍华人工程师黄兴宗撰写，科学出版社 2008 年出版了该分册的中译本。该分册全面论述了中国古代酒的发酵技术及演变、大豆的加工与发酵技术、食品的加工与保持、茶叶的加工与利用、食品与营养缺乏症等，作者还提出了自己对中国古代发酵技术和食品科学发展的思考和结论。这是一本在论述食品科技史方面不可多得的巨著。

（五）英国

罗孝建（1913—1995）在烹饪文化研究方面颇有建树，著有多种文字的中国烹饪文化专著。英文版的有《中国烹饪法》《罗孝建的健康中国烹饪》《新编中国烹调法课

程》《经典中国烹饪》《我的人生盛宴》《东方烹调法》《中国烹饪百科全书》《北京烹调》《中国的区域烹饪》等。

杰克·顾迪（Jack Goody）的著作包括《西方里的东方》（*The East in the West*, 1996）、《花卉的文化》（*The Culture of Flowers*, 1993）以及《烹饪、美食与阶级》（*Cooking, Cuisine and Class*, 1982）。他在饮食人类学方面有着突出的贡献，曾发表有关中国饮食的《中国菜的全球化》《中国饮食文化的起源》等文章。他认为，中国菜的全球化，其实是世界文化的全球化。中国菜的输出为全球化的过程增添了一个多元文化的元素，抵消了一些工业化食物的大量生产所造成的世界文化同质化。

约翰·安东尼·乔治·罗伯茨（J. A. G. Roberts）写的《东食西渐：西方人眼中的中国饮食文化》（*China to Chinatown: Chinese Food in the West*, Reaktion Books, 2002）已由当代中国出版社 2008 年出版中译本。本书由两部分构成，第一部分根据相关记录，考察了西方人在中国邂逅中国饮食的态度；第二部分着重展示了北美、英国等地区对中国饮食的接纳及中国饮食全球化的趋势。

（六）法国

费尔南·布罗代尔（1902—1985）的代表作《15—18 世纪的物质文明、经济和资本主义》是一部 15—18 世纪的欧洲史。第一卷题为《日常生活的结构：可能和不可能》，描述 15—18 世纪世界范围内的人口、粮食、食品和饮料、居住与衣着、能源与冶金、技术革命、货币、城市等。为了对比西欧与中国，说明市场经济不一定导致资本主义，他用大量篇幅描述中国的大米生产、城市生活和商业活动。

谢和耐（Jacques Gernet）的代表作《蒙古入侵前的中国日常生活》里，对南宋的饮食有深入的研究。该著作中译本 1998 年由江苏人民出版社翻译出版。

弗郎索·萨班（Francoise Sabban）是法国少有的对中国饮食文化有深入研究的学者。她曾在西方学术刊物上发表过大量的研究中国饮食历史文化的论文，其中有代表性的是《十四世纪中国皇宫的烹调法》《中国传统烹调中的烹煮体系》等。她还是《剑桥世界食物史》（*The Cambridge World History of Food*, Cambridge University Press, 2000）“中国篇”的撰写人。

思 考 题

1. 找一本古代饮食典籍认真阅读。
2. 找一本食物史的书籍阅读，并写出读后感。
3. 了解海外中国饮食文化研究概况，并与国内研究概况分析比较。
4. 找一本国外的饮食文化书籍阅读，并写出读后感。

参考文献

[1] 陈光新. 世界饮食文化评述[J]. 中国烹饪研究. 1999, 16(2).
[2] 陈诏. 食的情趣[M]. 香港：商务印书馆(香港)公司, 1991.
[3] 陈宗懋. 中国茶经[M]. 上海：上海文化出版社, 1992.
[4] 崔桂友. 食品与烹饪文献检索[M]. 北京：中国轻工业出版社, 1999.
[5] 大连轻工业学院等. 酿造酒工艺学[M]. 北京：中国轻工业出版社, 1982.
[6] 何满子. 中国酒文化[M]. 上海：上海古籍出版社, 2001.
[7] 华国梁. 中国饮食文化[M]. 大连：东北财经大学出版社, 2002.
[8] 黄政杰. 韩国菜品尝与烹制[M]. 上海：上海科学技术出版社, 2004.
[9] 黄志根. 中华茶文化[M]. 杭州：浙江大学出版社, 2000.
[10] 贾蕙萱. 中日饮食文化比较研究[M]. 北京：北京大学出版社, 1999.
[11] 贾丽娟. 酒水知识与鸡尾酒的调制[M]. 沈阳：辽宁民族出版社, 1998.
[12] 贾明安. 隐藏民族灵魂的符号——中国饮食象征文化论[M]. 昆明：云南大学出版社, 2001.
[13] 姜习. 中国烹饪百科全书[M]. 北京：中国大百科全书出版社, 1992.
[14] 孔宪乐. 中外茶事[M]. 上海：上海文艺出版社, 1993.
[15] 李维冰. 国外饮食文化[M]. 沈阳：辽宁教育出版社, 2005.
[16] 李卫. 咖啡的故事[M]. 天津：百花文艺出版社, 2004.
[17] 李曦. 中国饮食文化[M]. 北京：高等教育出版社, 2002.
[18] 李自然. 生态文化与人——满族传统饮食文化研究[M]. 北京：民族出版社, 2002.
[19] 梁学成. 中外民俗[M]. 西安：西北大学出版社, 2002.
[20] 林乃燊. 中国饮食文化[M]. 上海：上海人民出版社, 1989.
[21] 林少雄. 口腹之道——中国饮食文化[M]. 沈阳：沈阳出版社, 1997.
[22] 刘景文. 民俗与饮食趣话[M]. 北京：光明日报出版社, 1994.
[23] 刘军茹. 中国饮食[M]. 北京：五洲传播出版社, 2004.
[24] 刘修明. 中国古代的饮茶与茶馆[M]. 北京：商务印书馆国际有限公司, 1995.
[25] 马宏伟. 中国饮食文化[M]. 呼和浩特：内蒙古人民出版社, 1993.
[26] 马基良. 日本菜品尝与烹制[M]. 上海：上海科学技术出版社, 2003.

[27]梅方．中国饮食文化[M]．南宁：广西民族出版社，1991.

[28]聂明林．饭店酒水知识与酒吧管理[M]．重庆：重庆大学出版社，1998.

[29]彭超林．各国食俗趣闻[M]．北京：中国食品出版社，1987.

[30]齐滨清．中国少数民族和世界各国风俗饮食特点[M]．哈尔滨：黑龙江科学技术出版社，1990.

[31]邱国珍．中国传统食俗[M]．南宁：广西民族出版社，2002.

[32]邱庞同．中国烹饪古籍概述[M]．北京：中国商业出版社，1989.

[33]石应平．中外民俗概论[M]．成都：四川大学出版社，2002.

[34]双长明．饮品知识[M]．北京：中国轻工业出版社，2000.

[35]檀素君．谈饮食礼仪[M]．上海：上海科学普及出版社，2004.

[36]陶文台．中国烹饪概论[M]．北京：中国商业出版社，1988.

[37]陶业荣．德奥菜品尝与烹制[M]．上海：上海科学技术出版社，2004.

[38]陶振纲．中国烹饪文献提要[M]．北京：中国商业出版社，1986.

[39]田毅鹏．西洋饮食文化入传中国始末[J]．中外文化交流，1994，6.

[40]万国光．酒话[M]．北京：科学普及出版社，1987.

[41]万建中．饮食与中国文化[M]．南昌：江西高校出版社，1995.

[42]王汉明．法国菜品尝与烹制[M]．上海：上海科学技术出版社，2004.

[43]王汉明．西班牙菜品尝与烹制[M]．上海：上海科学技术出版社，2003.

[44]王汉明．意大利菜品尝与烹制[M]．上海：上海科学技术出版社，2003.

[45]王莉莉．宴时梦幻——饮食文化美学谈[M]．北京：燕山出版社，1993.

[46]王仁湘．民以食為天（Ⅰ、Ⅱ）[M]．香港：中华书局，1989.

[47]王仁湘．饮食与中国文化[M]．北京：人民出版社，1993.

[48]王仁湘．珍馐玉馔：古代饮食文化[M]．南京：江苏古籍出版社，2002.

[49]王仁兴．中国年节食俗[M]．北京：北京旅游出版社，1987.

[50]王学太．中国人的饮食世界[M]．香港：中华书局香港公司，1989.

[51]王学泰．华夏饮食文化[M]．北京：中华书局，1993.

[52]王远坤．饮食美论[M]．武汉：湖北美术出版社，2001.

[53]王子华．彩云深处起炊烟——云南民族饮食[M]．昆明：云南教育出版社，2002.

[54]汪宁生．文化人类学调查（增订本）[M]．北京：文物出版社，2000.

[55]韦体吉．广西民族饮食大观[M]．贵阳：贵州民族出版社，2001.

[56]吴孟颖．与凡·高共品葡萄酒[M]．上海：上海文艺出版社，1999.

[57]李宪章．与雷诺阿共进下午茶[M]．上海：上海文艺出版社，1999.

[58]吴梅东．与米罗调制鸡尾酒[M]．上海：上海文艺出版社，2000.

[59]武树义．话酒[M]．哈尔滨：黑龙江科学技术出版社，1988.

[60]星文珠．印度菜品尝与烹制[M]．上海：上海科学技术出版社，2004.

[61]徐德明．中国茶文化[M]．上海：上海古籍出版社，1996.

[62]徐海荣．中国饮食史[M]．北京：华夏出版社，1999.

[63]徐吉军，姚伟钧．二十世纪中国饮食史研究[J]．中国史研究动态，2000，8.

[64]薛理勇．食俗趣话[M]．上海：上海科学技术文献出版社，2003.

[65]颜其香．中国少数民族饮食文化荟萃[M]．北京：商务印书馆国际有限公司，2001.

[66]杨文骐．中国饮食民俗学[M]．北京：中国展望出版社，1983.

[67]姚伟钧，王玲．二十世纪中国的饮食文化史研究[J]．饮食文化研究，2001，1.

[68]姚伟钧．中国传统饮食礼仪研究[M]．武汉：华中师范大学出版社，1999.

[69]姚伟钧．饮食风俗[M]．武汉：湖北教育出版社，2001.

[70]游明谦．中外民俗[M]．郑州：郑州大学出版社，2002.

[71]占美．泰国菜品尝与烹制[M]．上海：上海科学技术出版社，2004.

[72]张殿英．东方风俗文化辞典[M]．合肥：黄山书社，1991.

[73]张辅元．饮食话源[M]．北京：北京出版社，2003.

[74]张劲松．饮食习俗[M]．沈阳：辽宁大学出版社，1988.

[75]张征雁，等．昨日盛宴：中国古代饮食文化[M]．成都：四川人民出版社，2004.

[76]赵荣光．赵荣光食文化论集[M]．哈尔滨：黑龙江人民出版社，1995.

[77]赵荣光．中国饮食文化概论[M]．北京：高等教育出版社，2003.

[78]赵荣光，等．饮食文化概论[M]．北京：中国轻工业出版社，2000.

[79]赵荣光，等．中国旅游文化[M]．大连：东北财经大学出版社，2003.

[80]郑奇．烹饪美学[M]．昆明：云南人民出版社，1989.

[81]周忠民．饮食消费心理学[M]．北京：中国轻工业出版社，2000.

[82]朱希祥．中西旅游文化审美比较[M]．上海：华东师范大学出版社，1998.

[83]朱永和．中国饮食文化[M]．合肥：安徽教育出版社，2003.

[84]〔美〕Jon Thorn. 咖啡鉴赏手册[M]．上海：上海科学技术出版社，2000.

[85]KOHIKAN 咖啡馆咖啡道研究小组．咖啡道(修订一版)[M]．台北：太雅出版有限公司，2001.

[86]〔德〕顾恩特・希旭菲尔德．欧洲饮食文化[M]．台北：左岸文化事业有限公司，2004.

[87]〔法〕保尔・阿利耶斯．味[M]．上海：上海文化出版社，2000.

[88]〔法〕亨利・迪潘．食物[M]．北京：商务印书馆，1996.

[89]〔美〕P. R. 桑迪．神圣的饥饿：作为文化系统的食人俗[M]．北京：中央编译出版社，2004.

[90]〔美〕菲利普・费尔南德斯・阿莫斯图．食物的历史[M]．北京：中信出版社，2005.

[91]〔美〕卡罗琳・考斯梅尔．味觉：食物与哲学[M]．北京：中国友谊出版公

司，2001.

[92]〔美〕马文・哈里斯．好吃：食物与文化之谜[M]．济南：山东画报出版社，2001.

[93]〔美〕S. 南达．文化人类学[M]．西安：陕西人民教育出版社，1987.

[94]〔美〕乔尔乔・契尔凯蒂．素食革命[M]．西安：陕西师范大学出版社，2004.

[95]〔美〕尤金・N. 安德森．中国食物[M]．南京：江苏人民出版社，2003.

[96]〔日〕辻原康夫．阅读世界美食史趣谈[M]．台北：世潮出版有限公司，2003.

[97]〔日〕中山时子．中国饮食文化[M]．北京：中国社会科学出版社，1992.

[98]〔英〕Andrew Dalby. 危险的味道：香料的历史[M]．天津：百花文艺出版社，2004.

[99]〔英〕凯文・特雷纳．啤酒[M]．青岛：青岛出版社，2004.